零基础学
C++程序设计

雍俊海　编著

U0378442

清华大学出版社
北京

内 容 简 介

本书是《C++程序设计从入门到精通》（雍俊海编著，ISBN：978-7-302-59237-2）的简版，讲解 C++程序设计知识及其编程方法，包括结构化程序设计、面向对象程序设计、异常处理、模板与标准模板库、标准输入输出与文件处理、编程规范和程序测试等内容。本书的章节编排与内容以人们学习与认知过程为基础，紧扣最新国际标准，与公司的实际需求相匹配；内容力求简洁，每章都附有习题。本书采用特殊字体突出中心词，有助于读者迅速了解与掌握 C++程序设计的知识和方法，并应用到实践中。

本书内容丰富易学，而且提供大量例程和例句，既可以作为计算机专业和非计算机专业的 C++程序设计和面向对象程序设计等课程的基础教材，也可以作为需要使用 C++语言的工程人员和科技工作者的自学参考书。

图书在版编目（CIP）数据

零基础学 C++程序设计 / 雍俊海编著. —北京：清华大学出版社，2022.6
ISBN 978-7-302-60864-6

Ⅰ. ①零… Ⅱ. ①雍… Ⅲ. ①C++语言—程序设计 Ⅳ. ①TP312.8

中国版本图书馆 CIP 数据核字（2022）第 082896 号

责任编辑：龙启铭
封面设计：何凤霞
责任校对：胡伟民
责任印制：朱雨萌

出版发行：清华大学出版社
　　　　网　　　　址：http://www.tup.com.cn，http://www.wqbook.com
　　　　地　　　　址：北京清华大学学研大厦 A 座　　　　邮　　编：100084
　　　　社　总　机：010-83470000　　　　邮　　购：010-62786544
　　　　投稿与读者服务：010-62776969，c-service@tup.tsinghua.edu.cn
　　　　质　量　反　馈：010-62772015，zhiliang@tup.tsinghua.edu.cn
　　　　课　件　下　载：http://www.tup.com.cn，010-83470236
印 装 者：北京鑫海金澳胶印有限公司
经　　销：全国新华书店
开　　本：185mm×260mm　　印　　张：17.25　　字　　数：435 千字
版　　次：2022 年 7 月第 1 版　　印　　次：2022 年 7 月第 1 次印刷
定　　价：59.00 元

产品编号：096237-01

前　　言

　　软件正在逐步深入人们的日常生活与工作，并成为各行各业的基础，同时也是世界各国竞争的焦点。一方面，我国所面临的"卡脖子"难题大多与软件密切相关；另一方面，软件产业具有低能耗、低资源、无污染和高产值等特点。当前全球软件行业就业形势好，而且就业薪酬高。因此，应当大力发展软件业。学好计算机程序设计语言，编写出高质量的软件，有着迫切的国家与社会需求。本书希望能在这方面为读者提供"智慧的翅膀"，越过学好 C++程序设计的种种障碍，尽情享受学好 C++语言的种种乐趣。

　　当然，不是所有的软件都能产生效益，软件的质量非常重要。然而，C++程序设计的众多教材和网络资源参差不齐，错误很多，甚至出现互相矛盾的说法。不少文献对 C++语言一知半解，人为创造含糊不清的概念。有些文献出于商业等目的而故意将 C++语言讲解得极其抽象和晦涩难懂，以体现其所谓的深奥。最近几年，C++国际标准的版本更新也比较频繁，这加剧了 C++程序设计学习与应用的难度。纵观软件历史，那些低质量的软件被淘汰的浪潮此起彼伏，尽管那些软件包含了大量付出，甚至许多不眠之夜。因此，熟练掌握计算机程序设计语言的特点，提高软件质量与竞争力，显得尤其重要。本书紧扣最新的C++国际标准，力求简洁直观，注重编程规范与测试，努力有理有据地排疑解难，希望提高读者 C++编程质量，让每份付出都能有更多的回报。

　　C++语言是一种集面向对象程序设计和面向过程程序设计于一体的计算机程序设计语言，是迄今为止人类发明的最为成功的计算机程序设计语言之一，应用非常广泛。C++语言面向过程部分主要是其的类 C 部分，它基本上兼容 C 语言。因此，C++程序设计像 C 程序设计那样灵活和方便，可以编写出短小精悍并且运行效率高的 C++程序，从而高效解决实际问题。

　　C++语言的面向对象部分为大规模程序设计和程序代码的高效复用提供解决方案，支撑大规模程序研发，方便程序维护。C++语言的面向对象部分模仿人类世界来组织和构造代码世界，为程序代码的组织与管理提供新模式。C++语言的面向对象部分是 C 语言所没有的。C++语言的面向对象部分将计算机语言求解实际问题的格局扩展到采用 C++语言构建一个辉煌而宏大的编程事业，从而构建可以协同解决众多问题的宏大代码世界。学习 C++语言的面向对象部分有难度。然而，我们应当深刻体会到，既然 C++语言支持大规模的程序设计，那么它就不可能非常抽象和晦涩难懂；否则，它也就无法满足大量程序员协同开发程序的需求。我们应当深刻理解 C++面向对象程序设计的本质与精髓。在正确并且熟练掌握 C++面向对象程序设计之后，可以迅猛提高大规模程序的设计与编写效率，并急剧降低大规模程序代码的调试与维护成本。总之，学好 C++程序设计将会大有作为。

　　学习 C++程序设计应当采用理论知识学习与编程实践相辅相成的模式，缺一不可。学好 C++程序设计基础理论知识是进行编程实践的基础；否则，编程就会很盲目，很容易编写出错误代码。反过来，学习 C++程序设计是一个实践性很强的过程，离不开编程实践。很多计算机语言教材一再强调学习计算机语言程序设计千万不要满足于"上课能听懂和教材能看懂"，这正是所谓的"实践出真知"。在实践的过程中应当注重程序的设计与程序的调试，将学到的知识融入程序设计中。在遇到程序代码错误的时候，不要感到沮丧，更不要轻易放弃，而应当看作为提升自己调试能力的机会，不断磨炼自己。学习 C++程序设计的过程就是理论知识学习与编程实践不断循环反复的过程。在阅读本书的同时需要进行编程实践，然后再阅读本书，接着再进行编程实践，如此反复，不断深入学习。

这种循环反复也体现在对本书内容的**多遍反复学习与实践**。在学完本书之后，又从头阅读本书内容并实践，进行多遍循环反复。在每遍学习过程中，不断思考，不断领会，不断总结，不断提高。随着自己编程能力的提升、对 C++语言深入掌握以及编程经验的丰富，每遍学习的收获也会有所不同。学习 C++程序设计常常需要这样一个**百转千回**的过程，才能真正做到**融会贯通**。

为了方便学习与实践，本书提供了非常丰富的例程和代码示例。对于各个例程，本书也提供了极其详细的讲解和分析，从而方便读者模仿与理解。为了方便读者查找本书知识点和中心内容，本书通过**加黑加粗加框**的方式强调各个部分内容的中心词以及各个基本概念或定义的核心词，并且提供了非常明显的注意事项、说明和小甜点等内容，同时在附录中给出了函数、运算符和宏等的页码索引。

本书是笔者所写的《C++程序设计从入门到精通》的简版，既可以作为计算机专业和非计算机专业的 C++程序设计和面向对象程序设计等课程的基础教材，也可以作为需要使用 C++语言的工程人员和科技工作者的自学参考书。本书在编写与出版的过程中得到了许多人的帮助，其中选修我所负责的课程的学生，以及在我所负责的清华大学计算机辅助设计、图形学与可视化研究所里的同事与学生都起到了非常重要的作用。清华大学计算机系姚海龙老师、刘知远老师、黄民烈老师和徐明星老师更是提供了他们上课的幻灯片文稿。在此一并对他们表示诚挚的谢意。

真诚希望读者能够轻松且愉悦地掌握 C++程序设计。欢迎广大读者特别是讲授此课程的老师对本书进行批评和指正。

雍俊海

2022 年 2 月 22 日

目　　录

第1章 绪 论

软件正在以前所未有的速度改变着世界，当今世界也越来越离不开软件。软件产业具有低能耗、低资源、低污染和高产值等特性，应大力发展软件产业。从不严格的角度来说，软件就是程序。因此，本书并不严格区分软件和程序这两个术语。C++程序设计在编写程序中起着极其重要的角色。C++语言是目前功能最强大并且应用最广泛的计算机程序设计语言之一，其中类 C 部分可以使得程序短小精悍，面向对象部分则方便代码复用，可以构建宏大的代码世界。因此，应当学好 C++，充分发挥 C++程序编写效率高和程序运行效率高的特点。

1.1　C++语言简介

C++语言起源自 C 语言。现在，C++语言已经发展成为一种集面向对象程序设计与面向过程程序设计于一体的计算机程序设计语言。其中面向过程部分主要就是 C++语言的类 C 部分，而且几乎完全兼容 C 语言。这部分程序设计和代码复用的基本单位主要是函数。不过，不能将 C++语言的类 C 部分与 C 语言等同。例如，C 语言允许从 void*指针类型隐式转换为其他指针类型，但 C++语言不允许这种隐式转换，而是必须通过显式转换。

C++语言面向对象部分主要用来支撑计算机程序代码的组织与管理模式，从而方便构建宏大的 C++代码世界，将计算机语言求解实际问题的格局扩展到采用 C++语言建立庞大的编程事业。C++语言的面向对象部分是 C 语言所没有的。相对于 C 语言，C++语言增加了一些新的数据类型、类、模板、异常处理、命名空间、内联函数、运算符重载、函数名重载、引用、自由存储管理运算符（new 和 delete）以及一些新的程序库。相对于面向过程的程序设计，C++面向对象的程序设计具有如下特点：

（1）全局变量

采用面向对象程序设计可以避免出现全局变量。将数据与函数封装在一起，限定了数据的作用域范围，提高了程序的局部特性，降低了程序代码的潜在耦合范围。

在面向过程的程序设计中，如果采用全局变量，则会增加程序的潜在全局耦合程度；如果不采用全局变量，则通常会增加函数参数个数，提高函数调用的时间与空间代价。

（2）可复用性

C++面向对象程序代码复用的基本单位主要是类和模板，代码复用粒度大。类和模板内的数据与成员函数可以形成较好的体系，复用难度相对较小，复用效率相对较高。

面向过程程序代码复用的基本单位主要是函数，代码复用粒度小。理清函数间关系的代价相对较大，难以明确函数复用的前提条件，更容易引发程序错误。

（3）初始化与结束处理

在面向对象的程序设计中，类的构造函数和析构函数很好地解决了在函数调用之前的初始化和在调用之后的结束处理问题。

在面向过程的程序设计中，在函数调用之前是否需要初始化，在调用之后是否需要做结束处理不清晰，而且如何进行初始化或做结束处理也不清晰。

（4）可扩展性

面向对象的程序设计可以利用面向对象的继承性和多态性等特性对程序代码进行扩展。利用静态多态性，使得同名的函数可以作用于新定义的数据类型；利用动态多态性，原有的代码就可以调用新编写的程序代码。在扩展程序软件的功能或覆盖范围时，修改原有代码相对较容易，而且需要修改的代码通常也会较少。

面向过程的程序设计一般不支持面向对象的继承性和多态性等特性。要扩展程序软件的功能或覆盖范围，除了新编写程序代码之外，通常还需要修改相对多的原有程序代码。

（5）数据保护

可以利用面向对象程序设计的封装性对类的成员变量进行很好保护，确保只在一个特定的程序代码范围内允许修改该成员变量的值，以很小的代价就可以确保类内部成员的值限定在指定的范围之内并且满足指定的约束关系，验证难度相对较小，容易保证一致性。

在面向过程的程序设计中，在程序代码的任何函数内部都可以修改全局变量的值。

（6）代码出错与维护

面向对象程序设计的封装性、继承性和多态性三大特性降低了程序代码的潜在耦合程度，可以比较容易保证对象数据的一致性并降低成员函数调用和复用的难度。构造函数与析构函数提供了对象初始化与结束处理的自动机制。因此，采用面向对象程序设计，可以降低程序代码出现错误的概率，并且比较容易维护。

在面向过程的程序设计中，程序代码编写的基本单元主要是函数。理清函数间关系难度相对较大，同时难以保护数据的一致性，测试与调试程序代码错误的难度也相对较大。

（7）代码管理

在面向对象的程序设计中，程序代码可以通过类、模板和命名空间等形成森林状的代码结构并利用面向对象特性管理代码，代码的归类与查找相对方便。

在面向过程的程序设计中，程序代码主要是以函数为基本单元进行管理的，但是函数的归类却没有明显的代码形式保证。因此，面向过程的程序代码的管理难度相对较大。

（8）编程战略

面向对象程序设计考虑的往往不是单个程序，而是众多的程序，可以实现大范围的程序代码的复用，还可以支持大团队协作研发软件产品。面向对象程序设计为研发大规模程序提供了解决方案。采用面向对象程序设计可以构建宏大的代码世界，成就编程事业。

面向过程的程序设计以完成任务为核心，考虑的规模通常比较小。通常，程序代码的规模越大，面向过程的程序设计越难驾驭。

1.2　C++入门程序

本节假设已经完成安装 VC 平台（即 Microsoft Visual Studio C++开发平台）。在此基础上，编写、编译、链接和运行 3 种经典的 C++入门程序。

> 📖说明📖：
>
> （1）本书所给出的 VC 平台图形界面示意图只起到示意的作用，实际界面可能会因操作系统和 VC 平台版本等的不同而略有所不同。不过，大体上相似，本书后面不再作重复声明。
>
> （2）编写 C++代码需要 C++语言支撑平台的支持。C++语言支撑平台是由 C++代码的编译器和链接器以及操作系统和芯片等软硬件组成，并且可以将 C++代码转换为程序，同时也是可以支撑程序运行、调试和维护的平台。不同 C++语言支撑平台对 C++程序代码的要求大体相似，但在细节上略有所不同。

1.2.1　C++类 C 部分经典入门程序

本小节通过类 C 部分经典入门例程讲解如何编写、编译、链接和运行 C++程序。

例程 1-1　类 C 部分经典入门程序"Hello, world!"。

例程功能描述：在控制台窗口中输出字符串"Hello, world!"。

例程解题思路：首先依次单击 VC 平台的菜单和菜单项"文件"→"新建"→"项目"，并在弹出的新建项目对话框中选择新建项目的项目类型为"空项目"类型，输入项目所在的路径，例如，"D:\Examples\"，并输入项目的名称，例如，"CP_Hello"，最后单击"确定"按钮完成本例程项目的创建工作。

如果要关闭已有项目，则只要在 VC 平台上依次单击菜单和菜单项"文件"→"关闭解决方案"。如果要重新打开已有的项目，则在 VC 平台上依次单击菜单和菜单项"文件"→"打开"→"项目/解决方案"，然后在弹出对话框中选取项目所在的路径，例如，路径"D:\Examples\CP_Hello"，并选择项目名称，例如，"CP_Hello.sln"。

C++源程序代码文件分为头文件（header file）和源文件（source code file），其中头文件的扩展名通常是"h"，源文件的扩展名通常是"cpp"。这里介绍如何在 C++项目中添加并创建新的源文件或头文件。首先在 VC 平台上找到"解决方案资源管理器"窗格。如果没有找到，则依次单击菜单和菜单项"视图"→"解决方案资源管理器"，打开"解决方案资源管理器"窗格。在解决方案资源管理器中，将鼠标移动到项目"CP_Hello"的源文件上，并右击，弹出右键菜单，如图 1-1 所示。然后用鼠标左键依次单击该右键菜单的"添加"→"新建项"。

这时，会弹出如图 1-2 所示的"添加新项"对话框。在该对话框中依次选择"Visual C++"→"C++文件"，选取源文件所在的路径"D:\Examples\CP_Hello\CP_Hello"，并输入源文件名"CP_Hello.cpp"。最后，单击"添加"按钮完成给项目添加源文件"CP_Hello.cpp"的工作。对于头文件也类似，在对话框中选择"头文件"，并输入头文件名称即可。

图 1-1　在解决方案资源管理器中源文件的右键菜单并选中新建项

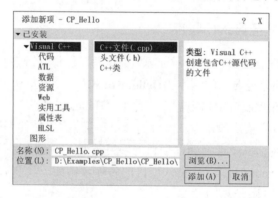

图 1-2　在"添加新项"对话框中选择添加新的 C++源文件

　　然后，在解决方案资源管理器中展开"源文件"条目，并双击该条目下的文件名"CP_Hello.cpp"，从而在工作区中打开该文件。接着，在该文件中输入如下代码：

// 文件名：CP_Hello.cpp；开发者：雍俊海	行号
| ```
#include <iostream>
using namespace std;

int main(int argc, char* args[])
{
    cout << "Hello, world!" << endl;
    system("pause");
    return 0; // 返回 0 表明程序运行成功
} // main 函数结束
``` | // 1<br>// 2<br>// 3<br>// 4<br>// 5<br>// 6<br>// 7<br>// 8<br>// 9 |

　　如果需要将已有的源文件添加到项目中，则在图 1-1 所示的右键菜单中，依次单击其中的"添加"→"现有项"，并在打开的"添加现有项"对话框中，先找到源文件所在的路径，再选取源文件本身，最后单击"添加"按钮即可。
```

VC 平台的编译与链接分成调试（Debug）和发布（Release）两种模式。这两种模式通常统称为编译模式。在 VC 平台的工具条中，通常可以找到当前的编译模式，如图 1-3(b) 或图 1-3(c)所示。如果需要改变编译模式，可以打开下拉编译模式组合框，然后从组合框的选项中选取想要的选项，如图 1-3(a)所示。如果在 VC 平台的界面上无法找到编译模式组合框，也可以依次单击 VC 平台的菜单和菜单项"生成"→"配置管理器"，打开配置管理器，通过该配置管理器来设置具体的编译模式。

(a)编译模式组合框及其选项　　(b)选中调试模式　　(c)选中发布模式

图 1-3　选择新建项目类型的对话框示意图

无论是在调试模式下，还是在发布模式下，都可以依次单击菜单和菜单项"生成"→"生成解决方案"，或者菜单和菜单项"生成"→"重新生成解决方案"，对当前项目进行编译与链接。如果在编译和链接的过程中发现问题，将会在输出窗口中输出错误或警告消息，此时应当仔细检查与更正代码，确保不会产生错误和警告消息；如果没有出现编译和链接错误，则将会生成扩展名为"exe"的可执行文件。

在调试模式下编译与链接生成的程序通常称为调试版本的程序。这时，在程序的可执行代码中会插入很多调试所需要的信息，记录可执行代码与程序源代码之间的映射关系，从而方便调试。在发布模式下编译与链接生成的程序通常称为发布版本的程序。它通常不含调试信息，而且通常会引入更多的优化或并行机制来提高程序的运行效率。因此，可执行代码与程序源代码之间的执行顺序等也有可能不一致。因此，调试版本通常会比发布版本的程序大；程序的运行效率通常也会比较低，而且通常会远远低于发布版本的程序。

对于调试和发布版本的程序，都可以依次单击菜单和菜单项"调试"→"开始调试"或者通过按快捷键 F5 对程序进行调试运行，也可以依次单击菜单和菜单项"调试"→"开始执行(不调试)"或者通过按快捷键 Ctrl+F5 在无调试的方式下运行程序。本例程的运行结果如下：

```
Hello, world!
请按任意键继续. . .
```

另外，还可以在控制台窗口中运行程序。这时首先需要进入控制台窗口。在操作系统的"文件资源管理器"的"快速访问"区等可以输入命令行的文本框中输入"cmd"并按回车键，进入控制台窗口。另外，还可以通过按快捷键 Win+r 进入"运行"对话框，其中 Win 键也称为 Windows 键，其图案通常是 Microsoft Windows 的视窗徽标。然后，在"运行"对话框的文本框中输入"cmd"并按回车键，进入控制台窗口。

接着，可以按照图 1-4 所示的命令在控制台窗口中运行程序。如果程序所在的分区不同于当前分区，则要输入分区名、冒号以及回车符，例如"D:↙"。如果分区相同，但当前路径不是程序所在的路径，则运行控制台命令"cd"进入程序所在的路径。例如，对于调试编译模式生成的程序，可以输入命令"cd D:\Examples\CP_Hello\Debug↙"；对于发布编译模式生成的程序，可以输入命令"D:\Examples\CP_Hello\Release↙"。接着，输入可执行文件名称和回车符就可以运行该程序。例如，通过输入"CP_Hello↙"可运行程序。

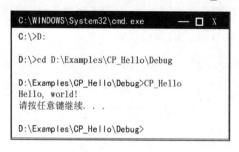

图 1-4   在控制台窗口运行程序示例示意图

例程分析：上面程序代码第 1 行"#include <iostream>"是**文件包含语句**，其中"#include"是文件包含语句的引导标志，在尖括号内的内容是头文件名，尖括号"< >"本身表明这个头文件是**VC 平台提供的系统头文件**。因为本例程用到了在头文件"iostream"中的"cout"和"endl"等内容，所以需要引入头文件"iostream"。

第 2 行"using namespace std;"是**使用命名空间语句**，从而可以省略"std::"前缀，其中"using namespace"是其引导标志，"std"是命名空间的名称。"cout"和"endl"隶属于该命名空间。如果删除这条语句，则需要把"cout"写成"std:: cout"，把"endl"写成"std:: endl"。

接下来是**主函数 main** 的定义，其中第 4 行代码是主函数 main 的**头部**，其写法是固定的，而介于字符"{"和"}"之间的代码是主函数的**函数体**。**主函数一般是执行 C++语言程序的入口**。函数体可以包含多条语句。语句"return 0;"表示主函数返回整数 0，表明程序正常退出。如果主函数返回的整数不是 0，则表明程序非正常退出，所返回的整数值一般用来指示具体的非正常退出情况，其具体含义与所采用的操作系统的约定有关。

第 6 行"cout << "Hello, world!" << endl;"是**输出语句**，其中 cout 是标准输出流对象，可以将多种数据输出到控制台窗口；"<<"是输出运算符；"Hello, world!"是待输出的字符串，其中首尾 2 个半角双引号""是字符串界定符；"endl"表示回车和换行符。

第 7 行的代码"system("pause");"调用了**系统函数 system**，并执行命令"pause"。它的功能通常是先在控制台窗口中输出"请按任意键继续..."或"Press any key to continue..."；然后，一直等待来自键盘的输入；如果接收到在键盘上的按键信息，则命令结束。函数 system 的具体说明如下。

函数 1 `system`	
声明：	`int system(const char *string);`
说明：	如果该函数的调用参数是空指针 NULL，则用来判断是否允许执行控制台窗口的命令；否则，执行由调用参数所指定的控制台窗口命令。
参数：	`string`：空指针 NULL 或控制台窗口命令。

返回值：　如果 string 是空指针 NULL，则在允许执行控制台窗口命令的情况下返回 1；在不允许执行控制台窗口命令的情况下返回 0。如果 string 是非空字符串，则执行由 string 指定的命令，并根据命令执行的情况和结果，返回相应的值。

头文件：　cstdlib　// 程序代码：#include <cstdlib>

📖说明📖：

因为在头文件"iostream"中间接含有文件包含语句"#include <cstdlib>"，所以本例程没有加上文件包含语句"#include <cstdlib>"。

📑注意事项📑：

（1）C++语言程序代码区分大小写和半全角，例如，不能将 cout 写成 COUT。

（2）在上面代码中，尖括号、圆括号、方括号、大括号、双引号和分号均为半角英文符号。如果把它们写成中文全角符号，则将无法通过编译。

在上面程序代码中，在每一行"//"之后的内容是程序的注释。C++语言的注释有两种，分别是行注释和块注释。行注释是以"//"引导的注释，即从"//"开始到行结束的内容都是注释。

📑注意事项📑

如果在行注释的这一行末尾出现字符"\"，则这个字符"\"称为注释续行符，即下一行的内容也将成为行注释的一部分。因此，编程规范通常建议行注释末尾不要以字符"\"结束。

块注释是以"/*"引导，并以"*/"结束，即介于"/*"和"*/"之间的内容均为注释，而不管这些内容是否跨越多行。下面给出 2 个块注释示例。

```
/* 这是单行块注释 */
/*
 * 这是多行块注释
 */
```

注释主要是为了提高程序代码的可读性，对程序的编译、链接和运行并没有实际的意义。不过，注释对人们理解和维护程序代码非常重要，也越来越被重视。

1.2.2　C++类 C 部分结构化入门程序

因为每个 C++程序通常只能拥有一个主函数，所以主函数无法直接复用，即无法将含有主函数的源文件加入其他程序项目中。为了提高程序代码的复用率，结构化程序设计逐渐形成，从而方便直接将部分源程序代码文件加入其他程序项目中。

例程 1-2　用字符组成一把剑的例程。

例程功能描述：采用结构化程序设计方法，通过输出字符的方式"画出"一把剑。

例程解题思路：将用字符画剑的函数声明放在头文件中，将该函数的定义放在源文件中。主函数调用这个画剑函数，单独放在另一个源文件中。这样，按照第 1.2.1 节的方法创建"CP_CharSword"新项目,并把头文件"CP_CharSword.h"以及源文件"CP_CharSword.cpp"和"CP_CharSwordMain.cpp"添加到项目中。这 3 个代码文件的内容如下:

```
// 文件名: CP_CharSword.h; 开发者: 雍俊海                              行号
#ifndef CP_CHARSWORD_H                                              // 1
#define CP_CHARSWORD_H                                              // 2
                                                                   // 3
extern void gb_drawCharSword();                                    // 4
#endif                                                             // 5
```

```
// 文件名: CP_CharSword.cpp; 开发者: 雍俊海                            行号
#include <iostream>                                                // 1
using namespace std;                                              // 2
                                                                   // 3
void gb_drawCharSword()                                           // 4
{                                                                 // 5
    cout << "    ^" << endl;                                      // 6
    cout << "O==O-------------->" << endl;                        // 7
    cout << "    v" << endl;                                      // 8
} // 函数 gb_drawCharSword 结束                                     // 9
```

```
// 文件名: CP_CharSwordMain.cpp; 开发者: 雍俊海                        行号
#include <iostream>                                                // 1
using namespace std;                                              // 2
#include "CP_CharSword.h"                                         // 3
                                                                   // 4
int main(int argc, char* args[ ])                                // 5
{                                                                 // 6
    gb_drawCharSword();                                          // 7
    system("pause");                                             // 8
    return 0; // 返回 0 表明程序运行成功                              // 9
} // main 函数结束                                                 // 10
```

我们可以参照 1.2.1 小节的方法对上面的代码进行编译、链接和运行。运行结果如下。

```
    ^
O==O-------------->
    v
请按任意键继续. . .
```

例程分析: 对于头文件"**CP_CharSword.h**",第 1 行、第 2 行和第 5 行代码共同用来保证头文件"CP_CharSword.h"不会由于多次被包含而出现嵌套包含的问题,其中第 1 行和第 5 行是条件编译语句,第 2 行代码是宏定义。第 4 行声明画剑函数 gb_drawCharSword,其中 extern 表明当前的函数头部只是用来声明,void 表明本函数没有返回值。

对于源文件"**CP_CharSword.cpp**",从第 4 行到第 9 行的代码定义画剑函数

gb_drawCharSword，其中第 4 行代码是函数头部，从第 5 行到第 9 行的代码是函数体。

对于源文件"**CP_CharSwordMain.cpp**"，第 3 行代码"#include "CP_CharSword.h""是文件包含语句，其中"#include"是文件包含语句的引导标志，在英文半角的双引号中的内容是头文件名，英文半角双引号本身表明这个头文件是自定义头文件。第 7 行代码"gb_drawCharSword();"实现对函数 gb_drawCharSword 的调用。

结论：采用这种方式，不仅本程序可以使用头文件"CP_CharSword.h"和源文件"CP_CharSword.cpp"，其他程序也可以直接使用这 2 个文件，只要将这 2 个文件添加到相应的程序项目中就可以了。结构化程序设计方便了程序代码的复用。

1.2.3　C++面向对象部分入门程序

面向对象程序设计是在结构化程序设计基础上发展起来的一种程序设计方法，它使得代码更容易组织与管理，进一步提高程序代码的复用率和编程效率，降低程序的维护代价。

例程 1-3　用指定字符组成加号的例程。

例程功能描述：采用面向对象程序设计方法，用指定的字符"画出"加号。

例程解题思路：编写用指定字符画加号的类。将类的定义放在头文件中，将类的成员函数的实现放在源文件中。主函数调用这个类完成画加号的功能，单独放在另一个源文件中。本例程程序项目由代码文件"CP_CharPlus.h""CP_CharPlus.cpp"和"CP_CharPlusMain.cpp"组成，具体代码如下。

```
// 文件名: CP_CharPlus.h; 开发者: 雍俊海                          行号
#ifndef CP_CHARPLUS_H                                           // 1
#define CP_CHARPLUS_H                                           // 2
                                                               // 3
class CP_CharPlus                                               // 4
{                                                              // 5
public:                                                        // 6
    char m_char;                                                // 7
                                                               // 8
    CP_CharPlus(char a='+') : m_char(a) {}                      // 9
    ~CP_CharPlus() {}                                           // 10
                                                               // 11
    void mb_drawPlus();                                        // 12
}; // 类 CP_CharPlus 定义结束                                    // 13
#endif                                                         // 14
```

```
// 文件名: CP_CharPlus.cpp; 开发者: 雍俊海                        行号
#include <iostream>                                            // 1
using namespace std;                                           // 2
#include "CP_CharPlus.h"                                       // 3
                                                               // 4
void CP_CharPlus::mb_drawPlus()                                // 5
{                                                              // 6
```

```
    cout << " " << m_char << endl;                                    // 7
    cout << m_char << m_char << m_char << endl;                        // 8
    cout << " " << m_char << endl;                                    // 9
} // 类 CP_CharPlus 的成员函数 mb_drawPlus 定义结束                      // 10
```

// 文件名: **CP_CharPlusMain.cpp**；开发者：雍俊海	行号

```
#include <iostream>                                                  // 1
using namespace std;                                                 // 2
#include "CP_CharPlus.h"                                             // 3
                                                                     // 4
int main(int argc, char* args[ ])                                    // 5
{                                                                    // 6
    CP_CharPlus a('+');                                              // 7
    a.mb_drawPlus();                                                 // 8
    system("pause");                                                 // 9
    return 0; // 返回 0 表明程序运行成功                                // 10
} // main 函数结束                                                    // 11
```

可以参照 1.2.1 节的方法对上面的代码进行编译、链接和运行。运行结果如下。

```
  +
 +++
  +
请按任意键继续. . .
```

例程分析：对于头文件"CP_CharPlus.h"，第 1 行、第 2 行和第 14 行代码共同用来保证头文件"CP_CharPlus.h"不会由于多次被包含而出现嵌套包含的问题。第 4~13 行的代码定义了类 CP_CharPlus。在第 6 行代码中，单词 public 是 C++关键字，表示公有的，表明后续定义的成员变量与成员函数的**访问方式**具有全局性。第 6 行代码定义了字符类型的成员变量 m_char，它将用来保存指定的字符。第 9 行代码定义了构造函数，指定了用来画加号的字符。类的构造函数主要用来初始化类的实例对象。第 10 行代码定义了析构函数。类的析构函数主要完成对类的实例对象在内存回收之前进行结束处理的工作。第 12 行代码声明了成员函数 mb_drawPlus，它没有返回值，也不含函数参数。

> ✳**小甜点**✳：
>
> 这里解释计算机编程的常用术语——**访问**。访问大致与使用一词相当，例如：
> （1）**访问变量**通常指的是读取或修改变量的值。
> （2）**访问函数**通常指的是调用函数。
> （3）**访问类**通常指的是使用这个类，例如，使用这个类定义变量，或者定义这个类的子类，或者调用这个类的成员函数，或者读取或修改这个类的成员变量的值。

源文件"CP_CharPlus.cpp"主要定义了类 CP_CharPlus 的成员函数 mb_drawPlus。成员函数 mb_drawPlus 实现了用字符 m_char 画加号的功能。

源文件"CP_CharPlusMain.cpp"主要定义了主函数 main。第 7 行代码"CP_CharPlus a('+');"

定义了类型 CP_CharPlus 的变量 a，创建了类 CP_CharPlus 的实例对象 a。这里就会调用类的构造函数，将字符'+'赋给 a.m_char。第 8 行代码通过实例对象 a 调用类 CP_CharPlus 的成员函数 mb_drawPlus，完成画加号的功能。

结论：采用面向对象程序设计的方法，不仅本程序可以使用头文件"CP_CharPlus.h"和源文件"CP_CharPlus.cpp"，而且其他程序可以使用这 2 个文件，只要将这 2 个文件添加到相应的程序项目中就可以了。另外，这 2 个文件定义的类 CP_CharPlus 将数据与函数封装在一起，构成相对完整的体系。

1.3　本　章　小　结

面向对象程序设计为建立编程事业提供了解决方案，使人类可以驾驭的程序规模提高到一个新的高度。C++语言拥有类 C 部分与面向对象部分，将面向过程的结构化程序设计与面向对象程序设计集成为一体，具有很大的灵活性。

1.4　习　　题

1.4.1　复习练习题

习题 1.1　简述软件产业的特点。

习题 1.2　简述 C++语言的发展史。

习题 1.3　简述 C++语言的优点。

习题 1.4　C++的源程序代码文件通常分成为哪两大类？它们的作用通常是什么？

习题 1.5　C++头文件和源文件的扩展名一般是什么？

习题 1.6　如何在 VC 平台中创建 C++程序项目？

习题 1.7　如何在 VC 平台中打开已有的 C++程序项目？

习题 1.8　如何在 VC 平台中关闭 C++程序项目？

习题 1.9　如何在 VC 平台中给一个 C++程序项目添加新的头文件和源文件？

习题 1.10　如何在 VC 平台中往已有项目中添加已有的头文件或者已有的源文件？

习题 1.11　请简述在 VC 平台中编译与链接的调试和发布这两种模式的区别点。

习题 1.12　在 VC 平台中，如何带调试运行程序？如何不带调试运行程序？

习题 1.13　带调试运行程序与不带调试运行程序有什么区别？

习题 1.14　请简述函数 system 的功能。

习题 1.15　请简述行注释和块注释的写法，并比较两者的区别。

习题 1.16　请编写程序，在控制台窗口中输出如下的信息。

** **

** 读书使人明事理增知识　　编程使人悟贯通长才干

** **

习题 1.17　请编写程序，在控制台窗口中输出如下的信息。

** **

**　我付出　　　我收获　　　我快乐

** **

习题 1.18　请编写程序，在控制台窗口中通过输出字符串组成一个漂亮的图案。图案的内容和形式可以自行设定。

1.4.2　思考题

思考题 1.19　思考 C++语言发展史对软件产品设计规划的启发。

思考题 1.20　思考 C++程序设计的优点在实际编程求解问题中的可能作用。

思考题 1.21　思考 C++语言可能会有哪些不足之处，它们在实际编程求解问题中可能带来的不良影响，然后思考克服这些不足之处的所有可能方法。

思考题 1.22　请思考如何成就编程事业。

第 2 章 结构化程序设计

结构化程序设计的出现是编程史的一个里程碑，它将只有少数科学家才能掌握的编程技术大众化，提高了程序的可维护性，扩大了人们可以掌握的程序规模。结构化程序设计方法目前已经成为最基本的程序设计方法，也是面向对象程序的基础。本章介绍 C++的基本数据类型、基本运算、控制结构和函数等预备知识以及结构化程序设计方法。

2.1 预 备 知 识

本节介绍标识符、关键字和保留字、文件包含语句、宏定义与条件编译等 C++基本知识。

2.1.1 标识符

这里首先介绍字符集。字符集通常由字符集的名称、字符、字符的编码、字符的含义、字符的形状描述、编码规则和分类规则等组成。在字符集中，每个字符通常对应一个编码，即整数。字符集种类繁多，其中最基本最常用的字符集是 ASCII（American Standard Code for Information Interchange，美国信息互换标准编码）字符集。被 ASCII 字符集收录的字符称为 ASCII 字符，ASCII 字符对应的整数称为 ASCII 码，如表 2-1 所示。

表 2-1 基本 ASCII 码表

ASCII 码	字符或说明	ASCII 码	字符或说明	ASCII 码	字符或说明	ASCII 码	字符或说明
0	空字符（null 或 NUL）	1	标题开始符（start of heading 或 SOH）	2	文本开始符（start of text 或 STX）	3	文本结束符（end of text 或 ETX）
4	传输结束符（end of transmission 或 EOT）	5	查询符（enquiry 或 ENQ）	6	确认符（acknowledge 或 ACK）	7	响铃符（bell 或 BEL）
8	退格符（backspace 或 BS）	9	制表符（horizontal tab 或 TAB）	10	换行符（line feed 或 LF）	11	垂直制表符（vertical tab 或 VT）
12	换页符（form feed 或 FF）	13	回车符（carriage return 或 CR）	14	取消切换符（shift out 或 SO）	15	启用切换符（shift in 或 SI）
16	退出数据通信符（data link escape 或 DLE）	17	设备控制 1 字符（device control 1 或 DC1）	18	设备控制 2 字符（device control 2 或 DC2）	19	设备控制 3 字符（device control 3 或 DC3）
20	设备控制 4 字符（device control 4 或 DC4）	21	拒绝确认符（negative acknowledge 或 NAK）	22	同步闲置符（synchronous idle 或 SYN）	23	传输块结束符（end of transmission block 或 ETB）

续表

ASCII 码	字符或说明	ASCII 码	字符或说明	ASCII 码	字符或说明	ASCII 码	字符或说明
24	取消符（cancel 或 CAN）	25	介质结束符(end of medium 或 EM)	26	替换符(substitute 或 SUB)	27	退出符（escape 或 ESC）
28	文件分隔符（file separator 或 FS）	29	分组符（group separator 或 GS）	30	记录分隔符（record separator 或 RS）	31	单元分隔符(unit separator 或 US）
32	空格（space）	33	!	34	双引号（"）	35	#
36	$	37	%	38	&	39	单引号（'）
40	(	41	)	42	*	43	+
44	,	45	-	46	句点（.）	47	斜杠（/）
48	0	49	1	50	2	51	3
52	4	53	5	54	6	55	7
56	8	57	9	58	:	59	;
60	<	61	=	62	>	63	?
64	@	65	A	66	B	67	C
68	D	69	E	70	F	71	G
72	H	73	I	74	J	75	K
76	L	77	M	78	N	79	O
80	P	81	Q	82	R	83	S
84	T	85	U	86	V	87	W
88	X	89	Y	90	Z	91	[
92	反斜杠（\）	93	]	94	^	95	下画线（_）
96	`	97	a	98	b	99	c
100	d	101	e	102	f	103	g
104	h	105	i	106	j	107	k
108	l	109	m	110	n	111	o
112	p	113	q	114	r	115	s
116	t	117	u	118	v	119	w
120	x	121	y	122	z	123	{
124	|	125	}	126	~	127	删除符（delete 或 DEL）

在 C++语言中，标识符可以用来作为变量等的名称。标识符是由下画线、小写字母、大写字母和数字组成的除关键字和保留字之外的字符序列，而且其首字符必须是下画线、小写字母或大写字母。表 2-2 给出了一些合法的 C++语言标识符示例。表 2-3 给出了一些不合法的 C++语言标识符示例，并给出相应的原因。注意，标识符区分大小写。

表 2-2 合法的 C++语言标识符示例

count	day	doubleArea	i	intNumber
m_year	method1	studentNumber	total	x2

表 2-3 不合法的 C++语言标识符示例

不合法的 C++语言标识符	原因
9pins	标识符的首字符不能是数字
a&b	在标识符中不能含有字符 "&"
It's	在标识符中不能含有引号
student number	在标识符中不能含有空格
testing1-2-3	在标识符中不能含有连字符（减号）
x+y	在标识符中不能含有加号

2.1.2 关键字和保留字

C++国际标准中规定了如表 2-4 所示的 73 个关键字以及如表 2-5 所示的 11 个保留字。关键字在 C++语言中有特殊的含义与作用。保留字则是 C++标准预留给未来 C++语法使用的，有可能会成为未来的关键字。在编写程序时，不要选用关键字和保留字作为标识符。

表 2-4 C++国际标准规定的关键字

alignas	alignof	asm	auto	bool	break	case	catch
char	char16_t	char32_t	class	const	constexpr	const_cast	continue
decltype	default	delete	do	double	dynamic_cast	else	enum
explicit	export	extern	false	float	for	friend	goto
if	inline	int	long	mutable	namespace	new	noexcept
nullptr	operator	private	protected	public	register	reinterpret_cast	return
short	signed	sizeof	static	static_assert	static_cast	struct	switch
template	this	thread_local	throw	true	try	typedef	typeid
typename	union	unsigned	using	virtual	void	volatile	wchar_t
while							

表 2-5 C++国际标准规定的保留字

and	and_eq	bitand	bitor	compl	not
not_eq	or	or_eq	xor	xor_eq	

2.1.3 文件包含语句

文件包含语句是预处理命令，含有两种格式。第 1 种文件包含格式如下：

```
#include <头文件名>
```

这种格式通常用来引入系统头文件。下面给出采用这种格式的文件包含语句代码示例：

```
#include <iostream>
```

第 2 种文件包含格式如下：

```
#include "头文件名"
```

这种格式通常是用来引入自定义的头文件。下面给出采用这种格式的文件包含语句代码示例：

```
#include "CP_CharSword.h"
```

文件包含为 C++语言源程序代码文件的组装提供了一种方便的机制。如图 2-1 所示，在编译源文件的预编译阶段，当遇到文件包含语句时，首先将相应的头文件加载到源文件中，然后才是正式编译阶段，从而编译加载了头文件的源文件。

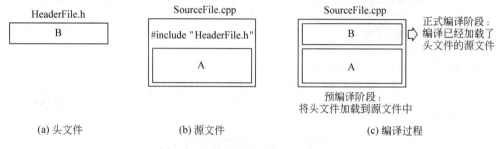

(a) 头文件   (b) 源文件   (c) 编译过程

图 2-1   文件包含语句的作用示意图

2.1.4   宏定义与条件编译

宏定义最常用的定义格式如下：

```
#define 标识符 替换代码↙
```

其中，"#define"是宏定义的引导部分，必须位于行的开头部分。在宏定义中的"替换代码"可以不含任何字符。编译器在预编译阶段处理宏定义，用"替换代码"替换宏定义标识符。这个过程也称为宏替换或宏展开。下面给出具体的代码示例：

```
#define D_Pi 3.141592653589793
    double r = 2.0;
    double area = D_Pi * r * r;
```

在编译预处理之后，最后一行代码实际上会被替换为：

```
    double area = 3.141592653589793 * r * r;
```

也可以把宏定义标识符取消。取消宏定义标识符的格式如下：

```
#undef 标识符↙
```

其中，标识符就是要被取消的宏定义标识符。

这里介绍 2 种常用的条件编译命令，其中第 1 种条件编译命令的格式如下：

```
#ifndef 标识符
    第 1 部分程序代码
#else
```

```
    第 2 部分程序代码
#endif
```

其中，"#else"分支不是必须的，即"#else"和"第 2 部分程序代码"不是必须的。如果没有上面格式中第 1 行的标识符，编译器选择"第 1 部分程序代码"进行编译；否则，编译器选择"第 2 部分程序代码"进行编译。这种条件编译命令常用于头文件中，用来解决多次包含同一个头文件的问题。例如，头文件"CP_CharSword.h"的内容是：

```
#ifndef CP_CHARSWORD_H                                          // 1
#define CP_CHARSWORD_H                                          // 2
                                                                // 3
extern void gb_drawCharSword();                                 // 4
#endif                                                          // 5
```

如果第一次包含了头文件"CP_CharSword.h"，则编译器选择第 2～4 行的代码进行编译。如果再一次包含头文件"CP_CharSword.h"，则因为第 2 行已经宏定义了标识符 CP_CHARSWORD_H，所以这一次"#ifndef CP_CHARSWORD_H"不成立，从而编译器会直接忽略第 2～4 行的代码。总而言之，即使多次包含该头文件，仍然只会对第 2～4 行的代码编译 1 次。

第 2 种条件编译命令的格式如下：

```
#ifdef 标识符
    第 1 部分程序代码
#else
    第 2 部分程序代码
#endif
```

其中，"#else"分支不是必须的。如果第 1 行中的标识符是一个有效的宏定义标识符，编译器选择"第 1 部分程序代码"进行编译；否则，编译器选择"第 2 部分程序代码"进行编译。

2.2　数　据　类　型

数据类型规定了其所对应的每个数据单元占据的字节数、含义和所允许的操作。C++内存地址的单位是字节（byte）。每字节含有 8 比特位（bit）。每比特位只能存储 0 或 1。这里的比特位也可以称为二进制位。根据 C++国际标准，C++的数据类型可以分成为基本（fundamental）数据类型和复合（compound）数据类型，如图 2-2 所示，其中布尔类型和字符系列类型又同时隶属于整数系列类型。

⊛小甜点⊛：

C++标准规定每个窄字符类型的数据占用 1 字节。其他数据类型的数据占用的字节数在 C++标准中没有明确规定。可以通过运算符 sizeof 得到数据类型所对应的数据单元占用的字节数。

运算符 1 **sizeof**	
声明:	`size_t sizeof(x);`
说明:	计算并返回 x 所对应的存储单元的长度,或者说 x 所对应的存储单元的大小,其单位是字节。"`size_t`"通常就是"`unsigned int`"数据类型。
参数:	x:表达式或变量名或数据类型的名称。
返回值:	如果 x 是表达式,则返回存储该表达式计算结果所需的存储单元的大小;如果 x 是变量名,则返回该变量所占用的存储单元的大小;如果 x 是数据类型名称,则返回每个该类型数据所占用的存储单元的大小。这里的存储单元的大小是以字节为单位计数的。
头文件:	`#include <cstddef>`

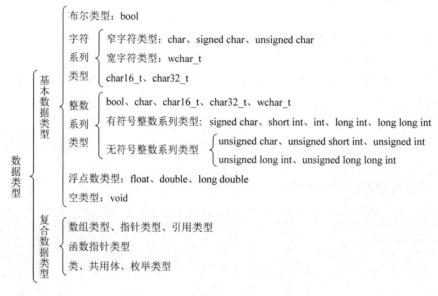

图 2-2　C++数据类型分类层次结构图

调用运算符 sizeof 的示例性代码如下:

```
cout << "sizeof(char)=" << sizeof(char); // 结果输出: sizeof(char)=1
```

2.2.1　变量定义和声明

变量是程序表示、存储和管理数据的重要手段。变量通常拥有四个基本属性:名称、数据类型、存储单元和值,其中数据类型决定存储单元大小。定义变量的常用格式如下:

数据类型　变量列表;

变量列表由 1 个或多个变量组成,而且相邻变量之间采用逗号分隔开,代码示例如下:

```
int a;                                                      // 1
int b = 20;                                                 // 2
```

上面第 1 行定义 int 类型的变量 a,但没有赋初值。第 2 行定义 int 类型变量 b,同时将变量 b 赋值为 20。在定义变量时的赋值操作也称为变量初始化操作。

声明变量的常用格式如下：

```
extern 数据类型 变量列表;
```

其中，关键字 extern 是存储类型说明符，用来声明在变量列表中的变量在其他地方已经定义了。

> ☞**注意事项**☜：
>
> （1）在声明变量的变量列表中，变量不允许进行初始化操作。
> （2）在使用变量之前需要先声明与定义变量。对于同一个变量，只能定义 **1** 次，但可以声明多次。

> ❀**小甜点**❀：
>
> 通常将变量的定义放在源文件中。通常将变量的声明放在头文件中，然后通过文件包含语句进行加载，从而减少总的代码量。这种方式也比较容易保持代码的一致性。

2.2.2　布尔类型

布尔类型 **bool** 的值只能是 true 或 false，其中 true 表示真，false 表示假。同样，布尔类型字面常量也只有 true 和 false 这两个。下面给出代码片断示例：

```
bool a = true;   // 定义 bool 变量 a，并将变量 a 赋值为 true       // 1
bool b = false; // 定义 bool 变量 b，并将变量 b 赋值为 false     // 2
```

2.2.3　整数系列类型

整数系列类型字面常量的程序代码格式如下：

```
[符号位] [前缀部分] 核心部分 [后缀部分]
```

其中，中括号"[ ]"表示可选项。符号位就是正号"+"或负号"-"。前缀部分与核心部分具有如下的四种形式，在核心部分的相邻数字之间允许插入只起分隔作用的单引号。

（1）二进制形式：前缀部分只能是 0b 或 0B。核心部分由一系列二进制数字（0、1）和单引号组成。例如，0b11（十进制为 $3=1×2^1+1$），0B101（十进制为 $5=1×2^2+0×2^1+1$）。

（2）八进制形式：前缀部分只能是数字 0。核心部分由一系列八进制数字 0~7 和单引号组成。例如，012（十进制为 $10=8^1+2$），0123（十进制为 $83=1×8^2+2×8^1+3$）。

（3）十进制形式：没有前缀部分。核心部分由一系列十进制数字和单引号组成，其中第一个数字不能是 **0**。例如，123、7 和 123'456。

（4）十六进制形式：前缀部分只能是 0x 或者 0X。核心部分由一系列十六进制数字（0~9、a~f、A~F）和单引号组成。例如，0x1a（十进制为 $26=16^1+10$）。

整数系列类型字面常量的可选项后缀部分用来指明具体的数据类型，如表 2-6 所示。

表 2-6 后缀部分及其对应的数据类型

后缀部分	十进制形式字面常量	八、十六和二进制形式字面常量
不含后缀部分	int、	int、unsigned int、
	long int、	long int、unsigned long int、
	long long int	long long int、unsigned long long int
u 或 U	unsigned int、unsigned long int、	unsigned int、unsigned long int、
	unsigned long long int	unsigned long long int
l 或 L	long int、	long int、unsigned long int、
	long long int	long long int、unsigned long long int
ul、uL、Ul 或 UL	unsigned long int、	unsigned long int、
	unsigned long long int	unsigned long long int
ll 或 LL	long long int	long long int
		unsigned long long int
ull、uLL、Ull 或 ULL	unsigned long long int	unsigned long long int

▷注意事项◁：

在编写整数系列类型字面常量时，必须注意其所要表达的数据类型。字面常量的数值不应超过该数据类型所允许的数值范围。例如，4 字节 unsigned int 类型数据的数值范围是 0～4294967295，则语句"unsigned int count=4294967296;"是错误的。部分整数系列类型数据的数值范围请见表 2-7。因为 C++国际标准并没有明确规定 int、long 和 long long 等数据类型占用的字节数，所以表 2-7 仅仅列出一种常见的情况。实际的情况取决于所用的编译器。

⊗小甜点⊗：

因为一般不容易区分字母 l 与数字 1，所以如果在上面后缀部分中需要出现字母 L 或 l，则一般推荐采用大写字母 L。

表 2-7 部分整数系列类型存储单元常见占用字节数及其数值范围示例

数据类型	字节数	数值范围（表达式形式）	数值范围（具体数值）
signed char	1	$(-2^7)\sim(2^7-1)$	$-128\sim127$
unsigned char	1	$0\sim(2^8-1)$	$0\sim255$
signed short int	2	$(-2^{15})\sim(2^{15}-1)$	$-32768\sim32767$
unsigned short int	2	$0\sim(2^{16}-1)$	$0\sim65535$
signed int	4	$(-2^{31})\sim(2^{31}-1)$	$-2147483648\sim2147483647$
unsigned int	4	$0\sim(2^{32}-1)$	$0\sim4294967295$
signed long int	4	$(-2^{31})\sim(2^{31}-1)$	$-2147483648\sim2147483647$
unsigned long int	4	$0\sim(2^{32}-1)$	$0\sim4294967295$
signed long long int	8	$(-2^{63})\sim(2^{63}-1)$	$-9223372036854775808\sim9223372036854775807$
unsigned long long int	8	$0\sim(2^{64}-1)$	$0\sim18446744073709551615$

2.2.4 字符系列类型

字符系列类型包括窄字符类型、宽字符类型、char16_t、char32_t。窄字符类型包括 char、signed char 和 unsigned char。宽字符类型包括 wchar_t。字符系列类型实际上也属于整数系列类型。因此，可以直接用整数系列类型字面常量来表示字符系列类型字面常量。只是这时一定不要超过相应数据类型所允许的数值范围。下面给出代码示例：

```
char ch = 97;            // 结果：cs='a'。注：97 是字符'a'的 ASCII 码      // 1
signed char cs = 122;  // 结果：cs='z'。注：122 是字符'z'的 ASCII 码      // 2
```

⊗ 小甜点⊗ ：

C++国际标准并没有规定 char 类型字面常量允许的数值范围。因此，char 类型字面常量所允许的数值范围究竟是[-128, 127]，还是[0, 255]，或是其他，需要由所用的编译器决定。

直接采用字符形式的字符系列类型字面常量格式如下：

前缀部分核心部分

即由前缀部分与核心部分组成，其中前缀部分用来指明具体的数据类型，具体如下：

（1）如果前缀部分为空，则该字面常量是 char 类型。例如，char c = 'a'。

（2）如果前缀部分为字母 u，则该字面常量是 char16_t 类型。例如，char16_t c16 = u'汉'。

（3）如果前缀部分为字母 U，则该字面常量是 char32_t 类型。例如，char32_t c32 = U'汉'。

（4）如果前缀部分为字母 L，则该字面常量是 wchar_t 类型。例如，wchar_t cw = L'汉'。

字符系列类型字面常量的核心部分具有如下的 4 种形式：

第 1 种形式是采用一对单引号将单个字符括起来，例如，'a'和'b'等。

第 2 种形式是采用简单转义字符，如表 2-8 所示。

表 2-8 简单转义字符的核心部分

转义字符	\'	\''	\?	\\	\a	\b	\f	\n	\r	\t	\v
含义	单引号	双引号	问号	反斜杠	响铃符	退格符	换页符	换行符	回车符	（水平）制表符	垂直制表符
ASCII 码	39	34	63	92	7	8	12	10	13	9	11

第 3 种形式是采用八进制转义字符，具体格式采用 "\" 与 "'" 括起来的 1～3 位八进制整数。例如，\65'表示字符'5'，对应的 ASCII 码是 53=6×8+5。

第 4 种形式是采用十六进制转义字符，具体格式采用 "\x" 与 "'" 括起来的 1 位或更多位的十六进制整数。例如，\x61'表示字符'a'，对应的 ASCII 码是 97=6×16+1。

空白符（white-space characters）是一种常用的字符，包括如下 6 种字符：

（1）空格（'␣'，space，对应 ASCII 码 32）。

（2）制表符（'\t'，horizontal tab，对应 ASCII 码 9）。

（3）换行符（'\n'，line feed 或 new-line 或 LF，对应 ASCII 码 10）。

（4）回车符（'\r'，carriage return 或 CR，对应 ASCII 码 13）。

（5）换页符（'\f', form feed 或 FF，对应 ASCII 码 12）。

（6）垂直制表符（'\v', vertical tab 或 VT，对应 ASCII 码 11）。

2.2.5　浮点数类型

浮点数字面常量的程序代码格式有 2 种形式。第 1 种如下：

> 小数部分[指数部分] [后缀部分]

小数部分的程序代码格式具有如下 3 种形式：

> [符号位] 十进制数字序列.
> [符号位] .十进制数字序列
> [符号位] 十进制数字序列.十进制数字序列

符号位只能是+或者−。十进制数字序列要求至少含有 1 个十进制数字，而且允许以 0 开头。

指数部分的程序代码格式具有如下 2 种形式：

> e[符号位] 十进制数字序列
> E[符号位] 十进制数字序列

在浮点数字面常量中指数是以 10 为底。例如，1.5e+2 与 150.0 相等，1.5E-2 与 0.015相等。

后缀部分只能是为字母 f、F、l 和 L 或者为空，具体含义如下。

（1）后缀部分 f 或 F 表示单精度浮点数（float）。例如，单精度浮点数字面常量 1.5f。

（2）后缀部分为空表示双精度浮点数（double）。例如，双精度浮点数字面常量 1.5。

（3）后缀部分为字母 l 或 L 表示长双精度浮点数（long double）。例如，1.5L。

第 2 种形式的浮点数字面常量格式如下：

> [符号位] 十进制数字序列指数部分[后缀部分]

即由符号位、十进制数字序列、指数部分和后缀部分组成，各部分要求与第 1 种形式相同。例如，"1e2f" 和 "1e-2" 均是合法的浮点数类型字面常量。

浮点数类型存储单元占用的字节数由 C++支撑平台决定。表 2-9 给出一种常见示例。

表 2-9　浮点数类型存储单元常见占用字节数及其数值范围示例

数据类型	字节数	数值范围
float	4	（1）普通负数范围：大于-3.40283×10^{38} 并且小于-1.40129×10^{-45}。 （2）普通正数范围：大于 1.40129×10^{-45} 并且小于 3.40283×10^{38}。 （3）0。 （4）正无穷大（+Infinity）。 （5）负无穷大（−Infinity）。 （6）不定数（NaN, Not a Number）。

续表

数据类型	字节数	数值范围
double	8	（1）普通负数范围：大于 $-1.79770 \times 10^{+308}$ 并且小于 $-4.94065 \times 10^{-324}$。
		（2）普通正数范围：大于 4.94065×10^{-324} 并且小于 $1.79770 \times 10^{+308}$。
		（3）0。
		（4）正无穷大（+Infinity）。
		（5）负无穷大（−Infinity）。
		（6）不定数（NaN）。
long double	8	同 double 数据类型。

在浮点数类型中，除了普通的浮点数之外，还有正无穷大（+Infinity）、负无穷大（−Infinity）和不定数（NaN）。不定数表示不确定的数，相关函数 isnan 的说明如下。

函数 2　isnan	
声明：	template <class T> bool isnan(T x) throw();
说明：	判断一个浮点数是否是不定数（NaN）。
参数：	① 类型参数 T：只能是 float、double 或者 long double。
	② x：给定的浮点数，其数据类型为 T。
返回值：	如果 x 是不定数（NaN），则返回 true；否则，返回 false。
头文件：	<cmath> // 程序代码：#include <cmath>

2.2.6　枚举类型

枚举类型的主要作用是选取部分整数字面常量，并用标识符来表示这些整数字面常量，从而提高程序的可读性。枚举类型的定义格式如下：

enum 枚举类型名称 {枚举常量定义式1, 枚举常量定义式2, ..., 枚举常量定义式n};

其中，enum 是用来引导枚举类型定义的关键字，枚举类型名称应用实际的标识符替代。各个枚举常量定义式可以用如下的两种方式定义：

枚举常量

或者

枚举常量 = 整数字面常量

这里的枚举常量应用实际的标识符替代。如果在枚举常量定义式中指定了对应的整数字面常量，则该枚举常量的值就是其所对应的整数字面常量；否则，第 1 个枚举常量的值是 0，后继枚举常量的值则是其前 1 个枚举常量值加 1。在枚举类型的定义之外，不能再给枚举常量赋值。代码示例如下：

```
enum E_Weekend { em_Saturday = 6, em_Sunday };  // 定义枚举类型      // 1
enum E_Weekend e = em_Saturday;  // 定义枚举类型变量 e              // 2
cout << "e = " << e;  // 输出：e = 6                                // 3
e = em_Sunday;                                                     // 4
```

```
cout << "e = " << e; // 输出: e = 7
```

2.2.7　数组类型和基于数组的字符串

本小节介绍的数组实际上是 静态数组。一旦定义了数组变量，系统就会直接分配它的内存空间，其元素个数无法发生变化。不带初始化的一维数组变量定义格式如下：

数据类型 变量名1[n₁], 变量名2[n₂], ... , 变量名m[nₘ];

其中，数据类型是数组元素的数据类型，n_1、n_2、$\cdots$、n_m 必须是确定的正整数，指定元素个数。每个元素都可以看作独立的变量并通过下标获取元素，下标的有效范围是从 0 到元素个数减 1。如果超出有效范围内，则称为下标越界，这是一种程序错误。示例如下：

```
int a[3]; // 定义具有 3 个元素的数组变量 a，数组元素分别为 a[0]、a[1]和 a[2]
int b[4], c[5]; // 定义具有 4 个元素的数组变量 b 和具有 5 个元素的数组变量 c
```

还可以 通过初始化定义数组变量，具体格式如下：

数据类型 变量名[n₁] = { 由各个数组元素的初值表达式组成的列表 };

其中，数组元素个数 n_1 是可以省略的。初值表达式的个数不能小于 1，而且一定要与数组元素的数据类型相匹配。相邻的初值表达式之间用逗号分开。下面给出一些定义示例：

```
int a[ ] = { 1, 2 };        // 结果：元素个数为 2，其中 a[0]=1；a[1]=2
int b[3] = { 10, 20, 30 }; // 结果：b[0]=10；b[1]=20；b[2]=30
```

设数组维数是整数 d(>1)，不带初始化的单个多维数组变量定义格式如下：

数据类型 变量名[n₁][n₂] … [nₔ];

其中，n_1、n_2、$\cdots$、n_d 必须是大于 0 且确定的整数。多维数组可以看作元素是数组的数组。这个过程可以不断递归下去，直到最终的元素不再是数组。这些"最终的元素"称为基元素。基元素的数据类型也称为数组的基类型。在上面多维数组定义中的数据类型就是基类型，而且基元素总个数是 $n_1 \times n_2 \times \cdots \times n_d$。示例如下：

```
int a[2][3]; // 二维数组 a，基元素的总个数是 6=2×3，基类型是 int
```

其中，a[0]和 a[1]是数组 a 的元素，这两个元素同时又是数组。a[0]的元素是 a[0][0]、a[0][1]和 a[0][2]。a[1]的元素是 a[1][0]、a[1][1]和 a[1][2]。

在定义多维数组时也可以含有初始化列表。例如，下面示例给出基元素的初始化列表：

```
int a[2][2] = {1, 2, 3, 4}; // 结果：a[0][0]=1; a[0][1]=2;
                            //       a[1][0]=3; a[1][1]=4。
```

多维数组的初始化列表中的初值表达式也可以是 低一维数组的初值化列表，例如：

```
int a[2][2] = { {1, 2}, {3, 4} };   // 结果：a[0][0]=1; a[0][1]=2;
                                    //       a[1][0]=3; a[1][1]=4。
```

字符数组除于拥有常规数组的所有性质之外，还可以看作基于数组的字符串。基于数组的字符串是以 0 结尾的字符序列。0 是基于数组的字符串的结束标志。

> ◹注意事项◸：
>
> 数组的长度是数组元素的个数。基于数组的字符串的长度是在结尾 0 之前的字符总个数，至少比字符数组的长度小 1。

基于数组的字符串字面常量通常简称为字符串字面常量，常用程序代码格式如下：

> 前缀部分核心部分

即由前缀部分与核心部分组成。前缀部分用来指明字面常量的具体数据类型，具体如下：

（1）如果前缀部分为空，则是普通 char 类型串字面常量。例如，"string"和 u8"string"。

（2）如果前缀部分为 u8，则是采用 UTF-8（8-bit Unicode Transformation Format，万国码）字符集的 char 类型字符串字面常量。例如，u8"string"。

（3）如果前缀部分为字母 L，则是 wchar_t 类型字符串字面常量。例如，L"string"。

（4）如果前缀部分为字母 u，则是 char16_t 类型字符串字面常量。例如，u"string"。

（5）如果前缀部分为字母 U，则是 char32_t 类型字符串字面常量。例如，U"string"。

核心部分是采用一对双引号括起来的字符序列。例如，"string"和"\"string\""。

> ❋小甜点❋：
>
> 在编写字符串字面常量时，字符串字面常量允许用空白符分隔为若干个具有相同前缀的字符串字面常量。例如，下面 2 条语句是等价的：
> char ca[ ] = u8"This "   u8"is "   u8"a string.";
> char ca[ ] = u8"This is a string.";

在定义字符数组时，还可以采用字符串字面常量进行初始化，例如：

```
char a[ ] = "ab"; // 元素个数为 3, a[0]='a', a[1]='b', a[2]=0      // 1
char b[3] = "ab"; // 元素个数为 3, b[0]='a', b[1]='b', b[2]=0      // 2
```

2.2.8　指针类型与动态数组

指针类型是一种复合数据类型。指针类型的数据称为指针。指针存储单元的值是地址，位于该地址的存储单元称为该指针所指向的存储单元。指针变量的常用定义格式如下：

> 数据类型 *指针变量名$_1$, *指针变量名$_2$, ···, *指针变量名$_n$;

其中，数据类型是指针类型的基类型，每个指针变量名前面有星号"*"，相邻指针变量之间采用逗号分隔，可以在定义指针变量的同时给指针变量赋初值。

> ❀小甜点❀：
>
> **指针类型拥有唯一的字面常量**，即**空指针 nullptr**，它表示不指向任何存储单元。

获取存储单元的运算符是**取地址运算符&**。可以对指针变量取地址，因为指针变量拥有存储单元。**取值运算符*** 可以获取指针变量所指向的存储单元。示例代码如下：

```
int a = 10;                                                    // 1
int *p = &a; // &a 获取变量 a 的地址，并赋值给指针 p，结果指针 p 指向变量 a   // 2
*p = (*p) * 2; // *p 等价于 a，计算结果：a = 20                    // 3
```

> ⚑注意事项⚑：
>
> **不能对地址进行取地址运算**，因为地址只是一个数值，并不占据内存的存储单元。注意取地址运算符&返回的是地址。因此，**不能对地址运算符&返回的地址再次进行取地址运算**。

设指针 p 与一维数组 a 的基类型相同，则 "p = a;" 等价于 "p = &(a[0]);"，它们的含义都是**将数组 a 的首地址（即第 1 个元素的地址）赋值给指针 p**。下面给出代码示例：

```
int a[3] = { 1, 2, 3 };                                        // 1
int *p = a; // 等价于: int *p = &(a[0]);                         // 2
cout << "p[1] = " << p[1]; // p[1]等价于 a[1]，结果输出: p[1] = 2   // 3
```

指针的基类型也可以是数组类型。这时的指针称为**数组指针**，其**常用定义格式**如下：

数据类型 (* *变量名*) [n_1] [n_2] … [n_d];

其中，数据类型是数组基元素的数据类型，变量名是数组指针变量的变量名，n_1、n_2、…、n_d 必须是大于 0 且确定的整数。下面给出代码示例：

```
int a[2][3] = { 0, 1, 2, 3, 4, 5 };                            // 1
int(*pa)[2][3] = &a; // 定义数组指针 pa，它指向二维数组 a           // 2
(*pa)[0][0] = 100; // 相当于: a[0][0] = 100;                     // 3
```

数组的元素类型也可以是指针类型。这时，所定义数组称为**指针数组**。例如：

```
int a = 1;                                                     // 1
int b = 2;                                                     // 2
int *p[2] = {&a, &b}; // 定义指针数组 p，其元素 p[0]和 p[1]都是指针   // 3
```

结果，指针数组 p 的第 1 个元素 p[0]指向变量 a，第 2 个元素 p[1]指向变量 b。

C++语言的数组包括静态数组和动态数组。在进行函数调用时占用的内存空间称为**函数栈**。静态数组通常与函数栈占用的是相同区域的内存空间。因此，通常不会定义占用较大内存的静态数组；否则，会减少函数调用的深度，甚至有可能会降低函数调用的运行速度。因此，如果需要占用较大内存的数组，可以借助于动态数组，因为动态数组与函数栈占用的内存空间位于不同的区域。动态数组所在的内存空间称为**堆**。可以**通过运算符 new**

从堆中分配数据对象或动态数组的内存空间。运算符 new 的具体说明如下：

运算符 2　`operator new`	
声明：	① `void* operator new` 数据类型；
	② `void* operator new` 数据类型(初始化表达式)；
	③ `void* operator new` 数据类型[动态数组元素个数]；
	④ `void* operator new (std::nothrow)` 数据类型；
	⑤ `void* operator new (std::nothrow)` 数据类型(初始化表达式)；
	⑥ `void* operator new (std::nothrow)` 数据类型[动态数组元素个数]；
说明：	运算符 new 申请从堆中分配内存。对于上面声明①、②、④和⑤，运算符 new 申请分配指定数据类型的数据对象的存储单元，其中①和④没有指定初始化表达式，②和⑤指定了用来初始化该数据对象的初始化表达式。对于上面声明③和⑥，运算符 new 申请分配动态数组，其元素的数据类型就是在运算符 new 后面的数据类型。对于上面声明①、②和③，如果内存分配不成功，则将会抛出异常，中断程序的正常运行，同时运算符 new 不会返回任何值。对于上面声明④、⑤和⑥，如果内存分配不成功，则将不会抛出异常，运算符 new 有可能返回 nullptr，也有可能什么都不返回，是否返回 nullptr 取决于 C++支撑平台。
参数：	① 初始化表达式：不要求是字面常量等常数，但必须与指定的数据类型相匹配。
	② 动态数组元素个数：要求是整数类型，可以是常数，也可以含有变量。
返回值：	如果分配成功，则返回所分配的内存空间的首地址；否则，有可能返回 nullptr，也有可能什么都不返回，还有可能中断程序的正常运行从而得不到返回值。
头文件：	运算符 new 不需要头文件。

通过运算符 new 得到的内存必须通过运算符 delete 进行释放，而且只能释放 1 次。如果不进行内存释放，则称为内存泄漏。运算符 delete 的具体说明如下：

运算符 3　`operator delete`	
声明：	① `void operator delete` 指针变量；
	② `void operator delete[]` 指针变量；
说明：	如果指针变量指向的是数据对象的存储单元，则应当采用声明①进行内存释放。如果指针变量指向的是动态数组，则应当采用声明②进行内存释放。如果指针变量的值为 nullptr，则对于声明①和②，运算符 delete 均不做任何事情。
参数：	指针变量：如果指针变量的值不等于 nullptr，则指针变量所指向的内存必须是通过运算符 new 得到的，而且还没有通过运算符 delete 释放。
头文件：	运算符 delete 不需要头文件。

下面给出应用运算符 new 和运算符 delete 的代码示例。如果可以确保运算符 new 成功申请到内存，则可以采用如下的代码：

```
int n = 5;                                                          // 1
int *p = new int(10); // 定义指针 p，它指向新分配的单个 int 类型存储单元  // 2
int *pa = new int[n]; // 定义指针 pa，它指向新分配的具有 5 个元素的数组  // 3
delete p;      // 必须显式地通过运算符 delete 释放单个存储单元的内存     // 4
delete[] pa; // 必须显式地通过运算符 delete[]释放数组的内存            // 5
```

如果无法确保运算符 new 可以成功申请到内存，则可以采用如下相对安全的方式：

```
int *pa = nullptr; // 定义指针 pa，它不指向任何存储单元                // 1
```

```
    pa = new (std::nothrow) int[10]; // 新分配具有 10 个元素的动态数组    // 2
    if (pa != nullptr)                                                  // 3
        pa[9] = 20;   // 如果动态数组分配成功，则给元素 pa[9]赋值 20       // 4
    delete[] pa;      // 必须显式地通过运算符 delete[]释放数组的内存        // 5
```

> ❀小甜点❀：
>
> 　　指针的基类型为空类型（void）的指针称为空类型指针。在有些文献中，空类型指针也称为无类型指针、纯地址指针、通用指针或者泛指针。空类型指针只记录内存地址，无法通过取值运算符*对空类型指针取值。

2.2.9　左值引用与右值引用

　　引用数据类型包括左值引用与右值引用，用来提高程序运行效率。左值引用有 2 种用法。第 2.5.1 节将介绍第 1 种，即如何用左值引用作为函数参数的数据类型，方便传递函数参数。本小节介绍第 2 种，即作为变量别名的左值引用，左值引用的定义格式如下：

> 数据类型 & 引用变量的名称 = 被引用变量的名称；

　　其中，数据类型必须是被引用变量的数据类型，在定义中的初始化是左值引用变量与被引用变量建立关联关系的唯一一次机会。在这之后，两者等同。左值引用示例代码如下：

```
    int  a = 10;                                                        // 1
    int &ref = a; // 定义了引用类型的变量 ref，变量 ref 等同于变量 a       // 2
    ref = 20; // 等价于"a=20;"，结果：a = 20, ref = 20                    // 3
```

　　右值引用主要是为了减少对临时变量等表达式的内存分配与回收次数，即这些表达式的生命周期延长到对应的右值引用变量的生命周期结束。右值引用的定义格式如下：

> 数据类型 && 引用变量的名称 = 被引用的表达式；

　　其中，数据类型必须是被引用表达式的数据类型。被引用的表达式可以是字面常量、运算表达式和函数返回值等临时性表达式。被引用的表达式不可以是变量，包括左值引用变量和右值引用变量。在定义之后，还可以改变右值引用变量的值。右值引用示例代码如下：

```
    int &&a = 5;          // 定义了字面常量的右值引用 a，结果 a=5           // 1
    int &&b = a*2;        // 定义了运算表达式的右值引用 b，结果 b=10        // 2
    a = a * a + b * b;    // 允许改变右值引用 a 的值，结果 a=125            // 3
```

> ❀小甜点❀：
>
> 　　左值引用和右值引用都没有指向引用类型的指针。例如，不能通过"int & * p"定义指向引用的指针 p。不过，可以定义指针的引用变量。例如，"int * a; int * &p = a;"定义了指针的引用变量 p。

2.2.10　自动推断类型 auto

　　如果编译器可以自动推断出数据类型，则该数据类型有时可以用关键字 auto 替代。因此，通常将 auto 称为 **自动推断类型**。

```
auto n = 5;      // 根据表达式 5，可以推断出这里的 auto 等价于 int          // 1
auto && t = 5.0; // 根据表达式 5.0，可以推断出这里的 auto 等价于 double      // 2
auto pn  = new auto(5);    // 这条语句等价于：int *pn = new int(5);        // 3
```

❀小甜点❀：

慎重使用 自动推断类型 auto，因为直接写出类型名称比使用 auto 更加清晰易懂。

2.2.11　类型别名定义 typedef

类型别名定义 typedef 给数据类型起别名。**类型别名定义的格式** 如下：

```
typedef 数据类型 类型别名
```

其中，数据类型是已经定义或正在定义的数据类型，类型别名必须是合法的标识符。例如：

```
typedef int CD_Count;
```

在这之后，就可以用 **CD_Count** 来代替 int。例如：

```
CD_Count i, k; // 等价于：int i, k;
```

2.2.12　常量属性 const

关键字 const 表示 **常量属性**，其所修饰的变量称为 **只读变量**，**常用定义格式** 如下：

```
const 数据类型 变量名 = 初始化表达式;
```

只读变量的值只能在定义时初始化，且不可以再被改变。下面给出代码示例：

```
const double DC_Pi = 3.141592653589793; // 定义了只读变量 DC_Pi。  // 1
```

对于 **引用类型**，**可以将不带有 const 常量属性的变量赋值给只读引用变量**，例如：

```
int n = 5;                                                    // 1
const int &r = n;    // 正确                                   // 2
```

但 **不可以将只读变量赋值给不带有 const 常量属性的引用变量**，例如：

```
const int c = 5;                                              // 1
int &r = c;          // 错误：无法从 "const int" 转换为 "int &"   // 2
```

可以 **对指针及其基类型是否具有常量属性进行组合**，总共有 4 种组合情况。**第 1 种情况** 是指针及其基类型都不具有常量属性；**第 2 种情况** 是只在基类型前面有关键字 const，从而可以修改指针的值，但不能修改指针指向的存储单元的值；**第 3 种情况** 是只在紧挨指针变量的前面有关键字 const，从而可以修改指针指向的存储单元的值，但指针本身是 **只读指**

针；**第 4 种情况**是指针及其基类型前都有关键字 const，从而不能修改指针及其指向的存储单元的值。第 3 和第 4 种情况的指针都是**只读指针**，在定义时必须同时初始化。代码示例如下：

```
int a = 10;                     // 定义普通变量 a                        // 1
const int ca = 20;              // 定义只读变量 ca                       // 2
const int *p = &ca;             // 第 2 种情况：可以修改 p 的值，但(*p)只读   // 3
int * const q = &a;             // 第 3 种情况：q 只读，但可以修改(*q)的值     // 4
const int * const r = &ca;   // 第 4 种情况：r 和(*r)都只读               // 5
```

❀小甜点❀：

第 3.5 节将介绍**在函数定义中如何使用关键字 const**。

2.3 运　　算

C++的**运算**由运算符与操作数组成。表示运算类型的符号称为**运算符**，参与运算的数据称为**操作数**，如表 2-10 所示。在该表中，op1、op2 和 op3 表示操作数，运算类型编号和含义分别为：①算术运算符，②关系运算符，③逻辑运算符，④位运算符，⑤赋值类运算符，⑥条件运算符，以及⑦其他运算符。

表 2-10　运算简表

类型	描述	运算符	用法	类型	描述	运算符	用法
①	正值	+	+op1	①	负值	−	−op1
①	加法	+	op1 + op2	①	减法	−	op1 − op2
①	乘法	*	op1 * op2	①	除法	/	op1 / op2
①	前自增	++	++op1	①	前自减	——	——op1
①	后自增	++	op1++	①	后自减	——	op1——
①	取模	%	op1 % op2	②	小于	<	op1 < op2
②	大于	>	op1 > op2	②	不大于	<=	op1 <= op2
②	不小于	>=	op1 >= op2	②	等于	==	op1 == op2
②	不等于	!=	op1 != op2	③	逻辑与	&&	op1 && op2
③	逻辑或	||	op1 || op2	③	逻辑非	!	!op1
④	按位与	&	op1 & op2	④	按位或	|	op1 | op2
④	按位取反	~	~op1	④	按位异或	^	op1 ^ op2
④	左移	<<	op1 << op2	④	右移	>>	op1 >> op2
⑤	赋值	=	op1 = op2	⑤	赋值模	%=	op1 %= op2
⑤	赋值加	+=	op1 += op2	⑤	赋值减	−=	op1 −= op2
⑤	赋值乘	*=	op1 *=op2	⑤	赋值除	/=	op1 /= op2
⑤	赋值与	&=	op1 &= op2	⑤	赋值或	|=	op1 |= op2
⑤	赋值左移	<<=	op1 <<= op2	⑤	赋值右移	>>=	op1 >>=op2
⑥	条件	?:	op1 ? op2 : op3	⑦	逗号	,	op1, op2

类型	描述	运算符	用法	类型	描述	运算符	用法
⑦	优先	( )	(op1)	⑦	强制类型转换	(类型)	(类型)op1
⑦	指针取值	*	*op1	⑦	取地址	&	& op1
⑦	指针分量	->	op1->op2	⑦	计算长度	sizeof( )	sizeof(op1)
⑦	分量	.	op1.op2	⑦	指针分量取值	.*	op1.*op2
⑦	下标	[ ]	op1[op2]	⑦	作用域	::	op1::op2

运算之间具有优先级顺序：一般先计算级别高的，后计算级别低的。因为优先运算符"( )"具有最高级别的优先级，所以可以通过"( )"改变运算顺序。在算术运算中，先进行自增（++）和自减（--）运算，然后进行乘法（*）与除法（/）运算，最后进行加法（+）与减法（-）运算；在逻辑和关系的混合运算中，先进行逻辑非（!）运算，再进行关系运算，接着进行条件与（&&）运算，最后进行条件或(||)运算。在位运算中，先进行按位取反（~）运算，再进行移位（>>和<<）运算，接着进行按位与（&）运算，然后进行按位异或（^）运算，最后进行按位或（|）运算。对于同级别的运算，则根据具体运算符的规定从左到右或从右到左进行运算，具体参见表 2-11。

表 2-11　运算顺序

从左到右运算的运算符	+、-、*、/、%、<、<=、>、>=、==、!=、&&、&、||、|、^、>>、<<
从右到左运算的运算符	=、 +=、-=、*=、/=、&=、|=、%=、<<=、>>=、~、!、+（正值）、-（负值）

2.3.1　算术运算

算术运算符包括正值（+）、负值（-）、加法（+）、减法（-）、乘法（*）、除法（/）、取模（%）、前自增（++）、前自减（--）、后自增（++）和后自减（--）。前自增和后自增统称**自增**，前自减和后自减统称**自减**。自增和自减要求操作数必须是变量。自增将变量值增加 1，自减将变量值减少 1。**前自增和前自减**返回变量在自增或自减之后的值。**后自增和后自减**返回变量在自增或自减前的值。算术运算操作数的数据类型可以是整数系列类型和浮点数类型。例如：

```
int a = 10;                                              // 1
int b = ++a; // 结果：a = 11, b = 11                     // 2
int c = a--; // 结果：a = 10, c = 11                     // 3
int d = (a++) + a; // 表达式"(a++) + a"不符合C++标准规定   // 4
i = (++i) + 2; // 这是不符合C++标准规定的语句              // 5
```

> ☞**注意事项**：
>
> （1）整数可以进行取模运算，而浮点数不能进行取模运算。
>
> （2）**整数除法**的结果仍然是整数，其中小数部分自动会被**舍弃**，不管小数部分有多大。
>
> （3）C++标准规定在同一个表达式中，**不允许**在改变一个变量值的同时在该表达式的其他部分又使用这个变量。C++标准将这样的表达式称为**结果不确定的表达式**。其最终结果与所用的编译器有关。

指针可以加上或减去整数，包括自增与自减运算。设指针 p 的值是地址 d，则：

（1）指针 p 加上或减去整数 n 的运算结果仍然是指针，其数据类型与指针 p 相同。

（2）令指针 q=p+n，则指针 q 的值等于"d+sizeof(指针 p 的基类型)*n"。

（3）令指针 q=p-n，则指针 q 的值等于"d-sizeof(指针 p 的基类型)*n"。

例如，设 sizeof(int)=4，则

```
int* p = nullptr;    // 这时: p = 0                              // 1
int* q = p+10;       // 结果: q = 40                             // 2
```

2.3.2　关系运算

关系运算符包括小于（<）、大于（>）、小于或等于（<=）、大于或等于（>=）、等于（==）和不等于（!=）。关系运算操作数的数据类型可以是整数系列类型、浮点数类型和枚举类型，运算结果是 true 或者 false。关系运算比较简单，只是需要注意浮点数的表示误差与运算误差。

> ❀小甜点❀：
>
> **判断两个浮点数 d1 和 d2 是否相等**通常不采用表达式"(d1==d2)"，而采用
>
> $$(((d2-e) < d1) \,\&\&\, (d1 < (d2+e)))$$
>
> 其中，e 是一个非常小的正浮点数，逻辑与(&&)要求表达式((d2-e) < d1)和(d1 < (d2+e))均成立。

2.3.3　逻辑运算

逻辑运算符包括逻辑与（&&）、逻辑或（||）和逻辑非（!）。对于**逻辑与**，只有当 2 个操作数均为 true 时运算结果才为 true；对于**逻辑或**，只有当 2 个操作数均为 false 时运算结果才为 false。对于逻辑与和逻辑或，如果根据第 1 个操作数就能推断出运算结果，则**不会去计算第 2 个操作数的值**。逻辑非获取与操作数相反的值。例如，如果 a = true，则"!a"的结果是 false。

2.3.4　位运算

位运算符包括按位与（&）、按位或（|）、按位异或（^）、按位取反（~）、左移（<<）和右移（>>）。位运算操作数可以是整数系列类型。在计算机存储单元中，整数系列类型的数据以**二进制补码**形式存放。设整数 d 的存储单元由 n 比特位组成，则 d 的二进制补码表示方案如下：

（1）如果 d 等于 0，则 d 的二进制补码由 n 个 0 组成。

（2）如果 d 为正整数，且 d 的二进制数共有 m 位，则要求 m<n。这时，d 的二进制补码的低 m 位为 d 的二进制数，其余位为 0。如果 m≥n，则称**整数 d 溢出**，即整数 d 超出了存储单元所能表示的整数范围。

（3）如果 d 为负整数，则将（-d）的二进制补码按位取反，最后再加上 1，结果为 d

的二进制补码。

> ❀小甜点❀：
>
> （1）如果一个整数的二进制补码的**最高位为 0**，则这个整数为 0 或者为正整数。
>
> （2）如果一个整数的二进制补码的**最高位为 1**，则这个整数是负整数。

例如，对于 32 比特位存储单元，10 的二制数是 1010，10 的二进制补码是

00000000 00000000 00000000 00001010

对上面 10 的二进制补码进行“按位取反”，即对每个比特位，原来的 0 变成 1，原来的 1 变成 0，得到

11111111 11111111 11111111 11110101

上面结果加上 1，得到-10 的二进制补码如下：

11111111 11111111 11111111 11110110

位运算是对每个二进制比特位进行运算。按位与（&）、按位或（|）和按位异或（^）运算首先按 2 个操作数的比特位对齐，然后位于相同位置的每对比特位分别进行运算。对于**按位与（&）运算**，只有两个比特位均为 1，结果比特位才为 1。对于**按位或（|）运算**，只有两个比特位均为 0，结果比特位才为 0。对于**按位异或（^）运算**，只有当两个比特位相等时，结果比特位才为 0。对于**按位取反（~）运算**，如果操作数的比特位为 0，则结果对应的比特位为 1；如果操作数的比特位为 1，则结果对应的比特位为 0。图 2-3 和图 2-4 分别给出了运算示例。

运算	二进制补码	十进制数
	11111111 11111111 11111111 11110111	−9
^	11111111 11111111 11111111 11101001	−23
结果	00000000 00000000 00000000 00011110	30

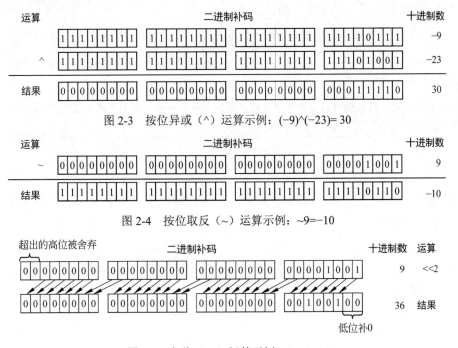

图 2-3　按位异或（^）运算示例：(−9)^(−23)= 30

运算	二进制补码	十进制数
~	00000000 00000000 00000000 00001001	9
结果	11111111 11111111 11111111 11110110	−10

图 2-4　按位取反（~）运算示例：~9=−10

图 2-5　左移（<<）运算示例：9<<2=36

左移（<<）和右移（>>）运算统称为移位运算。左移（<<）运算是将第一个操作数的二进制比特位依次从低位向高位移动由第二个操作数指定的位数，然后舍弃超出的比特位，并在低位处补 0。左移（<<）运算示例如图 2-7 所示。

右移（>>）运算将第一个操作数的二进制比特位依次从高位向低位移动由第二个操作数指定的位数，然后舍弃移出去的低位部分，并分成如下 2 种情况在高位空缺处补充比特位。

（1）如果第一个操作数是正整数或者零，包括无符号整数，则空缺的高位比特位均补 0；

（2）如果第一个操作数是负整数，则在空缺的高位比特位均补 1。

下面给出右移（>>）运算示例如图 2-6 和图 2-7 所示。根据图示，变量 a 与变量 c 的二进制补码实际上是一样，但右移的结果却不同。

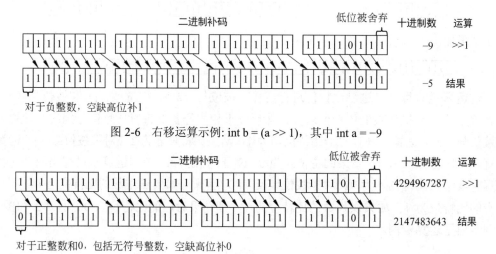

图 2-6　右移运算示例: int b = (a >> 1)，其中 int a = −9

图 2-7　右移运算示例: unsigned int d = (c >> 1)，其中 unsigned int c = 4294967287

▶注意事项◀：

根据 C++标准，移位运算的第 2 个操作数必须大于 0 并且小于第 1 个操作数的比特位数；否则，属于未定义行为，运算结果依赖于编译器。

2.3.5　赋值类运算

赋值类运算符包括赋值（=）、赋值模（%=）、赋值加（+=）、赋值减（−=）、赋值乘（*=）、赋值除（/=）、赋值与（&=）、赋值或（|=）、赋值左移（<<=）和赋值右移（>>=）。赋值类运算具有 2 个操作数。第 1 个操作数要求必须是左值。如果一个操作数的存储单元的值可以被修改，那么这个操作数就是左值。除赋值之外的其他赋值类运算等价于二元运算与赋值的组合，即

"op1 二元运算符= op2;" 等价于 "op1 = op1 二元运算符 (op2);"

例如，"a += 5"等价于"a = a + 5"。

2.3.6 条件运算

条件运算表达式的格式为 "op1 ? op2 : op3",其中 op1、op2 和 op3 是操作数。当 op1 等于 true 时,结果为操作数 op2;否则,结果为操作数 op3。因此,在操作数 op2 和 op3 中,**条件运算只会计算其中一个操作数的值**。下面给出条件运算表达式的代码示例:

```
bool a = false;                           // 1
int b = (a ? 1 : 0); // 结果: b = 0。      // 2
```

2.3.7 其他运算

其他运算符包括逗号 ",",优先 "()"、强制类型转换 "(类型)"、指针取值 "*"、取地址 "&"、指针分量 "->"、计算长度 "sizeof()"、分量 "." 和下标 "[]"。这里只介绍前 3 种运算,其他运算在其他章节中讲解。

逗号运算是用逗号连接若干个表达式。在运行时会按从左到右的顺序依次计算这些表达式的值,最终整个逗号运算的值是最后一个表达式的值。

优先运算符 "( )" 用来改变表达式的运算顺序,或者使得表达式的运算顺序表达得更加清晰,即增强表达式的可读性。例如,对于 "(a + b) * c",先计算加法,再计算乘法。

强制类型转换运算符 "( )" 用来将一种类型的数据强制转换为另一种类型,其格式如下:

(类型名称) 变量名称

或者

(类型名称) (表达式)

下面给出强制类型转换运算代码示例:

```
float f = 1.6f;                                        // 1
int a = (int)f;          // 结果: a = 1。  // 注: 舍弃小数部分   // 2
int b = (int)(f + 1.5f); // 结果: b = 3。  // 注: 舍弃小数部分   // 3
```

2.4 控 制 结 构

C++语言的**语句**通常以分号 ";" 作为结束标志。最简单的语句是**空语句**,它只包含一个分号,不执行任何的操作。被大括号 "{}" 括起来的一条或多条语句通常称为**语句块**。语句块的末尾不需要加分号。**不被**大括号 "{}" 括起来的一条或多条语句通常称为**语句组**。C++语言的**控制结构**只有三类:顺序结构、选择结构和循环结构。在**顺序结构**中的语句或语句块按从前到后的顺序依次执行,不需要任何关键字引导。**选择结构**由 if 语句、if-else 语句或 switch 语句组成,这些语句统称为**选择语句**。**循环结构**由 for 语句、while 语句或

do-while 语句组成,这些语句统称为**循环语句**。选择语句和循环语句实际上都是**复合语句**,即在这些语句的组成部分中还会包含语句、语句块或语句组。

2.4.1 if 语句和 if-else 语句

if 语句和 if-else 语句统称为**条件语句**。**if 语句的格式**如下:

```
if (条件表达式)
    1 条语句或 1 个语句块
```

其中,第 2 行的语句称为**分支语句**,语句块称为**分支语句块**。如图 2-8(a)所示,只有当 if 条件表达式为 true 时,才会执行 if 分支语句或语句块。

if-else 语句包含两个分支。**if-else 语句的格式**如下:

```
if (条件表达式)
    1 条语句或 1 个语句块
else
    1 条语句或 1 个语句块
```

其中,第 2 行的语句或语句块称为 **if 分支语句或语句块**,第 4 行的语句或语句块称为 **else 分支语句或语句块**。如图 2-8(b)所示,只有当 if 条件表达式等于 true 时,才会执行 if 分支语句或语句块;否则,执行 else 分支语句或语句块。

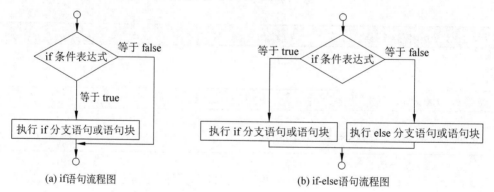

(a) if语句流程图   (b) if-else语句流程图

图 2-8　if 语句和 if-else 语句流程图

> ⌐ **注意事项** ⌐ :
>
> **if 与 else 的最近配对原则**:在同一个语句块中,else 部分总是按照 if-else 语句格式与最近的未配对的 if 部分配对,构成 if-else 语句。如果 else 部分无法与 if 部分配对构成符合 if-else 语句格式的语句,那么将出现编译错误。

```cpp
int month = 12;                              // 1
int day = 30;                                // 2
if (month == 12)   // 条件表达式的结果为 true    // 3
{ // 去掉这里的第 4 行和第 7 行代码,将会改变 if 和 else 的配对情况  // 4
    if (day == 31) // 条件表达式的结果为 false   // 5
        cout << "这是一年的最后一天!";           // 6
```

```
}                                                              // 7
else                                                           // 8
    cout << "这不是一年的最后一个月!";                         // 9
```

如果去掉上面第 4 行和第 7 行代码，则 if 和 else 的配对将变成为

```
int month = 12;                                                // 1
int day = 30;                                                  // 2
if (month == 12)  // 条件表达式的结果为 true                    // 3
{ // 去掉这里的第 4 行和第 9 代码，不会改变 if 和 else 的配对情况  // 4
    if (day == 31) // 条件表达式的结果为 false                  // 5
        cout << "这是一年的最后一天!";                          // 6
    else                                                       // 7
        cout << "这不是一年的最后一个月!";                      // 8
} // if 语句结束                                                // 9
```

2.4.2　switch 语句

switch 语句也常称为分支语句。**switch 语句的格式**如下：

```
switch (开关表达式)
{
    case 常数1:
        语句组 1
    case 常数2:
        语句组 2
    ...
    case 常数n:
        语句组 n
    default:
        语句组(n+1)
}
```

其中，开关表达式必须是可以转换为整数的表达式，在关键字 case 之后的常数通常称为 **case 常数**，从关键字 case 到其后的语句组称为 **case 分支**，关键字 default 引导的分支称为 **default 分支**。每个分支的最后一条语句通常是 break 语句，也可以没有 break 语句。

↳注意事项↰：

（1）**case 常数**必须是整数系列类型。

（2）在同一条 switch 语句中，各个 case 常数必须互不相等，否则，无法通过编译。

（3）在同一条 switch 语句中，**default 分支最多出现一次**，也可以不出现。

如图 2-9 所示，在**执行 switch 语句**时，首先计算开关表达式的值，然后依次将该表达式的值与各个 case 常数进行匹配。根据匹配情况分成为如下 3 种情况执行。

（1）如果开关表达式的值刚好等于某个 case 常数，则进入该 case 分支，执行相应的

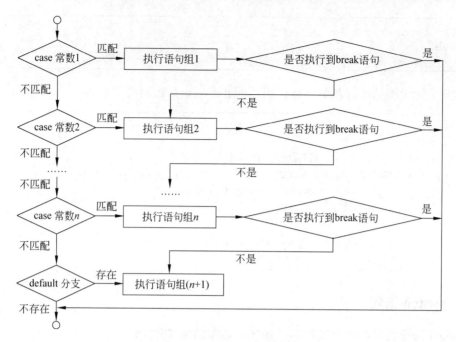

图 2-9   switch 语句流程图

case 分支语句组。如果该 case 分支语句组不含 break 语句，则会继续执行下一个 case 分支语句组或 default 分支的语句组。各个分支的语句组会持续执行下去，直到执行到 break 语句或整个 switch 语句结束。

（2）如果开关表达式的值与任何一个 case 常数都不相等，并且 switch 语句含有 default 分支，则执行 default 分支语句组。

（3）如果开关表达式的值与任何一个 case 常数都不相等，并且 switch 语句不含 default 分支，则直接结束整个 switch 语句的执行。

例程 2-1   采用 switch 语句将整数转换为字母。

例程求解：例程的源程序代码文件是"CP_NumberChar.cpp"，其代码如下。

// 文件名：**CP_NumberChar.cpp**；开发者：雍俊海	行号
```#include <iostream>```	// 1
```using namespace std;```	// 2
	// 3
```int main(int argc, char* args[])```	// 4
```{```	// 5
``` int data = 3;```	// 6
``` cout << data << ":";```	// 7
``` switch (data)```	// 8
``` {```	// 9
``` case 3:```	// 10
``` cout << "c";```	// 11
``` break;```	// 12
``` case 2:```	// 13

```
    cout << "b";                                    // 14
    break;                                          // 15
default:                                            // 16
    cout << "a";                                    // 17
}                                                   // 18
cout << endl;                                       // 19
return 0;                                           // 20
} // main 函数结束                                    // 21
```

可以对上面的代码进行编译、链接和运行。下面给出一个运行结果示例。

```
3:c
```

例程分析：上面 switch 语句的开关表达式 data 的值为 3，它与第 10 行的 case 常数匹配。因此，在运行时会进入这个 case 分支，输出字母 c。因为这个 case 分支含有 break 语句，所以只输出字母 c。如果去掉上面代码的所有 break 语句，则在运行时会输出"3:cba"。

2.4.3　for 语句

在 C++语言中，for 语句分为常规和基于范围的 2 种格式。**常规 for 语句的格式**如下：

```
for (初始化表达式；条件表达式；更新表达式)
    循环体
```

其中，**循环体**是一条语句或一个语句块。**初始化表达式**通常用来初始化循环。**更新表达式**通常用来改变循环的状态，例如改变循环变量的值。

如图 2-10 所示，**常规 for 语句的运行过程**是先计算初始化表达式。接着重复执行这样的过程：判断条件表达式；如果条件成立，则执行循环体并计算更新表达式；否则，退出循环并结束 for 语句。下面给出具体例程。

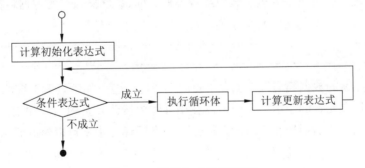

图 2-10　常规 for 语句流程图

例程 2-2　采用常规 for 语句计算从 1 到 100 的和。

例程求解：例程的源程序代码文件是"CP_SumByForMain.cpp"，其代码如下。

```
// 文件名：CP_SumByForMain.cpp；开发者：雍俊海        行号
#include <iostream>                                 // 1
using namespace std;                                // 2
```

```
int main(int argc, char* args[])                              // 3
{                                                             // 4
                                                             // 5
    const int n = 100;                                       // 6
    int sum = 0;                                             // 7
    int i = 1;                                               // 8
    for ( ; i <= n; i++)                                     // 9
        sum += i;                                            // 10
    cout << "i = " << i << endl;                             // 11
    cout << "sum = " << sum << endl;                         // 12
    system("pause");                                         // 13
    return 0; // 返回 0 表明程序运行成功                         // 14
} // main 函数结束                                            // 15
```

可以对上面的代码进行编译、链接和运行。下面给出一个运行结果示例。

```
i = 101
sum = 5050
请按任意键继续. . .
```

例程分析：在第9和10行 for 语句中，"初始化表达式"为空，"条件表达式"是"i <= n"，"更新表达式"是"i++"，"循环体"是语句"sum += i;"。变量 i 称为 循环变量 。

基于范围的 for 语句的具体格式 如下：

```
for (元素的数据类型 变量名：表达式)
    循环体
```

基于范围的 for 语句的含义 是对"表达式"中的每个元素，分别执行循环体，而且循环体不需要具体元素下标等信息。在第1行中定义的变量将在循环体中替代"表达式"的元素。这里的 表达式 可以是列表、数组或者容器。向量（vector）等容器将在第5章介绍。 列表 是用一对大括号括起来的常量序列，常量之间采用逗号分隔。例如：

```
{ 1.5, 2.5, 3.5 }
```

如果在"元素的数据类型"中加上"引用"特性，但不加"只读"特性 const，则这个替代元素的变量是元素的引用，从而可以 在循环体中修改元素的值 。如果在"元素的数据类型"中同时加上"引用"和"只读"特性，则 在循环体中不可以修改元素的值 。如果在"元素的数据类型"中没有加"引用"特性，则这个替代元素的变量与被替代的元素分别占用不同的内存空间。因此，修改这个变量的值不会影响到元素的值。

例程 2-3 将数组元素变为自身的 3 倍。

例程求解：例程的源程序代码文件是"CP_RangeBasedForArrayMain.cpp"，其代码如下。

// 文件名：**CP_RangeBasedForArrayMain.cpp**；开发者：雍俊海	行号
#include <iostream>	// 1

```cpp
using namespace std;                              // 2
                                                  // 3
int main(int argc, char* args[])                  // 4
{                                                 // 5
    double da[] = { 1.5, 2.5, 3.5 };              // 6
    for (double &n : da)                          // 7
        n *= 3;                                   // 8
    for (const double &n : da)                    // 9
        cout << "n = " << n << endl;              // 10
    return 0; // 返回 0 表明程序运行成功           // 11
} // main 函数结束                                 // 12
```

可以对上面的代码进行编译、链接和运行。下面给出一个运行结果示例。

```
n = 4.5
n = 7.5
n = 10.5
```

例程分析：第 7 行变量 n 是引用类型。因此，第 8 行修改 n 的值就是修改元素的值，这与最终输出结果相一致。如果去掉位于第 7 行的引用符号"&"，则变量 n 与元素分占用不同的内存空间，运行结果将输出"n = 1.5""n = 2.5"和"n = 3.5"这 3 行内容。

2.4.4 while 语句

while 语句的格式如下：

```
while (条件表达式)
    循环体
```

其中，**循环体**是一条语句或一个语句块。如图 2-11 所示，当条件表达式的值为 true 时，执行循环体。循环体会被一直执行，直到条件表达式的值变为 false 或者遇到 break 语句。

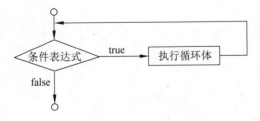

图 2-11　while 语句流程图

下面给出**采用 while 语句实现计算从 1 到 100 之和的代码示例**。

```cpp
int sum = 0;                                      // 1
int i = 1;                                        // 2
while (i <= 100)                                  // 3
{                                                 // 4
    sum += i;                                     // 5
    i++;                                          // 6
```

```
    } // while 结束                                              // 7
    cout << "sum = " << sum; // 输出: sum = 5050。这时，i=101      // 8
```

2.4.5 do-while 语句

do-while 语句的格式如下：

```
do
    循环体
while (条件表达式);
```

其中，循环体一般是一条语句或一个语句块。如图 2-12 所示，do-while 语句的执行过程是一直执行循环体，直到条件表达式的值变为 false 或者遇到 break 语句。

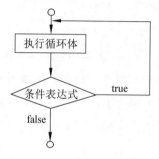

图 2-12　do-while 语句流程图

⊛小甜点⊛：

在执行 do-while 语句时，循环体至少会被执行一遍。

下面给出采用 do-while 语句实现计算从 1 到 100 之和的代码示例。

```
int sum = 0;                                                 // 1
int i = 1;                                                   // 2
do                                                           // 3
{                                                            // 4
    sum += i;                                                // 5
    i++;                                                     // 6
} while (i <= 100);                                          // 7
cout << "sum = " << sum; // 输出: sum = 5050。这时，i=101       // 8
```

2.4.6 continue 语句

C++语言标准规定 continue 语句只能用在循环语句中。continue 语句的格式如下：

```
continue;
```

如图 2-13 所示，如果在执行循环语句时遇到 continue 语句，则程序会自动结束循环体剩余代码的运行。然后，对于 for 语句，则会立即计算更新表达式，并依据条件表达式决定是否重新继续执行一遍循环体还是结束循环语句；对于 while 语句和 do-while 语句，则会立即计算并判断条件表达式，决定是否重新继续执行一遍循环体还是结束循环语句。这个过程可以不断地重复下去，直到循环语句运行结束。

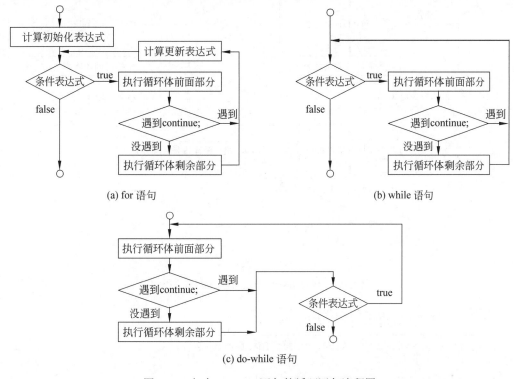

(a) for 语句　　　　　　　　　　　(b) while 语句

(c) do-while 语句

图 2-13　包含 continue 语句的循环语句流程图

下面给出应用 **continue** 语句的代码示例。

```
for (int i = 0; i<5; i++)                                    // 1
{                                                            // 2
   if (i == 3) // 跳过 i=3 的情况，不输出                        // 3
      continue;                                              // 4
   cout << i << ", "; // 只有当 i 等于 0、1、2 或 4 时，才运行这条语句   // 5
} // for 循环结束，结果输出"0, 1, 2, 4,"，其中没有"3,"            // 6
```

2.4.7　break 语句

C++标准规定 **break** 语句只能用在 **switch** 语句和循环语句中。**break** 语句的格式如下：

```
break;
```

第 2.4.2 节已介绍在 switch 语句中的 break 语句。这里只介绍在循环语句中的 break 语句。如图 2-14 所示，如果运行到循环体中的 break 语句，则程序会立即结束整个循环运行。

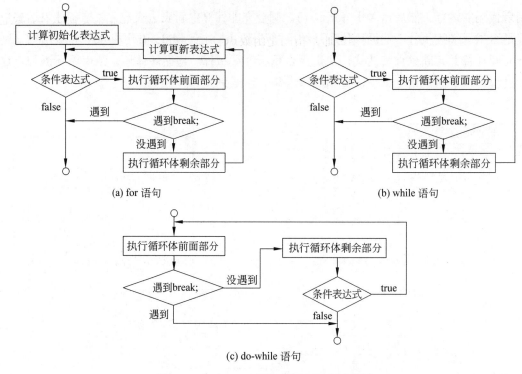

(a) for 语句   (b) while 语句

(c) do-while 语句

图 2-14 包含 break 语句的循环语句流程图

下面给出应用 **break** 语句的代码示例。

```
for (int i = 0; i<5; i++) // 整个循环输出：0, 1, 2         // 1
{                                                           // 2
    if (i == 3) // 当i==3时，结束循环                        // 3
        break;                                              // 4
    cout << i << ", "; // 只有当i等于0、1或2时，才运行这条语句  // 5
} // for 循环结束，结果输出"0, 1, 2, "                        // 6
```

2.5 模 块 划 分

对于程序代码而言，模块就是一些具有含义的代码集合。最小的代码模块是语句，最大的代码模块是完整的程序代码。模块划分的核心思想是将规模较大的问题分解成为规模较小的问题，从而降低编写程序的难度。结构化程序设计的模块划分就是不断细分程序代码，形成函数和类等可复用的模块，从而提高编程效率，其基本原则如下：

（1）已有模块原则：应尽量利用已有的模块。已有模块相对成熟，出错概率较小。

（2）功能划分原则：可以按照功能划分模块，并让功能定义合乎常规，方便理解。

（3）功能单一原则：功能模块的基本单位主要是函数，其功能应尽量单一。

（4）功能完整原则：模块功能应尽可能具有一定的完备性，减少调用错误。

（5）变与不变分离原则：基本不变与容易发生变化的部分应分开，各自构成模块。

（6）**信息屏蔽原则**：有时也称为**接口定义原则**。**模块的实现**通常指的是函数体，这也称为**模块内部细节**。**模块的接口**通常指的是函数声明或类定义等不含函数体的部分。本原则要求在接口中说明清楚模块的调用条件，在模块调用时不需要了解模块内部细节，

（7）**可验证性原则**：每个可以进行复用的模块都应可以单独验证其正确性。

（8）**模块独立原则**：有时也称为低耦合性原则，即模块之间的关联程度尽可能低。

结构化程序设计模块划分的形式化过程如下，可以提取其中部分子图形成函数等模块。能够按照这个过程构造出来的程序就是**结构化的程序**；否则，就是**非结构化的程序**。

（1）如图 2-15(a)所示，任何一个程序的**初始流程图**都可以由"开始"和"结束"的 2 个**弧形框**和中间的一个**矩形框**表示，其中开始弧形框表示程序最开始的初始化操作，结束弧形框表示程序的结束处理操作，中间矩形框表示问题求解，这是程序的核心部分。

（2）在流程图中的任何一个矩形框都可以替换成为如图 2-15(b)～图 2-15(h)所示的顺序结构、选择结构和循环结构的流程图，从而进一步细化问题求解过程。

（3）不停地应用规则（2），直到每个矩形框对应一条语句。

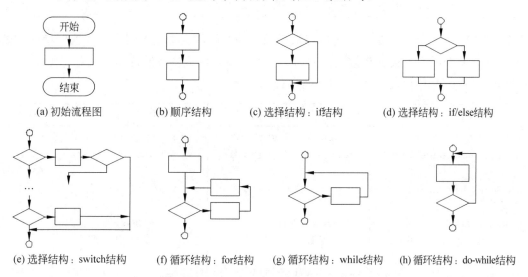

(a) 初始流程图　　　(b) 顺序结构　　　(c) 选择结构：if结构　　　(d) 选择结构：if/else结构

(e) 选择结构：switch结构　　(f) 循环结构：for结构　　(g) 循环结构：while结构　　(h) 循环结构：do-while结构

图 2-15　结构化程序设计的基本流程图和三种基本控制结构

2.5.1　函数基础

函数定义的基本格式如下：

```
返回类型 函数名(形式参数列表)
    函数体
```

其中，第 1 行称为**函数头部**，**返回类型**可以是除数组之外的数据类型，**函数体**是一个语句块。如果返回类型是 void，则函数体没有返回语句或者含有**不具有返回值的返回语句**。**如果返回类型不是 void，则函数体一定要有返回值的返回语句**，即"return 表达式;"。**形式参数列表**包含 0 或 1 或多个**形式参数**（简称为**形参**）。相邻形参用逗号分隔。形参格式如下：

数据类型 形参变量名

❀小甜点❀:

　　在数据类型定义中定义的函数称为**成员函数**，不在数据类型定义中并且不在语句块中定义的函数称为**全局函数**。本章主要讲解全局函数，成员函数将在后面的章节介绍。

　　函数声明格式如下，其中关键字 extern 不是必须的，只是用来强调这是函数声明。

`extern 返回类型 函数名(形式参数列表);`

❀小甜点❀:

　　同一个函数可以声明多次，通常放在**头文件**中；但**定义只能 1 次**，通常放在**源文件**中。

　　函数调用的常用格式如下：

`左值 = 函数名(实际参数列表);`

　　其中，"左值 ="部分不是必须的。**函数调用必须在函数定义或声明之后**。**实际参数列表**由 0 个或 1 个或多个**实际参数**（简称为**实参**）组成。函数参数的传递方式有值传递方式、指针传递方式和引用传递方式，下面给出代码示例。

// 值传递方式	// 指针传递方式	// 引用传递方式	行号
`#include <iostream>`	`#include <iostream>`	`#include <iostream>`	// 1
`using namespace std;`	`using namespace std;`	`using namespace std;`	// 2
			// 3
`void gb_t1(int a)`	`void gb_t2(int *p)`	`void gb_t3(int &r)`	// 4
`{`	`{`	`{`	// 5
`   a = 100;`	`   *p = 100;`	`   r = 100;`	// 6
`} // 函数 gb_t1 结束`	`} // 函数 gb_t2 结束`	`} // 函数 gb_t3 结束`	// 7
			// 8
`int main( )`	`int main()`	`int main()`	// 9
`{`	`{`	`{`	// 10
`   int t = 10;`	`   int t = 10;`	`   int t = 10;`	// 11
`   gb_t1(t);`	`   gb_t2(&t);`	`   gb_t3(t);`	// 12
`   cout<<"t = "<<t;`	`   cout<<"t = "<<t;`	`   cout<<"t = "<<t;`	// 13
`   return 0;`	`   return 0;`	`   return 0;`	// 14
`} // main 函数结束`	`} // main 函数结束`	`} // main 函数结束`	// 15

　　在**值传递方式**中，实参与形参分别占用不同的内存空间，如上面函数 gb_t1 的调用所示。实参 t 与形参 a 的内存空间不同。因此，修改 a 的值改变不了 t 的值，结果输出为"t=10"。

　　指针传递方式本质上也是值传递方式，无法修改实参指针的值。不过，可以通过传递进来的地址修改指针指向的存储单元的值，如上面函数 gb_t2 的调用所示。在调用时，指针 p 指向变量 t。因此，修改(*p)的值就是修改变量 t 的值，结果输出为"t=100"。

　　在**引用传递方式**中，形参是实参的别名，如上面函数 gb_t3 的调用所示。因此，修改 r

的值就是修改 t 的值，结果输出为"t=100"。

2.5.2 主函数 main

运行 C++程序的入口通常是主函数 main。因此，每个 C++程序通常有且仅有一个主函数 main。主函数 main 有且仅有两种标准函数首部格式，具体如下：

```
int main( )                                            // 第 1 种格式
int main(int argc, char* args[ ])                      // 第 2 种格式
```

函数参数 args 是字符串数组，其元素个数是 argc，每个元素是字符串。主函数返回的整数是提供给操作系统的。如果主函数返回 0，则表明程序正常退出；否则，表明程序非正常退出，其具体数值应遵循所用的操作系统的协议，说明退出原因。

2.5.3 函数递归调用

一个函数直接或间接地调用它自己就称为函数递归调用。下面给出具体例程。

例程 2-4 通过函数递归调用计算阶乘。

例程求解：例程的源程序代码文件是"CP_FactorialMain.cpp"，其代码如下。

// 文件名：CP_FactorialMain.cpp；开发者：雍俊海	行号
`#include <iostream>`	// 1
`using namespace std;`	// 2
	// 3
`int gb_factorial(int n)`	// 4
`{`	// 5
`   int result = 1;`	// 6
`   if (n > 1)`	// 7
`      result = n * gb_factorial(n - 1);`	// 8
`   return result;`	// 9
`} // 函数 gb_factorial 结束`	// 10
	// 11
`int main(int argc, char* args[])`	// 12
`{`	// 13
`   cout << "6! = " << gb_factorial(6);`	// 14
`   return 0; // 返回 0 表明程序运行成功`	// 15
`} // main 函数结束`	// 16

可以对上面的代码进行编译、链接和运行。下面给出一个运行结果示例。

```
6! = 720
```

例程分析：函数 gb_factorial 在第 8 行处调用自己。因此，这是函数递归调用。函数递归调用也是函数调用，需要遵循函数调用的基本原则。只是在函数递归调用时，要避免函数无限制地递归下去，要设法让函数递归调用最终能够结束。

2.5.4　关键字 static

变量定义前面关键字 static，该变量就成为静态变量。静态变量具有如下性质。

（1）在使用上的局部性：静态变量只能在自己定义所在的源文件中使用。如果在其他源程序文件中也定义了与其同名的变量，则这两个变量是相互无关的变量，分别占用不同的存储单元。在函数体等语句块中定义的静态变量的使用范围是从静态变量定义开始到语句块结束。不在数据类型定义中并且不在语句块中定义的变量称为全局变量。全局静态变量的使用范围是从静态变量定义开始到源文件结束。

（2）在程序运行过程中的全局性：静态变量在程序运行过程中的生命周期是从创建开始，一直持续到程序结束，而且存储单元保持不变。这对在语句块中的静态变量也成立。

（3）初始化的唯一性：如果静态变量在定义时初始化，则该初始化只会执行一次。

例程 2-5　通过静态变量统计函数调用次数。

例程求解：例程的源程序代码文件是"CP_CallTimeMain.cpp"，其代码如下。

```cpp
// 文件名：CP_CallTimeMain.cpp；开发者：雍俊海          行号
#include <iostream>                                    // 1
using namespace std;                                   // 2
                                                       // 3
void gb_callTime()                                     // 4
{                                                      // 5
    static int count = 0;                              // 6
    count++;                                           // 7
    cout << "函数 gb_callTime 被调用了" << count << "次。" << endl;  // 8
} // 函数 gb_callTime 结束                              // 9
                                                       // 10
int main(int argc, char* args[])                       // 11
{                                                      // 12
    gb_callTime();                                     // 13
    gb_callTime();                                     // 14
    gb_callTime();                                     // 15
    return 0; // 返回 0 表明程序运行成功                 // 16
} // main 函数结束                                      // 17
```

可以对上面的代码进行编译、链接和运行。下面给出一个运行结果示例。

```
函数 gb_callTime 被调用了 1 次。
函数 gb_callTime 被调用了 2 次。
函数 gb_callTime 被调用了 3 次。
```

例程分析：第 6 行代码定义静态变量 count。对于 3 次调用函数 gb_callTime，count 占用相同存储单元，而且只初始化一次。因此，可以通过静态变量 count 统计函数调用次数。

2.6　本 章 小 结

本章介绍了 C++ 的类 C 部分。与 C 语言相比，C++ 的函数参数传递方式新增了引用传递方式。本章介绍的 C++ 语法以及结构化程序设计方法是后面各个章节的基础，必须熟练掌握。

2.7　习　　题

2.7.1　复习练习题

习题 2.1　判断正误。

（1）在 C++ 国际标准中，bool 是数据类型，不是关键字。

（2）在 C++ 国际标准中，sizeof 是关键字。

（3）合法的标识符可以用来定义关键字、函数名和变量名。

（4）关键字 extern 和 static 常常配对使用，前者常用于变量的声明，后者常用于变量的定义。

（5）主函数 main 在同一个程序中只能定义一次。

（6）在 C/C++ 语言的各种循环结构中，采用 for 语句运行效率是最高的。

习题 2.2　什么是合法的标识符？

习题 2.3　下面哪些标识符是合法的标识符，哪些是不合法的标识符？

（1）counter　　（2）a$$b　　（3）$100　　（4）like　　（5）_day　　（6）test_

（7）case_1　　（8）case-1　　（9）f( )　　（10）_Bool　　（11）auto　　（12）10d

习题 2.4　请简述一下标准 C++ 包含哪些数据类型？

习题 2.5　什么是字面常量？

习题 2.6　请分别写出下面十进制整数所对应的十、八、十六和二进制形式字面常量。

　　　　18　　　123　　　1234　　　12345　　　123456　　　10101

习题 2.7　请写出下面字面常量所对应的十进制整数值。

　　　　12　　　014　　　0XC　　　0b1100　　　0b1'100　　　123'456　　　0'123'456

　　　　0x123'456　　　0XA'B　　　0b000'100　　　0'004'000　　　111　　　0111

　　　　0x111　　　0X111　　　0b111　　　0B111

习题 2.8　变量与只读变量的区别是什么？

习题 2.9　只读变量定义的基本格式是什么？

习题 2.10　宏定义的基本格式是什么？

习题 2.11　只读变量与宏定义的区别是什么？

习题 2.12　变量的四大基本属性分别是什么？

习题 2.13　最大和最小的 32 位 int 类型整数分别是多少？

习题 2.14 请简述整数的二进制补码表示方案。

习题 2.15 请写出下列整数的 32 位 int 类型整数的二进制补码。

　　　　7　　8　　9　　10　　11　　12　　-7　　-8　　-9　　-10　　-11　　-12

习题 2.16 对于定义 "int a = 0123; int b = 0x0123;"，如果该定义含有语法错误，则请指出错误原因；否则，请写出 a 和 b 所对应的十进制的值。

习题 2.17 对于定义 "double a = 5.F; double b = 1e6;"，如果该定义含有语法错误，则请指出错误原因；否则，请写出 a 和 b 所对应的十进制的值。

习题 2.18 请列举出常用的转义字符。

习题 2.19 对于程序片断 "enum COLOR {RED=10, BLUE, GREEN}; cout << GREEN << endl;"，如果这些语句含有语法错误，则请指出错误原因；否则，请写出该程序片断输出的内容。

习题 2.20 请给出下面表达式的数据类型及其十进制值。设字母'A'的 ASCII 码是 65。

（1）3*4/5-2.5+ 'A'　　　（2）6 | 9　　　　　（3）10 ^ (-10)　　（4）11 & (-111)

（5）2 / 8 * 16　　　　　（6）1/2.0*8+5　　（7）111 >> 2　　　（8）111 << 2

（9）-111 >> 2　　　　　（10）-111 << 2

习题 2.21 请编写程序，接收一个整数的输入，并以二进制补码的形式输出该整数。

习题 2.22 简述取地址运算符的定义与作用。

习题 2.23 简述取值运算符的定义与作用。

习题 2.24 设定义了 "int a, b;"，则 a+b 出现整数运算溢出的充要条件是什么？

习题 2.25 设定义了 "int a, b;"，则 a-b 出现整数运算溢出的充要条件是什么？

习题 2.26 设定义了 "int a, b;"，则 a*b 出现整数运算溢出的充要条件是什么？

习题 2.27 设定义了 "int a, b;"，则 a/b 出现整数运算溢出的充要条件是什么？

习题 2.28 请阐述空指针和空类型指针的区别。

习题 2.29 请简述按位运算符&与逻辑运算符&&的区别。

习题 2.30 结构化程序的三种基本结构分别是什么？

习题 2.31 在 C++语言中，选择结构包括哪些类型的语句？

习题 2.32 在 C++语言中，循环结构包括哪些类型的语句？它们的区别是什么？

习题 2.33 请画出 if 语句、if-else 语句、switch 语句、for 语句、while 语句以及 do-while 语句的流程图。

习题 2.34 请总结 break 语句的用法。

习题 2.35 请总结 continue 语句的用法。

习题 2.36 在定义函数时，函数名后面括弧中的变量通常称为什么？相对而言，在函数调用时，函数的调用参数通常称为什么？

习题 2.37 请写出 main 函数在 C++标准中规定的两种定义格式。

习题 2.38 请写出含有参数的 main 函数的两个参数含义及其用法。

习题 2.39 请描述结构化程序设计模块划分的基本原则。

习题 2.40 请描述结构化程序设计程序代码分解的方法。

习题 2.41　在结构化程序设计中，最简单的程序结构是什么?

习题 2.42　请写出下面程序片断输出的内容。

```
int x=-1;
int y=0;
if  (x >= 0)
    if (x>0) y = 1;
else  y = -1;
cout<< y << endl;
```

习题 2.43　下面程序是否含有错误? 如果没有，则运行结果将输出什么?

```
#include <iostream>
using namespace std;

int main(int argc, char* args[ ])
{
    char ch = 'B';
    switch (ch)
    {
      case 'A':
      case 'a':
          cout<< "优秀" << endl;
          break;
      case 'B':
      case 'b':
          cout<< "良" << endl;
      default:
          cout<< "再接再厉" << endl;
    }
    cout << endl;
    return 0;
} // main 函数结束
```

习题 2.44　请编写程序，接收 10 个整数的输入，计算并输出其平均数。

习题 2.45　请编写基因遗传程序。接收初始基因整数 x 和 y 的输入，计算并输出基因遗传结果 r。基因遗传采用二进制方式进行，对于 r 的第 n 位二进制位，计算方式如下：

（1）若 n 是 5 的倍数，则 r 的第 n 位是 x 第 n 位取反；

（2）若位数 n 模 5 余 1，则 r 的第 n 位是 y 第 n 位取反；

（3）若位数 n 模 5 余 2，则 r 的第 n 位是 x 第 n 位与 y 第 n 位按位或的结果；

（4）若位数 n 模 5 余 3，则 r 的第 n 位是 x 第 n 位与 y 第 n 位按位与的结果；

（5）若位数 n 模 5 余 4，则 r 的第 n 位是 x 第 n 位与 y 第 n 位按位异或的结果。

习题 2.46　请采用结构化程序设计方法编写程序，要求可以接收两个正整数 m 和 n 的输入，然后计算并输出 m 与 n 之间（含 m 与 n）的所有素数。

习题 2.47　请编写程序，接收 1 个正整数的输入，计算并输出不超过这个正整数的所有"水仙花数"。这里"水仙花数"是一个正整数，它的各个十进制位的立方和等于它本身。例如，1 是"水仙花数"，因为 $1=1^3$。再如，153 是"水仙花数"，因为 $153=1^3+5^3+3^3$。

2.7.2 思考题

思考题 2.48 结构化程序设计的优点是什么。

思考题 2.49 思考并总结使用静态数组与动态数组的区别。

思考题 2.50 思考并总结使用动态数组的注意事项。

第3章 面向对象程序设计

如图 3-1 所示，在刚出现计算机编程时，由于内存和硬盘非常小，编程需要超高技巧。只有少数科学家与工程师有机会编程。那时的程序短小精悍，同时也晦涩难懂，难以验证，软件可信度很差；基本上只能在语句层次上复用。软件代码危机以及计算机硬件的发展催生了结构化程序设计。最早的结构化程序设计是面向过程程序设计，以函数为单位进行代码编写与复用，让普通大众也能编程。随后，又出现面向对象程序设计，代码主要是以类为单位进行编写与复用的，代码组织更加有序，进一步扩大了程序代码规模。

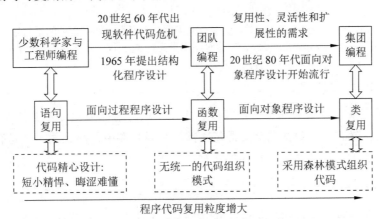

图 3-1　程序设计方法与程序代码复用粒度的历史变迁

3.1　类 与 对 象

C++面向对象代码复用的基本单位主要是类和模板。类的对象包括实例对象与类对象。

3.1.1　类声明与类定义基础

定义类是在定义新的数据类型。类的定义通常放在头文件中。类定义的基本格式如下：

```
class 类名
{
    类成员声明或定义序列
};
```

其中第一行是类的头部，其他部分是类的类体。类的成员主要包括成员变量和成员函数。

类声明通常也放在头文件中。类声明的格式如下：

```
class 类名称;
```

类声明只表明这个类将在其他地方定义。因为仅依据类声明无法推断类包含哪些成员，所以仅作声明的类称为**不完整的类**。对于类体内的程序代码而言，这个正在定义的类也是**不完整的类**。只有在类定义之后，这个类才能称为**完整类**。

3.1.2 成员变量

在类体中定义的变量称为**成员变量**。不含关键字 static 的称为**非静态成员变量**或**普通成员变量**。普通成员变量的数据类型**必须是完整数据类型或者指针类型**。定义完整的数据类型是完整数据类型，例如，基本数据类型和完整类都是**完整数据类型**。代码示例如下：

```
class CP_A // 这里关键字 class 引导类定义，CP_A 是类名        // 1
{                                                                // 2
public: // 这里关键字 public 是访问方式说明符，将在第 3.3.1 节介绍    // 3
    int m_a;        // 合法：定义单个成员变量                      // 4
    int m_b, m_c;   // 合法：同时定义多个同类型成员变量，在变量之间用逗号分开  // 5
    CP_A m_d;       // 非法：CP_A 在这时还不是完整类，不能用来定义成员变量    // 6
    CP_A *m_p;      // 合法：指针类型                            // 7
}; // 类 CP_A 定义结束                                           // 8
```

类的**成员变量**包括普通成员变量和静态成员变量。**静态成员变量**必须在类体中声明，并在类外定义。**静态成员变量的定义语句通常放在源文件中**，而且**同一个静态成员变量只能定义一次**。类的**静态成员变量声明格式**如下：

> static *数据类型 成员变量列表*;

类的**静态成员变量定义格式**有带赋值和不带赋值两种，具体格式分别如下：

> *数据类型 类名*::*成员变量*;   // 不带赋值的格式
> *数据类型 类名*::*成员变量=初始值*;   // 带赋值的格式

静态成员变量声明和定义的代码示例：

```
class CP_A // 这里从第 1~5 行是类 CP_A 的定义，通常放在头文件中      // 1
{                                                                // 2
public:                                                          // 3
    static int ms_a, ms_b; // 同时声明两个静态成员变量            // 4
}; // 类 CP_A 定义结束                                           // 5
int CP_A::ms_a;      // 不带赋值。这行代码定义静态成员变量，通常放在源文件中  // 6
int CP_A::ms_b = 10; // 带赋值。这行代码定义静态成员变量，通常放在源文件中  // 7
```

3.1.3 类对象与实例对象

类对象由类的静态成员变量和静态成员函数等静态成员组成。**使用静态成员的格式**，代码如下：

> *类名*::*成员名称*

// CP_A.h	// CP_A.cpp	// CP_AMain.cpp	行号

`#ifndef CP_A_H`
`#define CP_A_H`
 	
`class CP_A`
`{`
`public:`
`    static int ms_a;`
`}; // 类 CP_A 定义结束`
 	
`#endif`
	`#include <iostream>`
	`using namespace std;`
	`#include "CP_A.h"`
	
	`int CP_A::ms_a = 10;`
		`#include <iostream>`
		`using namespace std;`
		`#include "CP_A.h"`
		
		`int main()`
		`{`
		`    CP_A::ms_a = 20;`
		`    cout<<CP_A::ms_a;`
		`    return 0;`
		`} // main 函数结束`
			`// 1`
			`// 2`
			`// 3`
			`// 4`
			`// 5`
			`// 6`
			`// 7`
			`// 8`
			`// 9`
			`// 10`

在上面代码示例中，头文件"CP_A.h"第 7 行声明静态成员变量 ms_a，源文件"CP_A.cpp"最后 1 行定义静态成员变量 ms_a。源文件"CP_AMain.cpp"第 7 行给静态成员变量 CP_A::ms_a 赋值 20，第 8 行在控制台窗口中输出静态成员变量 CP_A::ms_a 的值 20。

生成类的实例对象主要有 4 种方式。

第 1 种方式通过**定义类的变量**，其常用格式如下：

类名 变量列表;

第 2 种方式通过**定义类的数组变量**生成**实例对象数组**，其常用的格式如下：

类名 变量名[n]; // 这里的 n 必须是一个确定的正整数。这条语句生成 n 个实例对象

第 3 种方式通过 **new 运算**生成**实例对象**，其常用的格式如下：

new 类名

第 4 种方式通过 **new 运算符**生成**实例对象的动态数组**，其常用的格式如下：

new 类名[n]

// CP_B.h	// 定义类的变量和数组	// 通过 new 创建	行号

`#ifndef CP_B_H`
`#define CP_B_H`
 	
`class CP_B`
`{`
`public:`
`    int m_b;`
`    static int ms_b;`
`}; // 类 CP_B 定义结束`
 	
`#endif`
	`int CP_B::ms_b = 100;`
	
	`int main()`
	`{`
	`    CP_B a;`
	`    CP_B b[2];`
	`    a.m_b = 10;`
	`    b[1].m_b = 20;`
	`    cout << a.m_b;`
	`    cout << b[1].m_b;`
	`    return 0;`
	`} // main 函数结束`
		`int main()`
		`{`
		`    CP_B *p;`
		`    CP_B *q;`
		`    p = new CP_B;`
		`    q = new CP_B[2];`
		`    p->m_b = 30;`
		`    q[1].m_b = 40;`
		`    delete p;`
		`    delete []q;`
		`    return 0;`
		`} // main 函数结束`
			`// 1`
			`// 2`
			`// 3`
			`// 4`
			`// 5`
			`// 6`
			`// 7`
			`// 8`
			`// 9`
			`// 10`
			`// 11`
			`// 12`

上面代码示例创建了实例对象 a、b[0]、b[1]、(*p)、q[0]和 q[1]，它们拥有不同的内存

空间。实例对象可以通过点运算访问类成员，例如，"a.m_b"。类的指针可以通过"->"访问类成员，例如，"p->m_b"。不同实例对象的普通成员变量占用不同的内存空间，例如，a.m_b 和 b.m_b 占用不同的内存空间。同一个类的不同实例对象的静态成员变量占用相同的内存空间，例如，a.ms_b、b.ms_b 和 CP_B::ms_b 占用相同的内存空间。

3.1.4 构造函数

构造函数是特殊的成员函数，不具有函数名，主要用来初始化实例对象，在创建实例对象时被自动调用。常见有两种定义形式。第 1 种在类体中定义构造函数的常用格式如下：

```
class 类名                                              // 1
{                                                       // 2
[访问方式说明符:]                                        // 3
    类名(构造函数形式参数列表)  [: 初始化和委托构造列表]    // 4
    构造函数的函数体                                      // 5
};                                                      // 6
```

其中，初始化和委托构造列表由初始化单元和委托构造单元组成；如果不含委托构造单元，则称为初始化列表。相邻单元之间用逗号分开。每个初始化单元的代码格式如下：

成员变量名称(初始化参数列表)

> ➦注意事项➦：
> 不能给构造函数指定任何返回数据类型。

// CP_A.h；开发者：雍俊海	// CP_AMain.cpp；开发者：雍俊海	行号
`#ifndef CP_A_H`	`#include <iostream>`	// 1
`#define CP_A_H`	`using namespace std;`	// 2
	`#include "CP_A.h"`	// 3
`class CP_A`		// 4
`{`	`int main(int argc, char* args[ ])`	// 5
`public:`	`{`	// 6
`    int m_a;`	`    CP_A a;`	// 7
`    CP_A(): m_a(10) {}`	`    CP_A b(20);`	// 8
`    CP_A(int a) : m_a(a) {}`	`    cout << a.m_a << endl; // 输出：10✓`	// 9
`}; // 类 CP_A 定义结束`	`    cout << b.m_a << endl; // 输出：20✓`	// 10
	`    return 0; // 返回 0 表明程序运行成功`	// 11
`#endif`	`} // main 函数结束`	// 12

在上面代码示例中，头文件"CP_A.h"第 8 行和第 9 行分别定义了类 CP_A 的构造函数，其中 m_a(10)和 m_a(a)是初始化单元，分别使得 m_a 等于 10 和 a。源文件"CP_AMain.cpp"第 7 行和第 9 行分别调用构造函数创建实例对象 a 和 b。

> ➦注意事项➦：
> 当调用不含函数参数的构造函数时，在所定义的变量名称后面不能加上圆括号。例如，源文件

"CP_AMain.cpp"第 7 行不能改写为函数声明 "CP_A a();",即 a 变为函数名。

⊗小甜点⊗：

在类体中允许定义多个构造函数，其前提是这些构造函数必须含有不同参数类型，或者不同的参数个数，或者参数类型的排列顺序不同。

第 2 种在类体中声明并在类体外实现构造函数。在类体中声明构造函数的常用格式如下：

```
class 类名                                                    // 1
{                                                            // 2
[访问方式说明符:]                                              // 3
    类名(构造函数形式参数列表);                                // 4
};                                                           // 5
```

在类体之外实现构造函数的常用格式如下：

```
类名::类名(构造函数形式参数列表)  [: 初始化和委托构造列表]       // 1
构造函数的函数体                                              // 2
```

// CP_B.h	// CP_B.cpp	// CP_BMain.cpp	行号
`#ifndef CP_B_H`	`#include <iostream>`	`#include <iostream>`	// 1
`#define CP_B_H`	`using namespace std;`	`using namespace std;`	// 2
	`#include "CP_B.h"`	`#include "CP_B.h"`	// 3
`class CP_B`			// 4
`{`	`CP_B::CP_B() : m_b(10)`	`int main()`	// 5
`public:`	`{`	`{`	// 6
`    int m_b;`	`} // 构造函数定义结束`	`    CP_B a;`	// 7
`    CP_B();`		`    CP_B b(20);`	// 8
`    CP_B(int b);`	`CP_B::CP_B(int b):m_b(b)`	`    cout << a.m_b;`	// 9
`}; // 类CP_B定义结束`	`{`	`    cout << b.m_b;`	// 10
	`} // 构造函数定义结束`	`    return 0;`	// 11
`#endif`		`} // main 函数结束`	// 12

在上面代码示例中，头文件"CP_B.h"第 7 行和第 8 行声明构造函数，源文件"CP_B.cpp"实现了 2 个构造函数，源文件"CP_BMain.cpp"创建了类 CP_B 的 2 个实例对象 a 和 b 并输出它们的成员变量 m_b 的值。结果程序输出 2 个整数 10 和 20。

拷贝构造函数是特殊的构造函数，常用的拷贝构造函数的头部格式如下：

```
类名(const 类名 &形式参数名)  // 这 2 处类名必须与所在的类体的类名同名。
```

⊗小甜点⊗：

如果没有自定义拷贝构造函数，则编译器会自动生成一个默认的拷贝构造函数。这个默认的拷贝构造函数依次将函数参数提供的实例对象的每个成员变量的值赋值给新构造的实例对象的对应成员变量。如果自定义了拷贝构造函数，则编译器不会提供默认的拷贝构造函数。

// **CP_C.h**；开发者：雍俊海	// **CP_CMain.cpp**；开发者：雍俊海	行号
| ```
#ifndef CP_C_H
#define CP_C_H

class CP_C
{
public:
    int m_a;
    int m_b;
    CP_C():m_a(1),m_b(2){}
    CP_C(int a, int b)
        : m_a(a), m_b(b) {}
}; // 类 CP_C 定义结束

#endif
``` | ```
#include <iostream>
using namespace std;
#include "CP_C.h"

int main(int argc, char* args[ ])
{
    CP_C a(10, 20);
    CP_C b(a);
    cout << a.m_a << endl; // 输出：10↙
    cout << b.m_a << endl; // 输出：10↙
    cout << a.m_b << endl; // 输出：20↙
    cout << b.m_b << endl; // 输出：20↙
    return 0; // 返回 0 表明程序运行成功
} // main 函数结束
``` | // 1<br>// 2<br>// 3<br>// 4<br>// 5<br>// 6<br>// 7<br>// 8<br>// 9<br>// 10<br>// 11<br>// 12<br>// 13<br>// 14 |

在上面代码示例中，类 CP_C 没有定义拷贝构造函数。因此，编译器会自动生成一个默认的拷贝构造函数。源文件"CP_CMain.cpp"第 8 行代码可以调用这个默认的拷贝构造函数，将实例对象 a 的成员变量的值拷贝给新生成的实例对象 b。结果为 b.m_a=a.m_a=10 并且 b.m_b=a.m_b=20，可以在头文件"CP_C.h"第 12 行之前插入拷贝构造函数。

```
    CP_C(const CP_C&a) : m_a(a.m_a), m_b(a.m_b) {}                      // 12
```

这个拷贝构造函数与前面默认的拷贝构造函数具有相同的功能。

> ❀小甜点❀：
>
> 如果一个类不含任何自定义的构造函数，那么编译器会自动生成这个类的默认构造函数。默认构造函数不含任何函数参数，其访问方式是公有的（public），而且不会对类的成员做任何操作。在类中，只要含有自定义的构造函数，包括拷贝构造函数，编译器就不会再提供默认构造函数。

3.1.5 析构函数

析构函数是特殊的成员函数。当实例对象的内存空间即将要被操作系统回收之前，操作系统会自动调用析构函数来为实例对象做结束处理。每个类最多只能有 1 个析构函数。析构函数可以在类体中定义，也可以先在类体中声明并在类外实现，其头部格式只能是：

> ~类名()

例如，类 CP_A 的析构函数可以在类 CP_A 的类体中定义为"~CP_A( ) {}"。

> ❀小甜点❀：
>
> （1）对于通过变量定义生成的实例对象，在该变量的内存即将回收时调用析构函数。
> （2）对于通过 new 运算生成的实例对象，则需要通过 delete 运算调用析构函数并释放内存空间。
> （3）当 delete 运算符作用在值为 nullptr 的类类型的指针上时，并不会触发相应析构函数的调用。

　　如果不自定义析构函数，则编译器会自动生成**默认析构函数**。默认析构函数的访问方式是公有的（public）。这个默认析构函数通常不会对类的成员做任何操作。

> ❀小甜点❀：
>
> 不管是自定义的还是默认的**析构函数**，都**没有返回值**，也都**不含任何函数参数**。

3.1.6　成员函数

　　函数可以分成为全局函数和成员函数。**全局函数**不隶属于任何对象或数据类型。类的**成员函数**包括特殊成员函数和普通成员函数。构造函数和析构函数是**特殊成员函数**，类的其他成员函数是**普通成员函数**。普通成员函数包括非静态成员函数和静态成员函数。

　　成员函数主要有 2 种定义形式，其中第 1 种是在类体中定义，第 2 种是在类体中声明并在类体外实现。下面给出**第 1 种形式定义非静态成员函数的代码示例**。

// **CP_A.h**；开发者：雍俊海	// **CP_AMain.cpp**：开发者：雍俊海	行号

`#ifndef CP_A_H`
`#define CP_A_H`
 	
`class CP_A`
`{`
`public:`
`　　int m_a;`
`　　CP_A() : m_a(0) {}`
`　　CP_A(int a): m_a(a){}`
`　　void mb_show()`
`　　{`
`　　　　cout << "m_a = ";`
`　　　　cout << m_a << endl;`
`　　} // mb_show 定义结束`
`}; // 类 CP_A 定义结束`
 	
`#endif`
	`#include <iostream>`
	`using namespace std;`
	`#include "CP_A.h"`
	
	`int main(int argc, char* args[ ])`
	`{`
	`　　CP_A a(10);`
	`　　CP_A b(20);`
	`　　a.mb_show(); // 输出：m_a = 10↙`
	`　　b.mb_show(); // 输出：m_a = 20↙`
	`　　system("pause");`
	`　　return 0; // 返回 0 表明程序运行成功`
	`} // main 函数结束`
		`// 1`
		`// 2`
		`// 3`
		`// 4`
		`// 5`
		`// 6`
		`// 7`
		`// 8`
		`// 9`
		`// 10`
		`// 11`
		`// 12`
		`// 13`
		`// 14`
		`// 15`
		`// 16`
		`// 17`

　　上面头文件"CP_A.h"第 10～14 行在类 CP_A 中定义非静态成员函数 mb_show。**非静态成员函数**隶属于实例对象，只能通过实例对象进行访问。因为非静态成员函数的函数隶属于当前实例对象，所以可以调用当前类的各个成员，例如，在上面成员函数 mb_show 的函数体中输出成员变量 m_a 的值，如头文件"CP_A.h"第 13 行代码所示。源文件"CP_AMain.cpp"第 9～10 行通过实例对象 a 和 b 分别调用各自的成员函数 mb_show，输出各自成员变量 m_a 的值。

　　下面给出**第 2 种形式定义非静态成员函数的代码示例**。类 CP_B 的非静态成员函数 mb_show 在头文件"CP_B.h"第 10 行处声明，在源文件"CP_B.cpp"第 5～9 行处实现。

// **CP_B.h**；开发者：雍俊海	// **CP_B.cpp**；开发者：雍俊海	行号
```#ifndef CP_B_H```	```#include <iostream>```	// 1
```#define CP_B_H```	```using namespace std;```	// 2
	```#include "CP_B.h"```	// 3
```class CP_B```		// 4
```{```	```void CP_B::mb_show()```	// 5
```public:```	```{```	// 6
``` int m_b;```	``` cout << "m_b = ";```	// 7
``` CP_B() : m_b(0) {}```	``` cout << m_b << endl;```	// 8
``` CP_B(int b): m_b(b){}```	```} // mb_show 定义结束```	// 9
``` void mb_show();```		// 10
```}; // 类 CP_B 定义结束```		// 11
		// 12
```#endif```		// 13

采用 第 1 种形式定义静态成员函数 类似于采用第 1 种形式定义静态成员函数。不过，需要在函数定义头部开始处添加上关键字 static。下面给出 第 2 种形式定义静态成员函数的代码示例。在类体内，在声明静态成员函数时需要使用关键字 static，如下面头文件"CP_C.h"第 10 行代码所示；在类体外，在实现静态成员函数时 不能 在函数头部加上关键字 static，如下面源文件"CP_C.cpp"第 5 行代码所示。

// **CP_C.h**；开发者：雍俊海	// **CP_C.cpp**；开发者：雍俊海	行号
```#ifndef CP_C_H```	```#include <iostream>```	// 1
```#define CP_C_H```	```using namespace std;```	// 2
	```#include "CP_C.h"```	// 3
```class CP_C```		// 4
```{```	```void CP_C::mbs_show()```	// 5
```public:```	```{```	// 6
``` int m_a;```	``` cout << "Show" << endl;```	// 7
``` CP_C() : m_a(0) {}```	```} // mbs_show 定义结束```	// 8
``` CP_C(int a): m_a(a){}```		// 9
``` static void mbs_show();```		// 10
```}; // 类 CP_C 定义结束```		// 11
		// 12
```#endif```		// 13

静态成员函数隶属于类对象，同时为该类的所有实例对象所共享。因此，可以通过类名调用静态成员函数，例如，"CP_C::mbs_show();"；也可以通过实例对象调用静态成员函数。同时，在静态成员函数的函数体中不存在当前的实例对象。因此，不能 不通过实例对象就调用类的成员变量。例如，不能在上面静态成员函数 CP_C::mbs_show 的函数体中添加语句"cout << m_a;"；否则，无法通过编译。

3.2　继　承　性

继承性是面向对象程序设计的三大特性之一。一方面，通过继承关系可以建立类与类之间的层次关系，从而方便组织与管理程序代码；另一方面，利用好继承性可以提高程序代码的复用性和可扩展性。当前继承性被广泛滥用，使得很多程序代码逻辑混乱不堪，难以理解与调试，降低甚至失去复用的价值。因此，一定要熟练掌握继承性的定义和原则。

3.2.1　基本定义

一个类可以继承其他类的成员，**带有继承的类定义格式**如下：

```
class 类名 : 直接父类列表                                    // 1
{                                                          // 2
    类成员声明或定义序列                                    // 3
};                                                         // 4
```

其中，直接父类列表由逗号分开的直接父类单元组成。**直接父类单元的代码格式**如下：

```
继承方式说明符　直接父类名称
```

其中，继承方式说明符只能是 private、protected、public 或者什么都不写，表示继承的访问方式，将在第 3.3.2 节介绍。**直接父类**必须是在本定义之前就**已经定义完整的类**。

如图 3-2 所示，在类 A 的**直接父类列表**中的各个类称为类 A 的**直接父类**。设类 B 是类 A 的直接父类，则称类 A 为类 B 的**直接子类**，并且称类 A **直接继承**类 B。若类 C 是类 B 的直接父类或者间接父类，并且没有出现在类 A 的直接父类列表中，则称类 C 是类 A 的**间接父类**，类 A 是类 C 的**间接子类**，类 A **间接继承**类 C。类 A 的直接父类和间接父类统称为类 A 的**父类**，类 C 的直接子类和间接子类统称为类 C 的**子类**，直接继承和间接继承统称为**继承**。在有些文献中，父类也称为**基类**，子类也称为**派生类**。如果只有 1 个直接父类，则称为**单继承**；如果同一个类的直接父类超过 1 个，则称为**多继承**。

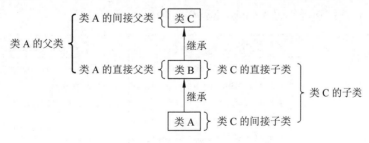

图 3-2　类之间的继承关系示意图

⊛**小甜点**⊛：

（1）直接父类必须是**完整类**。因此，**任何类都不可能是自己的父类**。

（2）**1 个类的 2 个直接父类必不相同**。不过，1 个类可以**同时**是另 1 个类的直接父类与间接父类。

如图 3-3 所示，类间的**继承关系层次图**是由结点和有向边组成的，其中**结点**由类组成，**有向边**代表继承关系。有向边的**起点**是子类，**终点**是这个子类的 1 个直接父类。没有子类的结点称为**根结点**。没有直接父类的结点称为**叶子结点**。只有 1 个根结点的继承关系层次图是**树状图**。如果存在多个根结点，则形成**森林形状的结构图**。从一个结点沿着有向边到达另一个结点，所经过的路径称为**继承路径**。例如，如图 3-3 所示，从类 A 到类 D 有 2 条继承路径，其中一条为 A→B→D，另一条为 A→C→D。

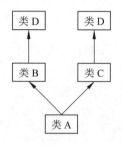

图 3-3　继承关系层次图

在类 A 的类体中定义的成员是**类 A 自身的成员**。如果类 B 是类 A 的父类，则类 B 的成员同时也是**类 A 通过继承得到的成员**。这 2 类成员都可以认为是**类 A 的成员**。

❀小甜点❀：

如果类 A **没有**与其父类的成员变量同名的成员变量，而且类 A 的所有父类之间**也没有**同名的成员变量，那么**除了构造函数的初始化列表之外**，通过类 A 访问父类的成员变量方式与访问类 A 自身的成员变量的方式**完全相同**。

下面给出访问继承得到的成员变量的代码示例。如文件"CP_A.cpp"第 8 行代码所示，类 CP_A 的成员函数可以直接访问其父类 CP_B 的成员变量 m_b；如文件"CP_AMain.cpp"第 9 行代码所示，类 CP_A 的实例对象可以通过点运算符访问父类的成员变量 m_b。下面代码的结果是文件"CP_AMain.cpp"第 8 行代码"a.mb_show();"输出"a=2b=1"，文件"CP_AMain.cpp"第 10 行代码"a.mb_show();"输出"a=2b=20"。

// 文件: **CP_A.h**	// 文件: **CP_A.cpp**	// 文件: **CP_AMain.cpp**	行号
`#ifndef CP_A_H`	`#include <iostream>`	`#include <iostream>`	`// 1`
`#define CP_A_H`	`using namespace std;`	`using namespace std;`	`// 2`
	`#include "CP_A.h"`	`#include "CP_A.h"`	`// 3`
`class CP_B`			`// 4`
`{`	`void CP_A::mb_show()`	`int main()`	`// 5`
`public:`	`{`	`{`	`// 6`
`    int m_b;`	`    cout<<"a="<<m_a;`	`    CP_A a;`	`// 7`
`    CP_B(): m_b(1) {}`	`    cout<<"b="<<m_b;`	`    a.mb_show();`	`// 8`
`}; // 类 CP_B 定义结束`	`} // mb_show 定义结束`	`    a.m_b = 20;`	`// 9`
		`    a.mb_show();`	`// 10`

class CP_A
 : public CP_B
{
public:
 int m_a;
 CP_A(): m_a(2) {}
 void mb_show();
}; // 类 CP_A 定义结束
 	
#endif
		system("pause");　　// 11
		 return 0;　　　　　// 12
		} // main 函数结束　　// 13
		　　　　　　　　　　　// 14
		　　　　　　　　　　　// 15
		　　　　　　　　　　　// 16
		　　　　　　　　　　　// 17
		　　　　　　　　　　　// 18
		　　　　　　　　　　　// 19
		　　　　　　　　　　　// 20

❀小甜点❀：

（1）如果类 A 与其父类之间存在同名的成员变量，或者类 A 的不同父类之间存在同名的成员变量，则可以通过双冒号运算符"::"写出完整访问路径来访问相应的成员变量。

（2）从编程规范上而言，在程序设计中应当避免出现上面 2 类同名的情况。

下面给出父子类之间存在同名成员变量的例程，以说明如何访问这些同名的成员变量。

例程 3-1　父子类之间存在同名成员变量的例程。

例程功能描述：创建父类与子类并使得它们拥有同名的普通成员变量和静态成员变量，并展示如何访问这些同名的成员变量。

例程解题思路：将父类命名为 CP_Father，子类命名为 CP_Child。它们各自都拥有自身的普通成员变量 m_data 和静态成员变量 ms_data。然后，展示在类 CP_Child 的成员函数 mb_show 中以及在全局函数 gb_test 中如何通过子类 CP_Child 及其实例对象访问同名的成员变量。例程代码由 3 个源程序代码文件"CP_SameMemberNameChild.h""CP_SameMemberNameChild.cpp"和"CP_SameMemberNameChildMain.cpp"组成，具体的程序代码如下。

// 文件名：**CP_SameMemberNameChild.h**；开发者：雍俊海	行号
#ifndef CP_SAMEMEMBERNAMECHILD_H	// 1
#define CP_SAMEMEMBERNAMECHILD_H	// 2
	// 3
class CP_Father	// 4
{	// 5
public:	// 6
static int ms_data;	// 7
int m_data;	// 8
CP_Father() : m_data(1) {}	// 9
}; // 类 CP_Father 定义结束	// 10
	// 11
class CP_Child : public CP_Father	// 12
{	// 13
public:	// 14
static int ms_data;	// 15
int m_data;	// 16

```
    CP_Child() : m_data(2) {}                                        // 17
    void mb_show();                                                  // 18
}; // 类 CP_Child 定义结束                                            // 19
                                                                     // 20
extern void gb_test();                                               // 21
#endif                                                               // 22
```

// 文件名：**CP_SameMemberNameChild.cpp**；开发者：雍俊海	行号

```
#include <iostream>                                                  // 1
using namespace std;                                                 // 2
#include "CP_SameMemberNameChild.h"                                  // 3
                                                                     // 4
int CP_Father::ms_data = 3;                                          // 5
int CP_Child::ms_data = 4;                                           // 6
                                                                     // 7
void CP_Child::mb_show()                                             // 8
{                                                                    // 9
    cout << "CP_Father::m_data = " << CP_Father::m_data << endl;     // 10
    cout << "m_data = " << m_data << endl;                           // 11
    cout << "CP_Father::ms_data = " << CP_Father::ms_data << endl;   // 12
    cout << "ms_data = " << ms_data << endl;                         // 13
} // 类 CP_Child 的成员函数 mb_show 定义结束                            // 14
                                                                     // 15
void gb_test()                                                       // 16
{                                                                    // 17
    CP_Child a;                                                      // 18
    a.mb_show();                                                     // 19
    a.CP_Father::m_data = 10;                                        // 20
    a.m_data = 20;                                                   // 21
    CP_Child::CP_Father::ms_data = 30;                               // 22
    CP_Child::ms_data = 40;                                          // 23
    a.mb_show();                                                     // 24
} // 函数 gb_test 定义结束                                             // 25
```

// 文件名：**CP_SameMemberNameChildMain.cpp**；开发者：雍俊海	行号

```
#include <iostream>                                                  // 1
using namespace std;                                                 // 2
#include "CP_SameMemberNameChild.h"                                  // 3
                                                                     // 4
int main(int argc, char* args[ ])                                    // 5
{                                                                    // 6
    gb_test();                                                       // 7
    return 0; // 返回 0 表明程序运行成功                               // 8
} // main 函数结束                                                     // 9
```

可以对上面的代码进行编译、链接和运行。下面给出一个运行结果示例。

```
CP_Father::m_data = 1
m_data = 2
CP_Father::ms_data = 3
ms_data = 4
CP_Father::m_data = 10
m_data = 20
CP_Father::ms_data = 30
ms_data = 40
```

例程分析：源文件"CP_SameMemberNameChild.cpp"第 10～13 行代码展示了在类 CP_Child 的成员函数 mb_show 的函数体中访问类 CP_Child 自身的成员变量，直接写该成员变量的名称即可；而要访问父类 CP_Father 的同名成员变量，则需要写带完整访问路径的成员变量名，例如"CP_Father::m_data"。源文件"CP_SameMemberNameChild.cpp"第 20～23 行代码展示了如何在全局函数 gb_test 中通过类 CP_Child 的实例对象 a 访问同名成员变量，在源文件"CP_SameMemberNameChild.cpp"第 22 行代码中，"CP_Child::CP_Father::ms_data"与"CP_Father::ms_data"是同一个变量，将代码"CP_Child::CP_Father::ms_data"改为"CP_Father::ms_data"会更好一些。

3.2.2　基本原则

继承性是 C++程序设计的"双刃剑"。如果仅仅从 C++语法上看，可以将父子继承关系强加到任何两个类之间。不过，代码还必须符合逻辑语义，这样才能被人理解。因此，根据编程规范，应用继承性进行程序设计的 2 条基本原则如下：

（1）是关系原则：在语义逻辑上，要求子类的实例对象同时可以认为是父类的实例对象。

（2）扩展性原则：在代码形式上，要求子类在其父类的基础上新增 0 或以上个自己的特性，即至少要求子类不减少父类的特性。具体而言，要求子类不能删除父类的成员。

上面 2 条基本原则是与继承性的代码逻辑相匹配的要求。在子类的实例对象中实际包含了父类的实例对象。因此，从逻辑语义上，要求继承性必须满足扩展性原则。例如，在第 3.2.1 节的代码示例中，类 CP_B 拥有成员变量 m_b，类 CP_A 是类 CP_B 的子类而且拥有自己的成员变量 m_a。类 CP_A 和 CP_B 实例对象的内存示意图及操作如图 3-4(a)所示。

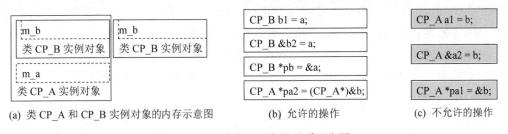

(a) 类 CP_A 和 CP_B 实例对象的内存示意图　　(b) 允许的操作　　(c) 不允许的操作

图 3-4　父子类实例对象的关系示意图

这里通过代码直观展示了继承性的是关系原则。首先，在上面类 CP_A 和 CP_B 基础之上，定义类 CP_A 的实例对象 a 和类 CP_B 的实例对象 b。如图 3-4(b)所示，语句"CP_B b1 = a;""CP_B &b2 = a;"和"CP_B *pb = &a;"都是合法的，而且访问"b1.m_b""b2.m_b"和"pb->m_b"也都是有效的。不过，访问"b1.m_a""b2.m_a"和"pb->m_a"都是不允许的。反过来，如图 3-4(c)所示，语句"CP_A a1 = b;""CP_A &a2 = b;"和"CP_A *pa1 = &b;"都是非法的。这些正是**继承性的是关系原则在代码上的具体体现**。

> ❀小甜点❀：
>
> 如果父类 CP_B 的指针 pb 指向子类 CP_A 的实例对象 a，则虽然对于子类 CP_A 的指针 pa2，语句"pa2 = pb;"无法通过编译，但**强制类型转换**语句"pa2 = (CP_A*)pb;"是合法的。

这里通过 3 个示例阐述如何应用继承性的基本原则。

示例 1：在下面定义的矩形类 **CP_Rectangle** 与正方形类 **CP_Square** 之间是否可以建立继承关系？如果可以，哪个类是父类？哪个类是子类？

```
class CP_Rectangle                                              // 1
{                                                               // 2
public:                                                         // 3
    double m_length, m_width;                                   // 4
public:                                                         // 5
    CP_Rectangle() : m_length(2), m_width(1) { }               // 6
    double mb_getArea() { return m_length * m_width; }          // 7
}; // 类 CP_Rectangle 定义结束                                   // 8
                                                                // 9
class CP_Square                                                 // 10
{                                                               // 11
public:                                                         // 12
    double m_sideLength;                                        // 13
public:                                                         // 14
    CP_Square() : m_sideLength(3) { }                          // 15
    double mb_getArea() { return m_sideLength * m_sideLength; } // 16
}; // 类 CP_Square 定义结束                                      // 17
```

示例分析：首先分析矩形类是否可以是正方形类的父类。根据几何常识，正方形一定是矩形。因此，将矩形类定义为正方形类的父类符合应用继承性的第 1 条基本原则"是关系原则"。但是，可以发现正方形类所需要的成员变量比矩形类的成员变量要少，这**不符合**第 2 条基本原则"扩展性原则"。因此，矩形类**不可以**是正方形类的父类。

然后再分析正方形类是否可以是矩形类的父类。根据几何常识，矩形不一定是正方形。因此，根据第 1 条基本原则"是关系原则"，正方形类**不可以**是矩形类的父类。

> ❀小甜点❀：
>
> 对于本示例，**常见的利用继承性的程序设计方式**是先定义形状类，然后将矩形类与正方形类均定义为形状类的子类。

示例 2：下面将学生类 CP_Student 定义为研究生类 CP_GraduateStudent，是否符合应用继承性的 2 条基本原则?

```
class CP_Student                                                   // 1
{                                                                 // 2
protected:                                                        // 3
    int m_identifier;                                             // 4
    char m_name[20];                                              // 5
    int m_score;                                                  // 6
public:                                                           // 7
    CP_Student():m_identifier(0), m_score(100) {m_name[0] = '\0';}  // 8
    int mb_getScore() { return m_score; }                         // 9
}; // 类 CP_Student 定义结束                                       // 10
                                                                  // 11
class CP_GraduateStudent : public CP_Student                      // 12
{                                                                 // 13
protected:                                                        // 14
    char m_advisor[20];                                           // 15
public:                                                           // 16
    CP_GraduateStudent() { m_advisor[0] = '\0'; };                // 17
}; // 类 CP_GraduateStudent 定义结束                               // 18
```

示例分析: 首先,研究生是学生,这符合第 1 条基本原则"是关系原则"。其次,研究生具备学生的所有属性,并且增添了成员变量导师 m_advisor,这符合第 2 条基本原则"扩展性原则"。

结论: 将学生类 CP_Student 定义为研究生类 CP_GraduateStudent 符合应用继承性的 2 条基本原则。

示例 3: 下面将头类 CP_Head 定义成为眼睛类、鼻子类、嘴巴类和耳朵类的子类,是否符合应用继承性的 2 条基本原则?

```
class CP_Eye                                                      // 1
{                                                                 // 2
public:                                                           // 3
    void mb_look() { cout << "Look." << endl; }                   // 4
}; // 类 CP_Eye 定义结束                                           // 5
                                                                  // 6
class CP_Nose                                                     // 7
{                                                                 // 8
public:                                                           // 9
    void mb_smell() { cout << "Smell." << endl; }                 // 10
}; // 类 CP_Nose 定义结束                                          // 11
                                                                  // 12
class CP_Mouth                                                    // 13
{                                                                 // 14
public:                                                           // 15
    void mb_eat() { cout << "Eat." << endl; }                     // 16
}; // 类 CP_Mouth 定义结束                                         // 17
```

```
class CP_Ear                                                      // 18
{                                                                 // 19
public:                                                           // 20
    void mb_listen() { cout << "Listen." << endl; }               // 21
}; // 类CP_Ear定义结束                                            // 22
                                                                  // 23
                                                                  // 24
class CP_Head                                                     // 25
    : public CP_Eye, public CP_Nose, public CP_Mouth, public CP_Ear // 26
{                                                                 // 27
}; // 类CP_Head定义结束                                           // 28
```

示例分析：首先，看、闻、吃和听分别是眼睛类、鼻子类、嘴巴类和耳朵类的功能。上面定义的头类 CP_Head 是眼睛类 CP_Eye、鼻子类 CP_Nose、嘴巴类 CP_Mouth 和耳朵类 CP_Ear 的子类。因此，上面定义的头类会继承这些父类的所有功能，即上面定义的头类具备看、闻、吃和听的功能。

然而，将头类定义为眼睛类的子类**是不合理的**，因为眼睛仅仅是头的一部分，头不是眼睛，将头类定义为眼睛类的子类**不符合**应用继承性的第 1 条基本原则"是关系原则"。同样，鼻子类、嘴巴类和耳朵类**都不应当**成为头类的父类。

上面示例的正确解决方案：为了让头类具备看、闻、吃和听的功能，可以在头类中定义眼睛类、鼻子类、嘴巴类和耳朵类的成员变量，从而借用这些成员变量实现看、闻、吃和听的功能。这种程序设计的方式称为**类间的组合方式**。在这种方式中，眼睛、鼻子、嘴巴和耳朵分别是头的组成部分。定义眼睛类、鼻子类、嘴巴类和耳朵类的代码与上面示例代码相同，**采用组合方式的头类定义代码**如下：

```
class CP_Head                                                     // 1
{                                                                 // 2
public:                                                           // 3
    void mb_look() { m_eye.mb_look(); }                           // 4
    void mb_smell() { m_nose.mb_smell(); }                        // 5
    void mb_eat() { m_mouth.mb_eat(); }                           // 6
    void mb_listen() { m_ear.mb_listen(); }                       // 7
                                                                  // 8
private:                                                          // 9
    CP_Eye m_eye;                                                 // 10
    CP_Nose m_nose;                                               // 11
    CP_Mouth m_mouth;                                             // 12
    CP_Ear m_ear;                                                 // 13
}; // 类CP_Head定义结束                                           // 14
```

结论：采用组合方式，头类 CP_Head 的定义符合生活常识，是一种好的程序设计方式。

❀**小甜点**❀：

（1）**一个类在其他类的基础上增加特性**，可以通过**继承方式**，也可以通过**组合方式**。如果满足应用继承性进行程序设计的 2 条基本原则，可以考虑 采用继承方式；否则，可以考虑 采用组合方式。

（2） 继承 和 组合 是面向对象程序设计的重要手段，都可以用来提高程序代码的复用性和可扩展性。

3.2.3　虚拟继承

在类定义的直接父类列表中的直接父类单元前面含有关键字 virtual，则这个直接父类称为 虚基类。这时的继承关系称为 虚拟继承关系。如果直接父类单元不含关键字 virtual，则这个直接父类不是虚基类，称为 非虚基类。虚拟继承关系不具有传递性，具体体现如下：

（1）如图 3-5(a)所示，在类 A 的直接父类中存在虚基类 B，并不意味着类 A 的其他直接父类 C 也是虚基类。每个关键字 virtual 仅对 1 个直接父类单元有效。

（2）同 1 个类可以同时是虚基类与非虚基类。例如，如图 3-5(a)所示，沿着继承路径 A→B→D，类 D 是虚基类；而沿着继承路径 A→C→D，同样的类 D 就不是虚基类。

（3）沿着同一条继承路径，虚拟继承关系不会向上传递。例如，如图 3-5(b)所示，从类 B 到类 C 存在虚拟继承关系，但从类 C 到类 D 就不存在虚拟继承关系。

（4）沿着同一条继承路径，虚拟继承关系不会向下传递。例如，如图 3-5(b)所示，从类 B 到类 C 存在虚拟继承关系，但从类 A 到类 B 就不存在虚拟继承关系。

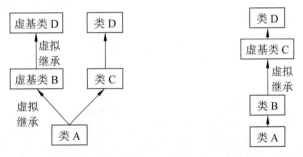

(a) 虚拟继承不具有横向传递性　　　　(b) 虚拟继承不具有纵向传递性

图 3-5　虚拟继承关系不具有传递性

对于虚基类与非虚基类，在子类的实例对象中构造它们的实例对象的行为 是不一样的。对于虚基类，首先会检查在子类的实例对象中是否已经构造过同一种虚基类的实例对象。如果没有，则在子类的实例对象中构造该虚基类的实例对象，并且在虚基类的实例对象中 加上虚拟的标志。如果已经构造过同一种虚基类的实例对象，就不再构造该虚基类的实例对象，而是直接共用前面构造过的虚基类的实例对象。对于非虚基类，则不会做类似的检查，而是在子类的实例对象中直接构造该非虚基类的实例对象，并且也不加上虚拟的标志。总之，虚拟继承为程序设计增加了是否需要在子类的实例对象中重复构造直接父类的实例对象的选项，是一种非常实用的特性。下面通过例程进一步直观展示该特性。

例程 3-2　比较在子类的实例对象中构造虚基类与非虚基类的实例对象。

例程功能描述：要求直观展示在子类的实例对象中是否重复构造非虚基类的实例对象。

例程代码：例程代码由 2 个源程序代码文件组成，具体如下。

```
// 文件名: CP_InheriteVirtualNone.h; 开发者: 雍俊海        行号
#ifndef CP_INHERITEVIRTUALNONE_H                         // 1
#define CP_INHERITEVIRTUALNONE_H                         // 2
                                                         // 3
class D                                                  // 4
{                                                        // 5
public:                                                  // 6
    int m_d;                                             // 7
}; // 类 D 定义结束                                        // 8
                                                         // 9
class B : public D {};                                   // 10
class C : public D {};                                   // 11
class A : public B, public C {};                         // 12
#endif                                                   // 13
```

```
// 文件名: CP_InheriteVirtualNoneMain.cpp; 开发者: 雍俊海        行号
#include <iostream>                                      // 1
using namespace std;                                     // 2
#include "CP_InheriteVirtualNone.h"                      // 3
                                                         // 4
int main(int argc, char* args[ ])                        // 5
{                                                        // 6
    A a;                                                 // 7
    a.B::D::m_d = 10;                                    // 8
    a.C::D::m_d = 20;                                    // 9
    cout << "a.B::D::m_d=" << a.B::D::m_d << endl;        // 10
    cout << "a.C::D::m_d=" << a.C::D::m_d << endl;        // 11
    return 0; // 返回 0 表明程序运行成功                    // 12
} // main 函数结束                                         // 13
```

例程分析：表 3-1 给出了 3 种情况。

表3-1　比较在子类的实例对象中构造虚基类与非虚基类的实例对象

情况	头文件第 10 行和第 11 行代码	属性 2	图示
第 1 种	class B : public D {};	a.B::D::m_d=10	如图 3-6 所示
	class C : public D {};	a.C::D::m_d=20	
第 2 种	class B : virtual public D {};	a.B::D::m_d=20	如图 3-7 所示
	class C : virtual public D {};	a.C::D::m_d=20	
第 3 种	class B : virtual public D {};	a.B::D::m_d=10	如图 3-8 所示
	class C : public D {};	a.C::D::m_d=20	

第 1 种情况，头文件"CP_InheriteVirtualNone.h"的第 10 行和第 11 行都不含有关键字 virtual。这时，类间的继承关系如图 3-6(a)所示，其中非虚基类 D 出现了 2 次。因此，源文件"CP_InheriteVirtualNoneMain.cpp"第 7 行创建的实例对象 a 的内存示意图如图 3-6(b)所示，其中非虚基类 D 的 2 个实例对象是相互独立的，即"a.B::D::m_d"和"a.C::D::m_d"

是 不同的变量，可以拥有不同的值，从而在运行结果中输出不同的值，如表 3-1 所示。

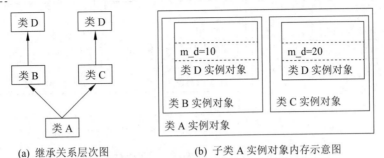

(a) 继承关系层次图　　　　　　　(b) 子类 A 实例对象内存示意图

图 3-6　多重继承：不采用虚拟继承

第 2 种情况，在头文件"CP_InheriteVirtualNone.h"的第 10 行和第 11 行的"public D"前面都加上了关键字 virtual。这时，类间的继承关系如图 3-7(a)所示，其中虚基类 D 出现了 2 次。源文件"CP_InheriteVirtualNoneMain.cpp"第 7 行创建的实例对象 a 的内存示意图如图 3-7(b)所示，其中虚基类 D 的实例对象只会创建 1 次，因为 **在构造虚基类 D 的实例对象时，会查找是否已经有构造好的虚基类 D 的实例对象，从而不会重复构造虚基类 D 的实例对象**。因此，"a.B::D::m_d"和"a.C::D::m_d"是 相同的变量。虽然源文件"CP_InheriteVirtualBothMain.cpp"第 8 行和第 9 行分别给"a.B::D::m_d"和"a.C::D::m_d"赋予了不同的值，但是，这实际上只是给同一个变量赋了 2 次值。从输出结果上看，最终输出的值是相同的，即输出第 2 次所赋的值，如表 3-1 所示。

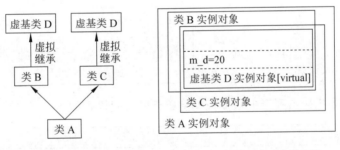

(a) 继承关系层次图　　　　　　(b) 子类 A 实例对象内存示意图

图 3-7　多重继承：类 B 与类 D 之间以及类 C 与类 D 之间采用虚拟继承

第 3 种情况，头文件"CP_InheriteVirtualNone.h"的第 10 行含有关键字 virtual，即类 D 是类 B 的虚基类 D；第 11 行不含关键字 virtual，即类 D 是类 C 的非虚基类 D。这时，类间的继承关系如图 3-8(a)所示。因此，源文件"CP_InheriteVirtualNoneMain.cpp"第 7 行创建的实例对象 a 的内存示意图如图 3-8(b)所示。在构造类 A 的实例对象 a 时，对于虚基类 D，它只会查找是否已经存在构造好的虚基类 D 的实例对象，而不会理会是否存在非虚基类 D 的实例对象。因此，会在实例对象 a 构造虚基类 D 的实例对象。对于非虚基类 D，则不会进行这类查找。因此，会在实例对象 a 构造非虚基类 D 的实例对象。结果"a.B::D::m_d"和"a.C::D::m_d"是 2 个 不同的变量，可以拥有不同的值，从而在运行结果中输出不同的值，如表 3-1 所示。

(a) 继承关系层次图　　　　　　　(b) 子类 A 实例对象内存示意图

图 3-8　多重继承：虚基类与非虚基类的实例对象无法共用内存

3.2.4　初始化单元和委托构造函数

在构造函数的初始化和委托构造列表中，不允许出现由父类成员变量引导的初始化单元。例如，在下面类 CP_A 的构造函数中 "m_b(2)" 是由类 CP_A 的父类的成员变量 m_b 引导的初始化单元，这是通不过编译的。如果将下面 "CP_A()：m_b(2) {}" 修改为 "CP_A()：m_a(m_b) {}" 或者 "CP_A()：m_a(2) { m_b = 3; }"，则在修改之后 "m_a(m_b)" 和 "m_a(2)" 都是由类 CP_A 自身的成员变量 m_a 引导的初始化单元，这是可以通过编译的。另外，在类 CP_A 的构造函数的初始化单元和函数体中都可以使用类 CP_A 的父类的成员变量 m_b。

// 类 CP_B 定义正确	// 类 CP_A 的构造函数定义有误	行号
class CP_B	class CP_A : public CP_B	// 1
{	{	// 2
public:	public:	// 3
int m_b;	int m_a;	// 4
CP_B() : m_b(1) {} // 正确	CP_A() : m_b(2) {} // 错误	// 5
}; // 类 CP_B 定义结束	}; // 类 CP_A 定义结束	// 6

在初始化和委托构造列表中，委托构造单元的代码格式如下：

类名 (实际参数列表)

其中，类名有 2 种选择，第 1 种是当前正在定义的类的名称，第 2 种是父类的名称。委托构造单元实际上是用来调用当前正在定义的类或父类的构造函数。因此，在委托构造单元中的实际参数列表应与所调用的构造函数的形式参数相对应。

含有委托构造单元的构造函数简称为委托构造函数（delegating constructor）。这里所谓的委托构造实际上就是当前定义的构造函数调用其他构造函数。在下面类 CP_A 的构造函数中，"CP_B(3)" 是委托构造单元。

// 类 CP_A 及其构造函数定义正确	// 类 CP_A 及其构造函数定义正确	行号
class CP_B	class CP_A : public CP_B	// 1
{	{	// 2
public:	public:	// 3
int m_b;	int m_a;	// 4

`CP_B() : m_b(1) {}`	`    CP_A() : m_a(2), CP_B(3) { }    // 5`
`CP_B(int b) : m_b(b) {}`	`}; // 类 CP_A 定义结束              // 6`
`}; // 类 CP_B 定义结束`	`                                    // 7`

> **注意事项**：
>
> （1）在同一个初始化和委托构造列表中，同一个成员变量引导的初始化单元最多只能出现一次；否则，无法通过编译。
>
> （2）在同一个初始化和委托构造列表中，同一个类名引导的委托构造单元最多只能出现一次；否则，无法通过编译。
>
> （3）如果在初始化和委托构造列表中出现以当前正在定义的类的名称引导的委托构造单元，则不能再出现初始化单元和其他委托构造单元；否则，无法通过编译。
>
> （4）在初始化和委托构造列表中使用委托构造单元应避免出现构造函数的递归调用。

3.2.5　构造函数与析构函数的执行顺序

如果在构造函数的初始化和委托构造列表中存在当前类的构造函数引导的委托构造单元，则直接按照该委托构造单元的实际调用参数调用在当前类中所对应的构造函数，然后再执行在当前构造函数的函数体中的语句。否则，调用构造函数的执行顺序如下：

（1）调用其直接父类的构造函数，其具体调用顺序是按照在当前类的直接父类列表中出现的先后顺序。具体的执行细节如下：

- 对于某个直接父类，如果在该构造函数的初始化和委托构造列表中存在该直接父类引导的委托构造单元，则按照该委托构造单元的实际调用参数调用该直接父类所对应的构造函数。

- 对于某个直接父类，如果在该构造函数的初始化和委托构造列表中不存在该直接父类引导的委托构造单元，则调用该直接父类不含参数的构造函数。

（2）结合在当前构造函数的初始化和委托构造列表中的初始化单元，初始化自身的成员变量，执行顺序按照这些成员变量在类中声明的顺序。具体的执行情况如下：

- 如果成员变量存在构造函数，并且存在该成员变量引导的初始化单元，则调用该初始化单元所对应的构造函数初始化该成员变量。

- 如果成员变量存在构造函数，并且不存在该成员变量引导的初始化单元，则调用该成员变量的不含任何参数的构造函数初始化该成员变量。

- 如果不管显式还是隐式，成员变量都没有对应的构造函数，并且存在该成员变量引导的初始化单元，则直接用在初始化单元中的值给该成员变量赋初值。

- 如果不管显式还是隐式，成员变量都没有对应的构造函数，并且不存在该成员变量引导的初始化单元，则该成员变量是否进行初始化取决于编译器及其设置。

（3）执行在当前构造函数的函数体中的语句。

在上面执行过程中，每次调用构造函数都会重复执行上面（1）、（2）和（3）步骤，只是在执行时这个正在被调用的构造函数变成为当前的构造函数，正在被调用的构造函数所在的类变成为当前类。

应当特别注意，在构造函数的初始化列表中的成员变量初始化顺序是按照它们在类定义中出现的顺序，而不是这些成员变量在构造函数的初始化列表中出现的顺序。

类的实例对象的内存在被回收之前会自动调用析构函数。**调用析构函数的执行顺序**基本上与构造函数的执行顺序相反，具体如下：

（1）运行在当前析构函数的函数体中的语句。

（2）不管是显式还是隐式，只要与当前析构函数同层次级的成员变量存在对应的析构函数，则调用该成员变量的析构函数。调用顺序为成员变量在类中声明的逆序。

（3）调用直接父类的析构函数，具体调用顺序是直接父类列表的逆序。

在上面执行过程中，每次调用析构函数都会重复执行上面（1）、（2）和（3）步骤，只是在执行时这个正在被调用的析构函数变成为当前的析构函数，正在被调用的构造函数所在的类变成为当前类。下面通过例程说明构造函数与析构函数的执行顺序。

例程 3-3　父类构造函数与析构函数的调用过程。

例程功能描述：展示在多层继承条件下父类的构造函数与析构函数的调用过程。

例程解题思路：定义类 CP_A，它拥有直接父类 CP_B 和 CP_C。类 CP_C 拥有直接父类 CP_D 和 CP_E。同时，CP_A 拥有类型为类 CP_F 的成员变量 m_f；CP_E 拥有类型为类 CP_G 的成员变量 m_g。在各个可能会执行的构造函数与析构函数中分别输出不同的内容，从而通过输出内容以及输出顺序就可以明显看出构造函数与析构函数的执行顺序。

例程代码由 3 个源程序代码文件 "CP_RunSequenceConstructorHierarchy.h" "CP_RunSequenceConstructorHierarchy.cpp" 和 "CP_RunSequenceConstructorHierarchyMain.cpp" 组成，具体的程序代码如下。

```
// 文件名: CP_RunSequenceConstructorHierarchy.h; 开发者: 雍俊海          行号
#ifndef CP_RUNSEQUENCECONSTRUCTORHIERARCHY_H                          // 1
#define CP_RUNSEQUENCECONSTRUCTORHIERARCHY_H                          // 2
                                                                     // 3
class CP_G                                                           // 4
{                                                                    // 5
public:                                                             // 6
    CP_G() { cout << "构造 CP_G。" << endl; }                        // 7
    ~CP_G() { cout << "析构 CP_G。" << endl; }                       // 8
}; // 类 CP_G 定义结束                                                // 9
                                                                     // 10
class CP_F                                                           // 11
{                                                                    // 12
public:                                                             // 13
    CP_F() { cout << "构造 CP_F。" << endl; }                        // 14
    ~CP_F() { cout << "析构 CP_F。" << endl; }                       // 15
}; // 类 CP_F 定义结束                                                // 16
                                                                     // 17
class CP_E                                                           // 18
{                                                                    // 19
public:                                                             // 20
```

```
    CP_G m_g;                                          // 21
    CP_E() { cout << "构造 CP_E。" << endl; }           // 22
    ~CP_E() { cout << "析构 CP_E。" << endl; }          // 23
}; // 类 CP_E 定义结束                                   // 24
                                                       // 25
class CP_D                                             // 26
{                                                      // 27
public:                                                // 28
    CP_D() { cout << "构造 CP_D。" << endl; }           // 29
    ~CP_D() { cout << "析构 CP_D。" << endl; }          // 30
}; // 类 CP_D 定义结束                                   // 31
                                                       // 32
class CP_C : public CP_D, public CP_E                  // 33
{                                                      // 34
public:                                                // 35
    CP_C() { cout << "构造 CP_C。" << endl; }           // 36
    ~CP_C() { cout << "析构 CP_C。" << endl; }          // 37
}; // 类 CP_C 定义结束                                   // 38
                                                       // 39
class CP_B                                             // 40
{                                                      // 41
public:                                                // 42
    CP_B() { cout << "构造 CP_B。" << endl; }           // 43
    ~CP_B() { cout << "析构 CP_B。" << endl; }          // 44
}; // 类 CP_B 定义结束                                   // 45
                                                       // 46
class CP_A : public CP_B, public CP_C                  // 47
{                                                      // 48
public:                                                // 49
    CP_F m_f;                                          // 50
    CP_A() { cout << "构造 CP_A。" << endl; }           // 51
    ~CP_A() { cout << "析构 CP_A。" << endl; }          // 52
}; // 类 CP_A 定义结束                                   // 53
                                                       // 54
extern void gb_test();                                 // 55
#endif                                                 // 56
```

// 文件名：**CP_RunSequenceConstructorHierarchy.cpp**；开发者：雍俊海	行号

```
#include <iostream>                                        // 1
using namespace std;                                       // 2
#include "CP_RunSequenceConstructorHierarchy.h"            // 3
                                                           // 4
void gb_test()                                             // 5
{                                                          // 6
    CP_A a;                                                // 7
    cout << "构造完毕。" << endl;                            // 8
} // 函数 gb_test 定义结束                                   // 9
```

// 文件名：**CP_RunSequenceConstructorHierarchyMain.cpp**；开发者：**雍俊海**	行号
`#include <iostream>`	// 1
`using namespace std;`	// 2
`#include "CP_RunSequenceConstructorHierarchy.h"`	// 3
	// 4
`int main(int argc, char* args[])`	// 5
`{`	// 6
`    gb_test();`	// 7
`    return 0; // 返回 0 表明程序运行成功`	// 8
`} // main 函数结束`	// 9

可以对上面的代码进行编译、链接和运行。下面给出一个运行结果示例。

```
构造 CP_B。
构造 CP_D。
构造 CP_G。
构造 CP_E。
构造 CP_C。
构造 CP_F。
构造 CP_A。
构造完毕。
析构 CP_A。
析构 CP_F。
析构 CP_C。
析构 CP_E。
析构 CP_G。
析构 CP_D。
析构 CP_B。
```

例程分析：根据头文件"CP_RunSequenceConstructorDelegate.h"，我们可以画出类 CP_A 的继承关系层次图，如图 3-9 所示。当程序运行到源文件"CP_RunSequenceConstructorHierarchy .cpp"第 7 行代码"CP_A a;"时，将要创建并初始化类 CP_A 的实例对象。这时，将自动调用类 CP_A 的构造函数 CP_A()。在运行类 CP_A 的构造函数时，首先自动调用类 CP_A 的直接父类 CP_B 的构造函数，输出"构造 CP_B。"，接着，自动调用类 CP_A 的直接父类 CP_C 的构造函数。

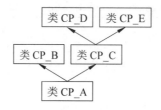

图 3-9　在上面例程中类的层次关系图

在运行类 CP_C 的构造函数时，首先自动调用类 CP_C 的直接父类 CP_D 的构造函数，输出"构造 CP_D。",接着,自动调用类 CP_C 的直接父类 CP_E 的构造函数。

在运行类 CP_E 的构造函数时,因为类 CP_E 没有直接父类,所以先执行类 CP_E 的成员变量 m_g 的构造函数,输出"构造 CP_G。",再执行类 CP_E 的构造函数的函数体,输出"构造 CP_E。"。至此,类 CP_E 的构造函数执行完毕。

在运行完类 CP_E 的构造函数之后,回到类 CP_C 的构造函数,继续执行类 CP_C 的构造函数的函数体,输出"构造 CP_C。"。至此,类 CP_C 的构造函数执行完毕。

在运行完类 CP_C 的构造函数之后,回到类 CP_A 的构造函数。这时,需要完成类 CP_A 的成员变量 m_f 的初始化工作,运行类 CP_F 的构造函数,结果输出"构造 CP_F。",然后,运行类 CP_A 的构造函数的函数体,输出"构造 CP_A。"。至此,类 CP_A 的构造函数执行完毕。

当函数 gb_test 运行即将结束时,局部变量 a 的内存将被回收。这时会自动调用局部变量 a 对应的析构函数,即类 CP_A 的析构函数。其运行顺序是先运行在类 CP_A 的析构函数的函数体中的语句,输出"析构 CP_A。",接着,运行类 CP_A 的成员变量 m_f 的析构函数,输出"析构 CP_F。",然后,调用类 CP_A 的直接父类 CP_C 的析构函数。

在运行类 CP_C 的析构函数时,先运行在类 CP_C 的析构函数的函数体中的语句,输出"析构 CP_C。",然后,调用类 CP_C 的直接父类 CP_E 的析构函数。

在运行类 CP_E 的析构函数时,先运行在类 CP_E 的析构函数的函数体中的语句,输出"析构 CP_E。",然后,运行类 CP_E 的成员变量 m_g 的析构函数,输出"析构 CP_G。"。至此,类 CP_E 的析构函数运行完毕。

接下来,继续调用类 CP_C 的另一个直接父类 CP_D 的析构函数,输出"析构 CP_D。"。至此,类 CP_C 的析构函数运行完毕。

接下来,继续调用类 CP_A 的另一个直接父类 CP_B 的析构函数,输出"析构 CP_B。"。至此,类 CP_A 的析构函数运行完毕。

结论: 本例程的输出结果具有很好的对称性,说明构造函数与析构函数的执行顺序基本上是相反的。

3.3　封　装　性

封装性是面向对象程序设计的三大特性之一。利用封装性,可以设定类成员的访问权限,明确哪些成员仅仅由内部使用,哪些成员可以提供给子类使用,哪些成员可以对外公开。利用这个机制,一方面可以保护类的内部数据不被肆意侵犯,确保数据的一致性;另一方面,在外部使用类时也可以只需了解这些对外公开的成员,从而提高使用效率。利用封装性,也可以避免对内部成员的误用,从而降低不同程序模块之间的耦合程度。

3.3.1　成员的访问方式

本小节阐述在继承方式为 public 的前提条件下的成员访问方式。类成员的访问方式由在类定义中该成员声明或定义的位置之前并且最靠近该成员的访问方式修饰符决定。类成员的**访问方式修饰符**只能是 private、protected 或者 public。如果从类定义头部到成员声明或定义的位置之间**没有访问方式修饰符**，则该成员的访问方式采用默认的访问方式。采用关键字 class 定义的类的默认访问方式是 private，采用关键字 struct 定义的类的默认访问方式是 public。总之，类成员的**访问方式**只有如下 3 种：

（1）**私有方式**（private）：访问方式为私有方式的成员称为**私有成员**。只有在类自身或类自身的成员或类的友元当中才能访问类的私有成员，其中友元将在第 3.3.3 小节介绍。

（2）**保护方式**（protected）：访问方式为保护方式的成员称为**受保护成员**。只有在类自身或类自身的成员或子类成员或类的友元当中才能访问类的受保护成员。另外，**在子类的成员中**，**可以**通过该子类的实例对象或指针访问类的受保护成员，**不可以**通过当前类的实例对象或指针访问类的受保护成员；**可以**通过该子类的实例对象或指针访问类的受保护成员，**不可以**通过该子类的父类的实例对象或指针访问类的受保护成员。

（3）**公有方式**（public）：访问方式为公有方式的成员称为**公有成员**。公有成员的访问方式不受限制。

表 3-2　类成员的访问方式

访问方式修饰符	同一个类	子类	所有类
public	允许访问	允许访问	允许访问
protected	允许访问	允许访问	
private	允许访问		

表 3-2 是类成员的访问方式的直观总结。访问方式与访问权限在表中刚好构成了上三角形，非常好记忆。下面通过一些代码示例和例程进一步直观展示成员的访问方式。

```
class A                                                        // 1
{                                                              // 2
    int m_a; // m_a 是私有成员。注：没有写访问方式修饰符           // 3
public:                                                        // 4
    int m_b; // m_b 是公有成员                                  // 5
protected:                                                     // 6
    int m_c; // m_c 是受保护成员                                // 7
private:                                                       // 8
    int m_d; // m_d 是私有成员                                  // 9
    int m_e; // m_e 是私有成员                                  // 10
}; // 类 A 定义结束                                             // 11
```

下面通过对照代码展示**在子类的成员中访问受保护成员**。

// 对照：允许访问受保护成员	// 对照：不允许访问受保护成员	行号
#include <iostream>	#include <iostream>	// 1
using namespace std;	using namespace std;	// 2
		// 3
class B	class B	// 4
{	{	// 5

```protected:``` // 6	
``` int m_b;``` // 7	
```public:``` // 8	
``` B() : m_b(10) {}``` // 9	
```}; // 类B定义结束``` // 10	
// 11	

左侧代码表如下：

左侧	右侧	行号
```protected:```	```protected:```	// 6
``` int m_b;```	``` int m_b;```	// 7
```public:```	```public:```	// 8
``` B() : m_b(10) {}```	``` B() : m_b(10) {}```	// 9
```}; // 类B定义结束```	```}; // 类B定义结束```	// 10
		// 11
```class A : public B```	```class A : public B```	// 12
```{```	```{```	// 13
```public:```	```public:```	// 14
``` void mb_show();```	``` void mb_show();```	// 15
```}; // 类A定义结束```	```}; // 类A定义结束```	// 16
		// 17
```void A::mb_show()```	```void A::mb_show()```	// 18
```{```	```{```	// 19
``` cout<<"m_b = "<<m_b<<endl;```	``` cout<<"m_b = "<<m_b<<endl;```	// 20
``` A a;```	``` B b;```	// 21
``` cout<<"a.m_b="<<a.m_b<<endl;```	``` cout<<"b.m_b="<<b.m_b<<endl;```	// 22
```} // 类A的成员函数mb_show定义结束```	```} // 类A的成员函数mb_show定义结束```	// 23

左侧第 20 行和第 22 行代码在子类 A 自身的非静态成员函数 mb_show 中分别通过 "m_b" 和 "a.m_b" 访问父类 B 的受保护成员变量 m_b。这 2 种方式都符合语法。

作为对照，右侧第 22 行代码在子类 A 自身的成员函数 mb_show 中试图通过父类 B 的实例对象 b 访问父类 B 的受保护成员变量 m_b。这是不允许的，编译错误如下：

```
Error C2248: [第22行代码]无法访问受保护成员 "b.m_b"。
```

例程 3-4　封装性的经典小时类例程

例程功能描述：首先，设计小时类，使得它的成员变量 m_hour 的取值范围只能是从 0 到 11 的整数。然后，程序接收整数 hour 的输入。要求通过小时类输出 hour 所对应的从 0 到 11 的小时数。小时类实际上模拟了按 12 小时计时法的计时器。不管 hour 的值是否合法，小时类都能将其转成为从 0 到 11 的小时数。

例程代码：例程代码由 3 个源程序代码文件组成，具体的程序代码如下。

```
// 文件名: CP_Hour.h; 开发者: 雍俊海                              行号
#ifndef CP_HOUR_H                                              // 1
#define CP_HOUR_H                                              // 2
                                                              // 3
class CP_Hour                                                 // 4
{                                                            // 5
public:                                                      // 6
    CP_Hour() : m_hour(0) {}                                 // 7
                                                              // 8
    int  mb_getHour() { return m_hour; }                     // 9
    void mb_setHour(int hour);                               // 10
private:                                                     // 11
```

```
    int m_hour;                                        // 12
}; // 类 CP_Hour 定义结束                              // 13
                                                       // 14
extern void gb_test();                                 // 15
#endif                                                 // 16
```

// 文件名：CP_Hour.cpp；开发者：雍俊海　　　　　　　　　　　行号

```
#include <iostream>                                    // 1
using namespace std;                                   // 2
#include "CP_Hour.h"                                    // 3
                                                       // 4
void CP_Hour::mb_setHour(int hour)                     // 5
{                                                      // 6
    m_hour = hour % 12;                                // 7
    if (m_hour<0)                                      // 8
        m_hour += 12;                                  // 9
} // CP_Hour::mb_setHour 函数定义结束                  // 10
                                                       // 11
void gb_test()                                         // 12
{                                                      // 13
    int hour = 0;                                      // 14
    cout << "请输入小时数: ";                          // 15
    cin >> hour;                                       // 16
    CP_Hour a;                                         // 17
    a.mb_setHour(hour);                                // 18
    cout << "输入小时数在规范后为" << a.mb_getHour() << "小时" << endl;  // 19
} // 函数 gb_test 定义结束                             // 20
```

// 文件名：CP_HourMain.cpp；开发者：雍俊海　　　　　　　　行号

```
#include <iostream>                                    // 1
using namespace std;                                   // 2
#include "CP_Hour.h"                                    // 3
                                                       // 4
int main(int argc, char* args[])                       // 5
{                                                      // 6
    gb_test();                                         // 7
    return 0; // 返回 0 表明程序运行成功                // 8
} // main 函数结束                                     // 9
```

可以对上面的代码进行编译、链接和运行。下面给出一个运行结果示例。

请输入小时数：*-1*↙
输入小时数在规范后为 11 小时

下面再给出一个运行结果示例。

请输入小时数：*14*↙
输入小时数在规范后为 2 小时

例程分析：本例程设计的小时类 CP_Hour 是封装性的 1 个经典应用。它拥有私有的成员变量 m_hour。在类外，只能通过成员函数 mb_getHour 获取 m_hour 的值，只能通过成员函数 mb_setHour 设置 m_hour 的值。成员函数 mb_setHour 的函数体确保了 m_hour 的取值范值。只要确保定义和实现类 CP_Hour 的代码不被修改，m_hour 的值就在指定的范围内。这就体现出了封装性的特点之一，可以确保数据的一致性。另外，成员函数 mb_setHour 将不在指定的数值范围内的值转化成为在指定范围内的值，即将"非法的数据"转化成为"合法的数据"，从而保证类内部数据的一致性。这说明可以利用封装性来增强类的自维护性。这些都是 C 语言程序代码无法做到的。

3.3.2　继承方式和访问方式

需要特别注意继承方式和访问方式的区别。如图 3-10 所示，继承方式是类之间的关系，访问方式直接限定类成员访问范围。类之间的继承方式取决于在类定义中的继承方式说明符。继承方式修饰符只有 private、protected 和 public。如果不写继承方式修饰符，则采用默认的继承方式修饰符。采用关键字 class 定义的类的默认继承方式修饰符是 private，采用关键字 struct 定义的类的默认继承方式修饰符是 public。类间的继承方式如下：

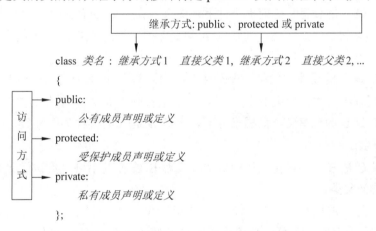

图 3-10　继承方式和访问方式的区别

（1）公有继承（public）：父类的公有成员被继承为子类的公有成员，父类的受保护成员被继承为子类的受保护成员，父类的私有成员被继承为子类的不可直接访问成员。这时父类称为公有父类。

（2）保护继承（protected）：父类的公有成员和受保护成员被继承为子类的受保护成员，父类的私有成员被继承为子类的不可直接访问成员。这时父类称为受保护父类。

（3）私有继承（private）：父类的公有成员和受保护成员被继承为子类的私有成员。父类的私有成员被继承为子类的不可直接访问成员。这时父类称为私有父类。

表 3-3 是继承方式及其带来的访问方式的总结。

在不考虑友元的前提条件下，根据上面继承方式及其访问方式，可以得出如下结论：

（1）类可以访问该类自身的所有成员，也可以访问该类继承过来的公有成员和受保护成员，<u>不可以直接访问</u>该类继承过来的不可直接访问成员。

表 3-3 在继承之后的封装性

	访问方式：**public**	访问方式：**protected**	访问方式：**private**
继承方式：public	综合访问方式：public	综合访问方式：protected	
继承方式：protected	综合访问方式：protected	综合访问方式：protected	
继承方式：private	综合访问方式：private	综合访问方式：private	

（2）父类<u>可以访问</u>子类自身或继承得到的所有公有成员；除此之外，<u>不可以直接访问</u>子类的其他成员。

（3）对于任何 2 个没有继承关系的类 A 与类 B，类 A <u>可以访问</u>类 B 自身或继承得到的所有公有成员；除此之外，<u>不可以直接访问</u>类 B 的其他成员。

（4）全局函数<u>可以访问</u>类自身或继承得到的所有公有成员；除此之外，<u>不可以直接访问</u>类的其他成员。

<u>继承方式也会影响到类的访问</u>。如表 3-4 所示，假设存在类 A、类 B 和类 C，其中 C 是 B 的父类，B 是 A 的父类，则继承方式的影响结果如下：

（1）<u>在 C 是 B 的公有父类前提条件下</u>：如果 B 是 A 的公有父类，则 C 是 A 的公有父类；如果 B 是 A 的受保护父类，则 C 是 A 的受保护父类；如果 B 是 A 的私有父类，则 C 是 A 的私有父类。

（2）<u>在 C 是 B 的受保护父类前提条件下</u>：如果 B 是 A 的公有父类或者受保护父类，则 C 是 A 的受保护父类；如果 B 是 A 的私有父类，则 C 是 A 的私有父类。

（3）<u>在 C 是 B 的私有父类前提条件下</u>，无论 B 是 A 的哪种类型父类，C 都是 A 的<u>不可直接访问父类</u>。

（4）如果 C 是 B 的不可直接访问父类，或者 B 是 A 的不可直接访问父类，则 C 是 A 的<u>不可直接访问父类</u>。

（5）在定义 A 的代码中或在实现 A 的成员的代码中，<u>可以直接访问</u> A 的公有父类、受保护父类和私有父类，<u>不可以</u>直接访问 A 的那些<u>不可直接访问父类</u>。

表 3-4 继承方式对类访问的影响

	C 是 B 的公有父类	**C 是 B 的受保护父类**	**C 是 B 的私有父类**
B 是 A 的公有父类	C 是 A 的公有父类	C 是 A 的受保护父类	-
B 是 A 的受保护父类	C 是 A 的受保护父类	C 是 A 的受保护父类	-
B 是 A 的私有父类	C 是 A 的私有父类	C 是 A 的私有父类	-

下面的代码示例展示类的继承方式。

```
class A1 : B { };          // 默认的继承方式：A1 私有继承 B              // 1
class A2 : private B { };   // A2 私有继承 B                          // 2
class A3 : protected B { }; // A3 保护继承 B                          // 3
class A4 : public B { };    // A4 公有继承 B                          // 4
class A5 : public B, C { }; // 默认的继承方式：A5 公有继承 B，私有继承 C  // 5
```

```
struct A6 :  B { };              // 默认的继承方式：A6 公有继承 B          // 6
```

下面通过对照代码展示 私有继承方式对类及其成员的访问权限的影响 。

// 对照：允许访问（关于私有继承）	// 对照：不允许访问（关于私有继承）	行号
`#include <iostream>`	`#include <iostream>`	// 1
`using namespace std;`	`using namespace std;`	// 2
		// 3
`class C`	`class C`	// 4
`{`	`{`	// 5
`public:`	`public:`	// 6
`    int m_c;`	`    int m_c;`	// 7
`    C() : m_c(10) {}`	`    C() : m_c(10) {}`	// 8
`}; // 类 C 定义结束`	`}; // 类 C 定义结束`	// 9
		// 10
`class A : private C`	`class B : private C { };`	// 11
`{`		// 12
`public:`	`class A : public B`	// 13
`    C m_a;`	`{`	// 14
`    void mb_show();`	`public:`	// 15
`}; // 类 A 定义结束`	`    C m_a;`	// 16
	`    void mb_show();`	// 17
`void A::mb_show()`	`}; // 类 A 定义结束`	// 18
`{`		// 19
`    m_a.m_c = 1;`	`void A::mb_show()`	// 20
`    m_c = 2;`	`{`	// 21
`    cout << "m_a.m_c = ";`	`    m_a.m_c = 1;`	// 22
`    cout << m_a.m_c << endl;`	`    m_c = 2;`	// 23
`    cout<<"m_c = "<< m_c << endl;`	`    cout << "m_a.m_c = ";`	// 24
`} // 类 A 的成员函数 mb_show 定义结束`	`    cout << m_a.m_c << endl;`	// 25
	`    cout<<"m_c = "<< m_c << endl;`	// 26
`int main(int argc, char* args[])`	`} // 类 A 的成员函数 mb_show 定义结束`	// 27
`{`		// 28
`    A a;`	`int main(int argc, char* args[])`	// 29
`    a.mb_show();`	`{`	// 30
`    return 0;`	`    A a;`	// 31
`} // main 函数结束`	`    a.mb_show();`	// 32
	`    return 0;`	// 33
	`} // main 函数结束`	// 34

在左侧代码中，因为 C 是 A 的私有父类，所以 A 可以用 C 来定义成员变量 m_a，如左侧第 14 行代码所示。因为 m_c 是类 A 通过继承得到的私有成员，所以在 A 的成员函数 mb_show 的函数体中可以使用 "m_a.m_c" 和 "m_c"。因此，左侧的代码可以通过编译和链接。下面给出其运行结果示例。

```
m_a.m_c = 1
m_c = 2
```

不过，左侧第 30 行代码"a.mb_show();"不能改为

```
cout << "m_a.m_c = " << a.m_c << endl;                                    // 30
```

因为 A 私有继承 C，使得 C 的成员变量 m_c 成为类 A 通过继承得到的私有成员变量，而主函数又不是类 A 的成员函数，所以在主函数中不能通过 A 的实例对象 a 访问成员变量 m_c。在修改之后，上面代码将无法通过编译，编译错误为：

第 30 行代码错误："C::m_c"不可访问，因为"A"使用"private"从"C"继承

在右侧的代码中，如第 11 行代码所示，C 是 B 的私有父类；如第 13 行代码所示，B 是 A 的公有父类，从而 C 是 A 的不可直接访问父类。因此，在定义类 A 的代码中，不能用 C 来定义 A 的成员变量，即第 16 行代码"C m_a;"是无法通过编译的。

在右侧的代码中，因为 B 私有继承 C，所以 C 的公有成员变量 m_c 会成为 B 通过继承得到的私有成员变量，从而 m_c 只能用在 B 的成员中，不能用在 B 的子类 A 的成员中。因此，在类 A 的成员函数 mb_show 的函数中无法使用"m_a.m_c"和"m_c"。综上结果，右侧代码无法通过编译，编译错误如下：

第 16 行代码错误："C"不可访问，因为"B"使用"private"从"C"继承
第 23 行代码错误："C::m_c"不可访问，因为"B"使用"private"从"C"继承
第 26 行代码错误："C::m_c"不可访问，因为"B"使用"private"从"C"继承

3.3.3 友元

在类中可以声明友元。友元的种类总共有如下 3 种。

（1）友元全局函数：指的是在类中声明为友元的全局函数。

（2）友元成员函数：指的是在类中声明为友元的别的类的成员函数。

（3）友元类：指的是在类中声明为友元的别的类。

☞ 注意事项☜：

（1）类的友元不是该类的成员。

（2）类的友元可以访问当前类可以访问的各种成员，包括私有成员和受保护成员。类的友元突破了封装性对访问权限的限制。因此，除非确实有必要，应当慎重使用友元。

⊗小甜点⊗：

（1）无论将友元声明放在类的哪个区（public 区、protected 区或 private 区），都不会影响到友元的访问权限。

（2）从编程规范上而言，友元通常在类定义的末尾处声明。

（3）关键字 friend 是区分类成员与类友元的关键性区分标志。以关键字 friend 引导的是友元。

在类的定义中将全局函数声明为友元的代码格式如下：

```
friend 返回类型 函数名(形式参数列表);
```

下面第 11 行在类 CP_Point 中声明友元全局函数 gb_isSame。因此，函数 gb_isSame 的函数体可以访问类 CP_Point 的私有成员，如下面第 13 行代码所示：

```
class CP_Point                                                    // 1
{                                                                 // 2
private:                                                          // 3
   int m_x, m_y;                                                  // 4
public:                                                           // 5
   CP_Point( ) :m_x(0), m_y(0) { };                              // 6
   CP_Point(int x, int y) :m_x(x), m_y(y) { };                  // 7
   friend bool gb_isSame(const CP_Point& a, const CP_Point& b); // 8
}; // 类 CP_Point 定义结束                                         // 9
                                                                  // 10
bool gb_isSame(const CP_Point& a, const CP_Point& b)             // 11
{                                                                 // 12
   if ((a.m_x == b.m_x) && (a.m_y == b.m_y))                    // 13
      return true;                                                // 14
   else return false;                                            // 15
} // 函数 gb_isSame 结束                                           // 16
```

在类的定义中将其他类的成员函数声明为友元的代码格式如下：

```
friend 返回类型 类名::函数名(形式参数列表);
```

其中类名不能与当前正在定义的类同名，必须是其他类的名称。这里的成员函数包括构造函数与析构函数，即其他类的构造函数与析构函数也可以成为当前类的友元。

例程 3-5　通过友元实现老师给学生打分的例程。

例程功能描述：展示友元对访问权限的突破，同时实现老师给学生打分。

例程代码：例程代码由 3 个源程序代码文件组成，具体的程序代码如下：

```
// 文件名：CP_StudentTeacher.h；开发者：雍俊海          行号
#ifndef CP_STUDENTTEACHER_H                             // 1
#define CP_STUDENTTEACHER_H                             // 2
                                                        // 3
class CP_Student;                                       // 4
                                                        // 5
class CP_Teacher                                        // 6
{                                                       // 7
public:                                                 // 8
   void mb_setScore(CP_Student &s, int score);         // 9
}; // 类 CP_Teacher 定义结束                              // 10
                                                        // 11
class CP_Student                                        // 12
{                                                       // 13
```

```
private:                                              // 14
    int m_score;                                      // 15
public:                                               // 16
    CP_Student() : m_score(0) {}                      // 17
    int mb_getScore() { return m_score; }             // 18
    friend void CP_Teacher::mb_setScore(CP_Student &s, int score);  // 19
}; // 类 CP_Student 定义结束                            // 20
#endif                                                // 21
```

// 文件名：**CP_StudentTeacher.cpp**；开发者：雍俊海	行号

```
#include <iostream>                                   // 1
using namespace std;                                  // 2
#include "CP_StudentTeacher.h"                        // 3
                                                      // 4
void CP_Teacher::mb_setScore(CP_Student &s, int score)// 5
{                                                     // 6
    s.m_score = score;                                // 7
} // 类 CP_Teacher 的成员函数 mb_setScore 定义结束       // 8
```

// 文件名：**CP_StudentTeacherMain.cpp**；开发者：雍俊海	行号

```
#include <iostream>                                   // 1
using namespace std;                                  // 2
#include "CP_StudentTeacher.h"                        // 3
                                                      // 4
int main(int argc, char* args[])                      // 5
{                                                     // 6
    CP_Student s;                                     // 7
    CP_Teacher t;                                     // 8
    t.mb_setScore(s, 95);                             // 9
    cout << "成绩为" << s.mb_getScore() << endl;        // 10
    return 0; // 返回 0 表明程序运行成功                  // 11
} // main 函数结束                                      // 12
```

可以对上面的代码进行编译、链接和运行。下面给出一个运行结果示例。

成绩为 95

例程分析：头文件 "CP_StudentTeachert.h" 第 19 行代码展示了如何在类 CP_Student 中声明友元成员函数 CP_Teacher::mb_setScore。这样，类 CP_Teacher 的成员函数 mb_setScore 就可以访问类 CP_Student 的私有成员变量 m_score，实现老师给学生打分，如源文件 "CP_StudentTeacher.cpp" 第 7 行代码所示。

在类的定义中将其他类声明为友元的代码格式如下：

friend class 类名;

其中类名不能与当前正在定义的类同名，必须是其他类的名称。这样，可以将上面例程头文件"CP_StudentTeachert.h"第 19 行代码修改为如下代码：

```
friend class CP_Teacher;                                              // 19
```

同样可以让类CP_Teacher的成员访问类CP_Student的私有成员，实现老师给学生打分。

> ☞ 注意事项 ☜：
>
> **友元不具有传递性**体现在如下 3 个方面。
>
> （1）假设类 A 是类 B 的友元类，类 B 是类 C 的友元类，这**并不意味着**类 A 是类 C 的友元类，即类 A 有可能不是类 C 的友元类。
>
> （2）假设类 A 是类 B 的友元类，这**并不意味着**类 A 是类 B 的父类或子类的友元类，即类 A 有可能既不是类 B 的父类的友元类，也有可能不是类 B 的子类的友元类。
>
> （3）假设类 A 是类 B 的友元类，**这并不意味着**类 A 的父类或子类是类 B 的友元类，即类 A 的父类有可能不是类 B 的友元类，类 A 的子类也有可能不是类 B 的友元类。
>
> 上面的（2）和（3）也可以称为**友元不具有继承性**。

3.4　多　态　性

多态性是面向对象程序设计的三大特性之一。多态性主要是利用同名函数来简化程序代码并提高程序代码的易扩展性。**多态性包括静态多态性和动态多态性**。**静态多态性**也称为**重载**，包括函数重载和运算符重载，其中运算符重载本质上也是函数重载。函数重载是针对不同的数据类型编写代码不同的同名函数，从而执行不同的程序代码，产生不同的执行结果。**动态多态性**也称为**覆盖**。覆盖发生在子类与父类之间。覆盖的机制允许直接通过父类调用子类的析构函数与普通成员函数，从而为程序代码的扩展性提供一种有效途径。

3.4.1　函数重载（静态多态性）

本小节仅介绍同名函数的重载，不考虑运算符重载。**函数重载**是一种静态多态性。它针对的是全局函数、构造函数和普通成员函数。函数重载的具体要求如下。

（1）**同名函数**：构造函数的重载必须是同一个类；其他函数的重载必须函数名相同。

（2）**函数的参数类型不同**：要求函数的参数个数不同，或者参数类型的排列顺序不同。**最重要的要求**是函数参数类型列表在函数调用时**必须能被编译器区分**，即必须让编译器能够从重载的函数中选出唯一一个最合适的函数进行调用。

这种多态性在进行代码编译时就能够被编译器所识别。因此，重载也称为**编译时的多态性**。例如，类 A 的构造函数"A()"与"A(int i)"就可以构成重载。

> ☞ 注意事项 ☜：
>
> （1）**函数的返回类型不是区分函数重载的标志**，见下面示例 1。
> （2）**函数的形式参数的名称不是区分函数重载的标志**，见下面示例 2。

（3）如果不考虑指针，对于参数的数据类型的 const 属性和引用方式，编译器在识别函数重载中仅能区分不带 const 常量属性的引用类型和带有 const 常量属性的引用类型，见下面示例 3。

（4）作为函数形式参数的指针的基类型带与不带 const 常量属性可以让编译器区分并将函数识别为函数重载，而指针本身是与不是只读指针则不足以让编译器区分并将函数识别为函数重载，见下面示例 4。

（5）仅仅通过类型及其别名无法构成函数重载，见下面示例 5。

// 示例 1（非重载）：仅返回类型不同	//示例 2（非重载）：仅形式参数名称不同	行号
`bool fun1();`	`void fun2(int m);`	`// 1`
`int fun1();`	`void fun2(int n);`	`// 2`

// 示例 3（部分是）：const 和引用	//示例 4（部分是）：const 和指针	行号
`void fun3(int a);`	`void fun4(int *p);`	`// 1`
`void fun3(const int a);`	`void fun4(const int *p);`	`// 2`
`void fun3(int& a);`	`void fun4(int * const p);`	`// 3`
`void fun3(const int& a);`	`void fun4(const int * const p);`	`// 4`

// 示例 5（非重载）：类型别名	行号
`typedef double REAL;`	`// 1`
`void fun5(double x);`	`// 2`
`void fun5(REAL x);`	`// 3`

在示例 3 中，"void fun3(int a)"和"void fun3(const int a)"无法构成重载；"void fun3(int a)"和"void fun3(int& a)"无法构成重载；"void fun3(int a)"和"void fun3(const int& a)"无法构成重载；"fun3(const int a)"和"fun3(int& a)"无法构成重载；"void fun3(const int a)"和"void fun3(const int& a)"无法构成重载；函数"void fun3(int& a)"和"void fun3(const int& a)"是合法的函数重载。

在示例 4 中，函数"void fun4(int *p)"和"void fun4(const int *p)"是合法的函数重载；函数"void fun4(int *p)"和"void fun4(const int * const p)"是合法的函数重载；函数"void fun4(const int *p)"和"void fun4(int * const p)"是合法的函数重载；函数"void fun4(int * const p)"和"void fun4(const int * const p)"是合法的函数重载；"void fun4(int *p)"和"void fun4(int * const p)"无法构成重载；"void fun4(const int *p)"和"void fun4(const int * const p)"无法构成重载。

> ▷注意事项◁：
>
> 在子类中重载父类的成员函数时，需要将父类的成员函数引入到子类当中。否则，子类的成员函数会屏蔽父类的同名成员函数。下面通过例程进一步阐明。

例程 3-6　父类与子类之间的成员函数构成函数重载的例程。

例程功能描述：展现父类的成员函数与子类的成员函数之间的重载及其注意事项。

例程代码：本例程由 2 个程序代码文件组成，具体如下。

// CP_OverloadContrastMain.cpp	// CP_OverloadChildMain.cpp	行号
`#include<iostream>`	`#include<iostream>`	`// 1`
`using namespace std;`	`using namespace std;`	`// 2`
		`// 3`
`class CP_B`	`class CP_B`	`// 4`
`{`	`{`	`// 5`
`public:`	`public:`	`// 6`
`    void mb_fun(){ cout << "B"; }`	`    void mb_fun(){ cout << "B"; }`	`// 7`
`}; // 类 CP_B 定义结束`	`}; // 类 CP_B 定义结束`	`// 8`
		`// 9`
`class CP_A : public CP_B`	`class CP_A : public CP_B`	`// 10`
`{`	`{`	`// 11`
`}; // 类 CP_A 定义结束`	`public:`	`// 12`
	`    using CP_B::mb_fun;`	`// 13`
`int main(int argc, char* args[])`	`    void mb_fun(int a) {cout<<a;}`	`// 14`
`{`	`}; // 类 CP_A 定义结束`	`// 15`
`    CP_A a;`		`// 16`
`    a.mb_fun();`	`int main(int argc, char* args[])`	`// 17`
`    return 0;`	`{`	`// 18`
`} // main 函数结束`	`    CP_A a;`	`// 19`
	`    a.mb_fun();`	`// 20`
	`    a.mb_fun(10);`	`// 21`
	`    return 0;`	`// 22`
	`} // main 函数结束`	`// 23`

例程分析：在左侧代码中，因为子类 CP_A 继承了父类 CP_B 的成员函数 mb_fun，所以第 17 行可以通过子类 CP_A 的实例对象 a 这个成员函数。上面左侧代码运行结果输出如下。

```
B
```

在右侧代码中，一方面通过第 13 行代码"using CP_B::mb_fun;"将父类 CP_B 的成员函数 mb_fun 引入到子类 CP_A 中，另一方面第 14 行代码为子类 CP_A 定义参数类型列表不同的成员函数 mb_fun。因此，这 2 个成员函数重载。在主函数中，可以通过子类 CP_A 的实例对象 a 分别调用重载的这 2 个成员函数。上面右侧代码运行结果输出如下。

```
B10
```

这里，将父类的成员函数引入到子类当中的语句格式为：

```
using 父类名称::父类的成员函数的名称;
```

如果将右侧第 13 行代码"using CP_B::mb_fun;"注释掉，则右侧代码将通不过编译。具体的编译错误提示为：

```
第 20 行代码有误(error C2660)："CP_A::mb_fun"：函数不接受 0 个参数
```

这个错误提示表明这时父类 CP_B 的不含参数的成员函数 mb_fun 对子类 CP_A 的实例对象 a 而言被屏蔽了，即被子类 CP_A 自身的成员函数 mb_fun 屏蔽了。如果没有被屏蔽，则不可能出现这样的编译错误提示，因为左侧代码就可以通过子类 CP_A 的实例对象 a 调用父类 CP_B 的成员函数 mb_fun。

3.4.2　默认函数参数值

在声明或定义函数时，还可以给函数的形式参数提供默认的参数值，其注意事项如下：

> ⚐注意事项⚐：
>
> （1）如果先声明函数，再定义函数，则在声明函数时提供默认的参数值，而在定义函数时不能在函数头部提供默认的参数值。
>
> （2）如果没有声明函数，而直接定义函数，则在函数定义的头部提供默认的参数值。
>
> （3）如果只有函数参数提供了默认值，则没有提供默认值的参数必须位于前面，所有提供了默认值的参数必须位于后面。两者不能交叉。

在对提供参数默认值的函数进行调用时，应当注意如下事项：

> ⚐注意事项⚐：
>
> （1）对于没有提供默认值的参数，则在函数调用时必须提供实际参数值。
>
> （2）在函数调用时不提供实际参数值的参数必须位于后面。
>
> （3）对于提供了默认值的函数参数，如果在函数调用时给出了实际参数值，则采用实际参数值；如果在函数调用时没有提供实际参数值，则采用默认参数值。

下面给出两个合法的代码示例。请注意对比两者之间的区别。

// 示例1：先声明，后定义	// 示例2：没有声明，只有定义	行号
`extern void fun(int x = 1);//声明`	`void fun(int x = 1)//直接提供默认值`	`// 1`
	`{`	`// 2`
`void fun(int x) // 不能再提供默认值`	`    cout << x << endl;`	`// 3`
`{`	`} // 函数 fun 定义结束`	`// 4`
`    cout << x << endl;`		`// 5`
`} // 函数 fun 定义结束`		`// 6`

默认函数参数的基础是函数重载。每个提供默认函数参数的函数相当于多个重载的函数。例如，在定义了函数"void fun(int x = 1, int y=2);"之后，就不能再定义如下 3 个函数当中的任何 1 个函数；否则，无法通过编译。

```
void fun( ); // 函数调用 fun()无法确定是选本函数，还是选上面带默认值的函数。  // 1
void fun(int x);                                                          // 2
void fun(int x, int y);                                                   // 3
```

类似地，下面给出另外 2 种非法的函数重载。

// 示例 3：一种无效的函数重载	// 示例 4：另一种无效的函数重载	行号
void fun1(int a); // 已被下面函数涵盖	void fun( ); // 已被下面函数涵盖	// 1
void fun1(int a = 10);	void fun(int a = 10);	// 2

3.4.3 运算符重载

运算符重载在本质上是函数重载。不过，运算符重载还需要满足如下独特的要求。

> ◸注意事项◿：
>
> （1）运算符重载只能重载 C++ 已有的运算符。
>
> （2）在 C++ 运算符中，不允许重载分量运算符（.）、指针分量取值运算符（.*）、作用域运算符（::）、条件运算符（?:）以及预处理符号（#和##）。除此之外，可以重载其他 C++ 运算符。
>
> （3）运算符重载不可以改变运算符的操作数个数。
>
> （4）运算符重载不可以改变运算符的优先级和结合律。
>
> （5）在运算符重载中，至少存在 1 个操作数，它的数据类型是自定义类型。

实现运算符重载有 2 种形式。第 1 种形式是重载为全局函数，其代码格式为：

```
返回类型 operator 运算符(形式参数列表)
    函数体
```

其中，operator 是关键字，"operator 运算符" 相当于函数名，在形式参数列表中的参数个数必须等于运算符的操作数个数，除了后置++和后置--之外。

对于++和--，为了区分前置与后置，后置运算符的重载在形式参数列表的末尾增加了一个参数。该参数的数据类型为 int。该参数的名称没有实际含义。在形式参数列表中可以不写该参数的名称。

例程 3-7 通过全局函数重载的方式实现复数加法、前置自增和后置自增。

例程代码：例程由 5 个源程序代码文件组成，具体如下。

// 文件名：CP_ComplexGlobal.h；开发者：雍俊海	行号
`#ifndef CP_COMPLEXGLOBAL_H`	// 1
`#define CP_COMPLEXGLOBAL_H`	// 2
	// 3
`class CP_Complex`	// 4
`{`	// 5
`public:`	// 6
`    double m_real;`	// 7
`    double m_imaginary;`	// 8
`public:`	// 9
`    CP_Complex(double r=0, double i=0):m_real(r), m_imaginary(i) {}`	// 10
`    void mb_show(const char *s);`	// 11
`}; // 类 CP_Complex 定义结束`	// 12
	// 13
`extern CP_Complex operator +(const CP_Complex&c1, const CP_Complex&c2);`	// 14

`extern CP_Complex& operator ++ (CP_Complex& c);    // 前置++`	`// 15`
`extern CP_Complex operator ++ (CP_Complex& c, int); // 后置++`	`// 16`
`#endif`	`// 17`

// 文件名：**CP_ComplexGlobal.cpp**；开发者：雍俊海	行号
`#include <iostream>`	`// 1`
`using namespace std;`	`// 2`
`#include "CP_ComplexGlobal.h"`	`// 3`
	`// 4`
`void CP_Complex::mb_show(const char *s)`	`// 5`
`{`	`// 6`
`    cout << s << m_real << "+" << m_imaginary << "i" << endl;`	`// 7`
`} // 类 CP_Complex 的成员函数 mb_show 定义结束`	`// 8`
	`// 9`
`CP_Complex operator + (const CP_Complex& c1, const CP_Complex& c2)`	`// 10`
`{`	`// 11`
`    CP_Complex c3;`	`// 12`
`    c3.m_real = c1.m_real + c2.m_real;`	`// 13`
`    c3.m_imaginary = c1.m_imaginary + c2.m_imaginary;`	`// 14`
`    return c3;`	`// 15`
`} // 运算符 "+" 重载结束`	`// 16`
	`// 17`
`CP_Complex& operator ++ (CP_Complex& c)`	`// 18`
`{`	`// 19`
`    c.m_real++;`	`// 20`
`    return c;`	`// 21`
`} // 运算符前置 "++" 重载结束`	`// 22`
	`// 23`
`CP_Complex operator ++ (CP_Complex& c, int)`	`// 24`
`{`	`// 25`
`    CP_Complex old = c; // 保存参数 c 刚进入本函数的值`	`// 26`
`    c.m_real++;`	`// 27`
`    return old;        // 返回参数 c 在刚进入本函数时的值`	`// 28`
`} // 运算符后置 "++" 重载结束`	`// 29`

// 文件名：**CP_ComplexGlobalTest.h**；开发者：雍俊海	行号
`#ifndef CP_COMPLEXGLOBALTEST_H`	`// 1`
`#define CP_COMPLEXGLOBALTEST_H`	`// 2`
`#include "CP_ComplexGlobal.h"`	`// 3`
	`// 4`
`extern void gb_testComplexGlobal();`	`// 5`
`#endif`	`// 6`

// 文件名：**CP_ComplexGlobalTest.cpp**；开发者：雍俊海	行号
`#include <iostream>`	`// 1`
`using namespace std;`	`// 2`
`#include "CP_ComplexGlobalTest.h"`	`// 3`

```
                                                                        // 4
void gb_testComplexGlobal()                                             // 5
{                                                                       // 6
   CP_Complex c1(5, 4);                                                 // 7
   CP_Complex c2(7, 6);                                                 // 8
   CP_Complex c3 = c1 + c2;                                             // 9
   c1.mb_show("c1=");                                                   // 10
   c2.mb_show("c2=");                                                   // 11
   c3.mb_show("c1+c2=");                                                // 12
   CP_Complex c4 = ++c1;                                                // 13
   c4.mb_show("(++c1)=");                                               // 14
   c1.mb_show("c1=");                                                   // 15
   CP_Complex c5 = c2++;                                                // 16
   c5.mb_show("(c2++)=");                                               // 17
   c2.mb_show("c2=");                                                   // 18
} // 函数 gb_testComplexGlobal 定义结束                                  // 19
```

```
// 文件名: CP_ComplexGlobalMain.cpp; 开发者: 雍俊海           行号
#include <iostream>                                                     // 1
using namespace std;                                                    // 2
#include "CP_ComplexGlobalTest.h"                                       // 3
                                                                        // 4
int main(int argc, char* args[])                                        // 5
{                                                                       // 6
   gb_testComplexGlobal();                                              // 7
   return 0;                                                            // 8
} // main 函数结束                                                       // 9
```

可以对上面的代码进行编译、链接和运行。下面给出一个运行结果示例。

```
c1=5+4i
c2=7+6i
c1+c2=12+10i
(++c1)=6+4i
c1=6+4i
(c2++)=7+6i
c2=8+6i
```

例程分析: 源文件 "CP_ComplexGlobal.cpp" 第 10~16 行代码定义了全局函数 "operator +"，实现了对复数类 CP_Complex 的加法运算符重载。因此，源文件 "CP_ComplexGlobalTest.cpp" 第 9 行代码 "CP_Complex c3 = c1 + c2;" 可以直接采用加法运算符进行加法运算。这一行代码也可以改为

```
   CP_Complex c3 = operator +(c1, c2);                                  // 9
```

修改前后，代码的功能完全相同。这也可以看出通过运算符的运算与关键字 operator 引导的函数调用在功能上是等价的。

对比源文件"CP_ComplexGlobal.cpp"第 18 行和第 24 行代码，后者的函数参数多了作为后置运算标志的 int。另外，对于这 2 行代码，函数参数 c 的数据类型都是引用类型。这是为了确保在发生函数调用时函数的实际调用参数也会自增。如第 18～22 行代码所示，在重载前置自增的函数中，先自增"c.m_real++;"，再返回自增后的复数值。如第 24～29 行代码所示，在重载后置自增的函数中，先保存原值，并在运算之后返回复数原先的值。

> ✿小甜点✿：
>
> 通过运算符重载扩展了运算符的适用范围。在编程规范上，通常要求运算符重载所实现的功能应当与该运算符的含义相匹配，从而方便对运算符重载代码的理解；否则，容易引发代码错误。

实现运算符重载的第 2 种形式是重载为成员函数，其代码格式为：

```
返回类型 operator 运算符(形式参数列表)
    函数体
```

其中，operator 是关键字，"operator 运算符"相当于函数名。因为重载为成员函数，所以当前的实例对象本身就是运算符的操作数之一。因此，在上面形式参数列表中的参数个数必须等于运算符的操作数个数减 1，除了后置++和后置--之外。

对于++和--，为了区分前置与后置，后置运算符的重载在形式参数列表的末尾增加了一个参数。该参数的数据类型为 int。该参数的名称没有实际含义。在形式参数列表中可以不写该参数的名称。

> ☞注意事项☞：
>
> 对于下标运算符"[ ]"、强制类型转换运算符"( )"、指针分量运算符"->"和赋值运算符"="，只允许重载为成员函数，而不允许重载为全局函数。

例程 3-8 通过成员函数重载的方式实现复数加法、前置自增和后置自增。

例程代码：例程代码由 5 个源程序代码文件组成，具体如下。

// 文件名：**CP_Complex.h**；开发者：雍俊海	行号
`#ifndef CP_COMPLEX_H`	// 1
`#define CP_COMPLEX_H`	// 2
	// 3
`class CP_Complex`	// 4
`{`	// 5
`public:`	// 6
`    double m_real;`	// 7
`    double m_imaginary;`	// 8
`public:`	// 9
`    CP_Complex(double r=0,double i=0): m_real(r), m_imaginary(i) {}`	// 10
`    void mb_show(const char *s);`	// 11
`    CP_Complex operator + (const CP_Complex& c);`	// 12
`    CP_Complex& operator ++ ();   // 前置++`	// 13

```
    CP_Complex operator ++ (int); // 后置++              // 14
}; // 类 CP_Complex 定义结束                              // 15
#endif                                                   // 16
```

// 文件名：**CP_Complex.cpp**；开发者：雍俊海　　行号

```
#include <iostream>                                      // 1
using namespace std;                                     // 2
#include "CP_Complex.h"                                  // 3
                                                         // 4
void CP_Complex::mb_show(const char *s)                  // 5
{                                                        // 6
    cout << s << m_real << "+" << m_imaginary << "i" << endl;  // 7
} // 类 CP_Complex 的成员函数 mb_show 定义结束            // 8
                                                         // 9
CP_Complex CP_Complex::operator + (const CP_Complex& c)  // 10
{                                                        // 11
    CP_Complex r;                                        // 12
    r.m_real = m_real + c.m_real;                        // 13
    r.m_imaginary = m_imaginary + c.m_imaginary;         // 14
    return r;                                            // 15
} // 运算符"+"重载结束                                    // 16
                                                         // 17
CP_Complex& CP_Complex::operator ++ () // 前++           // 18
{                                                        // 19
    m_real++;                                            // 20
    return (*this); // (*this)是当前的实例对象            // 21
} // 运算符前置"++"重载结束                               // 22
                                                         // 23
CP_Complex CP_Complex::operator ++ (int) // 后++         // 24
{                                                        // 25
    CP_Complex old = *this; // 保存在自增之前的值         // 26
    m_real++;                                            // 27
    return old;            // 返回在自增之前的值          // 28
} // 运算符后置"++"重载结束                               // 29
```

// 文件名：**CP_ComplexTest.h**；开发者：雍俊海　　行号

```
#ifndef CP_COMPLEXTEST_H                                 // 1
#define CP_COMPLEXTEST_H                                 // 2
#include "CP_Complex.h"                                  // 3
                                                         // 4
extern void gb_testComplex();                            // 5
#endif                                                   // 6
```

// 文件名：**CP_ComplexTest.cpp**；开发者：雍俊海　　行号

```
#include <iostream>                                      // 1
using namespace std;                                     // 2
#include "CP_ComplexTest.h"                              // 3
```

```
                                                                  // 4
void gb_testComplex()                                             // 5
{                                                                 // 6
    CP_Complex c1(5, 4);                                          // 7
    CP_Complex c2(7, 6);                                          // 8
    CP_Complex c3 = c1 + c2;                                      // 9
    c1.mb_show("c1=");                                            // 10
    c2.mb_show("c2=");                                            // 11
    c3.mb_show("c1+c2=");                                         // 12
    CP_Complex c4 = ++c1;                                         // 13
    c4.mb_show("(++c1)=");                                        // 14
    c1.mb_show("c1=");                                            // 15
    CP_Complex c5 = c2++;                                         // 16
    c5.mb_show("(c2++)=");                                        // 17
    c2.mb_show("c2=");                                            // 18
} // 函数 gb_testComplex 定义结束                                   // 19
```

// 文件名：CP_ComplexMain.cpp；开发者：雍俊海　　　　　　　　　　　　行号

```
#include <iostream>                                               // 1
using namespace std;                                              // 2
#include "CP_ComplexTest.h"                                       // 3
                                                                  // 4
int main(int argc, char* args[])                                 // 5
{                                                                 // 6
    gb_testComplex();                                             // 7
    return 0;                                                     // 8
} // main 函数结束                                                  // 9
```

可以对上面的代码进行编译、链接和运行。下面给出一个运行结果示例。

```
c1=5+4i
c2=7+6i
c1+c2=12+10i
(++c1)=6+4i
c1=6+4i
(c2++)=7+6i
c2=8+6i
```

例程分析：类 CP_Complex 的成员函数"CP_Complex operator + (const CP_Complex& c);"实现了对复数类 CP_Complex 的加法运算符重载。在源文件"CP_Complex.cpp"第 10～16 行代码中，加法运算符的第 1 个操作数实际上就是当前的实例对象(*this)。**关键字 this 只能用于类的非静态成员函数**，包括构造函数和析构函数。关键字 this 不能用于全局函数和类的静态成员函数。在类的非静态成员函数中，this 的数据类型是当前类的指针类型，this 指向当前的实例对象。在第 13 行代码中，"m_real"实际上就是"(*this).m_real"的简略写法；在第 14 行代码中，"m_imaginary"实际上就是"(*this). m_imaginary"的简略写法。如果修改第 13～14 行代码，将"m_real"替换为"(*this).m_real"，将"m_imaginary"替

换为 "(*this). m_imaginary"，则程序代码仍然正确。

　　类 CP_Complex 的成员函数 "CP_Complex& operator ++();" 实现了对复数类 CP_Complex 的前置自增运算符的重载。它只有 1 个操作数，就是当前的实例对象(*this)。如源文件 "CP_Complex.cpp" 第 24～29 行代码所示，在重载后置自增的函数中，首先需要将自增之前的值保存起来，这样才能让函数最后返回自增之前的值。

3.4.4　函数覆盖（动态多态性）

　　函数覆盖的基础是虚函数。函数覆盖需要通过虚函数实现。如果成员函数是普通非静态成员函数或者析构函数，并且拥有虚拟属性，则该成员函数是虚函数。有 2 种方式可以让成员函数拥有虚拟属性。第 1 种方式是在声明或定义成员函数时直接加上关键字 virtual，具体又可以分为如下 2 种情况。

　　（1）如果该成员函数直接在类中定义，则在该成员函数的头部加上关键字 virtual，如下面示例 1 类 B 的虚函数 mb_fun 所示。

　　（2）如果该成员函数在类中声明，并且在类外实现，则在声明该成员函数时加上关键字 virtual，并且在实现该成员函数的头部不要加关键字 virtual，如下面示例 2 类 B 的虚函数 mb_fun 所示。如果在实现该成员函数的头部加上关键字 virtual，则无法通过编译。

// 示例 1：在类中定义成员函数	// 示例 2：在类中仅声明成员函数	行号
`class B`	`class B`	`// 1`
`{`	`{`	`// 2`
`public:`	`public:`	`// 3`
`  virtual int mb_fun(){return 1;}`	`    virtual int mb_fun();`	`// 4`
`}; // 类 B 定义结束`	`}; // 类 B 定义结束`	`// 5`
		`// 6`
`class A : public B`	`int B::mb_fun() // 不能加 virtual`	`// 7`
`{`	`{`	`// 8`
`public:`	`    return 1;`	`// 9`
`    int mb_fun() { return 2; }`	`} // 类 B 的成员函数 mb_fun 定义结束`	`// 10`
`}; // 类 A 定义结束`		`// 11`

　　第 2 种让成员函数拥有虚拟属性的方式是通过继承。这可以分为 2 种情况。

　　（1）如果父类的析构函数是虚函数，则子类的析构函数也是虚函数。

　　（2）对于子类的某个普通非静态成员函数，如果在父类中拥有与其同函数名并且函数参数类型列表也完全相同的虚函数，则在子类中的这个成员函数也是虚函数，如上面示例 1 类 A 的虚函数 mb_fun 所示。

　　函数覆盖仅仅发生在父类的成员函数与子类的成员函数之间，同时父类的成员函数必须是虚函数，而且要求成员函数必须是普通非静态成员函数或者析构函数。对于普通非静态成员函数，函数覆盖通常要求具有相同的函数名称与函数参数类型列表。

　　如果满足上面的要求，则称子类的成员函数覆盖了父类的成员函数。虚函数拥有虚拟表（virtual 表）。虚函数的虚拟表或者为空，或者存放覆盖该虚函数的子类成员函数的地址。

函数覆盖只有在运行时才能最终确认，因此也称为**运行时的多态性**。下面通过 4 个代码示例来说明函数覆盖的内部机制和运行效果。

// 示例 3：父类调用子类成员函数	// 示例 4：父类调用父类成员函数	行号
`#include<iostream>`	`#include<iostream>`	// 1
`using namespace std;`	`using namespace std;`	// 2
		// 3
`class B`	`class B`	// 4
`{`	`{`	// 5
`public:`	`public:`	// 6
`  virtual int mb_fun(){return 1;}`	`  virtual int mb_fun(){return 1;}`	// 7
`}; // 类 B 定义结束`	`}; // 类 B 定义结束`	// 8
		// 9
`class A : public B`	`class A : public B`	// 10
`{`	`{`	// 11
`public:`	`public:`	// 12
`  virtual int mb_fun(){return 2;}`	`  virtual int mb_fun(){return 2;}`	// 13
`}; // 类 A 定义结束`	`}; // 类 A 定义结束`	// 14
		// 15
`int main(int argc, char* args[])`	`int main(int argc, char* args[])`	// 16
`{`	`{`	// 17
`    A a;`	`    B t;`	// 18
`    B &b = a;`	`    B &b = t;`	// 19
`    B *p = &a;`	`    B *p = &t;`	// 20
`    cout << a.mb_fun() << endl;`	`    cout << t.mb_fun() << endl;`	// 21
`    cout << b.mb_fun() << endl;`	`    cout << b.mb_fun() << endl;`	// 22
`    cout << p->mb_fun() << endl;`	`    cout << p->mb_fun() << endl;`	// 23
`    cout<< b.B::mb_fun() << endl;`	`    cout<< b.B::mb_fun() << endl;`	// 24
`    cout<<p->B::mb_fun() << endl;`	`    cout<<p->B::mb_fun() << endl;`	// 25
`    return 0;`	`    return 0;`	// 26
`} // main 函数结束`	`} // main 函数结束`	// 27

我们首先分析示例 3。在示例 3 中，子类 A 的成员函数 mb_fun 覆盖父类的同名成员函数。第 18 行代码"A a;"将创建子类 A 的实例对象 a，其中函数覆盖的过程如下：

（1）先在实例对象 a 中创建父类 B 的实例对象，构造父类 B 实例对象的虚拟成员函数 mb_fun，建立它的建立虚拟表（virtual 表）。不过，这时，这个虚拟表是空的。

（2）如图 3-11(a)所示，接着创建实例对象 a 自身的成员函数 mb_fun 及其虚拟表，同时在父类 B 成员函数 mb_fun 的虚拟表中填上实例对象 a 自身的成员函数 mb_fun 的地址。

示例 3 第 19 行代码"B &b = a;"将在子类 A 的实例对象 a 中父类 B 的实例对象取别名为 b。第 20 行代码"B *p = &a;"创建父类 B 的指针，指向 a 的父类 B 的实例对象。第 21 行代码"a.mb_fun()"运行实例对象 a 的成员函数 mb_fun。因为这个成员函数的虚拟表是空的，所以这时直接运行该成员函数。第 22 行代码"b.mb_fun()"计划运行实例对象 b 的成员函数 mb_fun。因为这个成员函数的虚拟表存放的是实例对象 a 的成员函数 mb_fun 的地址，所以这时会跳转并运行实例对象 a 的成员函数 mb_fun。同样，第 23 行代码

"p->mb_fun()"通过虚拟表的内容跳转并运行实例对象 a 的成员函数 mb_fun。第 22 和 23 行代码体现函数覆盖的特点，即可以通过父类的引用或指针运行子类的成员函数。

示例 3 第 24 行代码"b.B::mb_fun()"和第 25 行代码"p->B::mb_fun()"通过作用域运算符(::)限定只能运行实例对象 b 的成员函数 mb_fun。这 2 行代码体现 C++函数覆盖的另一个特点，即只要通过父类名称和作用域运算符（::）给出完整的函数调用路径，则仍然可以运行父类的被覆盖的成员函数。因此，C++的函数覆盖是一种虚拟覆盖。

综合以上分析，示例 3 的运行结果如下：

```
2
2
2
1
1
```

作为示例 3 作的对照，示例 4 只有第 18~21 行代码不同。示例 4 第 18 行代码"B t;"创建父类 B 的实例对象 t，如图 3-11(b)所示。父类 B 的实例对象 t 的成员函数 mb_fun 的虚拟表是空的。对其调用无法发生类似于函数覆盖的跳转。因此，示例 4 的运行结果如下：

```
1
1
1
1
1
```

(a) 示例 3　　　　　(b) 示例 4　　　　　(c) 示例 5

图 3-11　动态多态性实例对象内部机制的示意图

// 示例 5：父类的成员函数不是虚函数	// 示例 6：析构函数是虚函数	行号
`#include<iostream>`	`#include<iostream>`	// 1
`using namespace std;`	`using namespace std;`	// 2
		// 3
`class B`	`class B`	// 4
`{`	`{`	// 5
`public:`	`public:`	// 6
`    int mb_fun() { return 1; }`	`  B(){ cout << "构造B" << endl; }`	// 7
`}; // 类 B 定义结束`	`  virtual~B(){cout<<"析构B"<<endl;}`	// 8
	`}; // 类 B 定义结束`	// 9
		// 10
`class A : public B`	`class A : public B`	// 11
`{`		

```
public:                                      {                            // 12
  virtual int mb_fun(){return 2;}            public:                      // 13
}; // 类 A 定义结束                            A(){ cout << "构造 A" << endl; } // 14
                                               virtual~A(){cout<<"析构 A"<<endl;} // 15
int main(int argc, char* args[])             }; // 类 A 定义结束           // 16
{                                                                          // 17
   A a;                                      int main(int argc, char* args[]) // 18
   B &b = a;                                 {                            // 19
   B *p = &a;                                  int i;                     // 20
   cout << a.mb_fun() << endl;                 int n = 3;                 // 21
   cout << b.mb_fun() << endl;                 B* p[3];                   // 22
   cout << p->mb_fun() << endl;                p[0] = new A;              // 23
   cout<< b.B::mb_fun() << endl;               p[1] = new B;              // 24
   cout<<p->B::mb_fun() << endl;               p[2] = new A;              // 25
   return 0;                                   for (i = 0; i < n; i++)    // 26
} // main 函数结束                               delete p[i];               // 27
                                               return 0;                  // 28
                                             } // main 函数结束           // 29
```

　　作为示例 3 的对照,示例 5 只有第 7 行代码不同,其中少了关键字 virtual,即在示例 5 中父类 B 的成员函数 mb_fun 不是虚函数。这样,示例 5 第 18 行代码 "A a;" 创建的子类 A 的实例对象 a 如图 3-11(c)所示,其中父类 B 实例对象的成员函数 mb_fun 没有虚拟表,对其调用无法发生类似于函数覆盖的跳转。因此,第 21 行代码 "a.mb_fun()" 运行实例对象 a 自身的成员函数 mb_fun,第 22~25 行代码均运行父类 B 实例对象的成员函数 mb_fun。示例 5 的运行结果如下:

```
2
1
1
1
1
```

　　示例 6 展示析构函数的覆盖。这也是函数覆盖的一个经典应用,体现出函数覆盖的优势。示例 6 第 23 和 25 行代码将子类 A 的实例对象的地址赋值给父类的指针,第 27 行代码 "delete p[i];" 通过父类的指针就可以释放子类的内存空间。示例 6 的运行结果如下:

```
构造 B
构造 A
构造 B
构造 B
构造 A
析构 A
析构 B
析构 B
析构 A
析构 B
```

如果删除在示例 6 第 8 行代码中的关键字 virtual，即不让父类 B 的析构函数是虚函数，则无法释放子类的内存空间，甚至有可能引发内存异常，从而中断程序的运行。

> ⊛小甜点⊛：
> 虚函数不能是全局函数、静态成员函数和构造函数。

拥有 final 属性的虚函数称为**终极函数**。**标志 final 位于**虚函数头部的末尾，如下面示例 7 和示例 8 所示。如果将虚函数的声明与定义分开，则标志 final 与 virtual 只能出现在虚函数的声明处，在虚函数的定义处**不能再出现**标志 final 与 virtual，如下面示例 8 所示。

// 示例 7：在类中定义终极函数	// 示例 8：在类中仅声明终极函数	行号
| ```
class B
{
public:
  virtual int f()final{return 1;}
}; // 类 B 定义结束
``` | ```
class B                                    // 1
{                                          // 2
public:                                    // 3
    virtual int f() final;                 // 4
}; // 类 B 定义结束                          // 5
                                           // 6
int B::f()//不能加 virtual 和 final         // 7
{                                          // 8
    return 1;                              // 9
} // 类 B 的成员函数 f 定义结束              // 10
``` | |

如果虚函数的虚拟属性是通过继承得到的，则可以省略在该虚函数头部的关键字 **virtual**，如在下面示例 9 第 10 行代码中的类 A 的终极函数 f 所示。

// 示例 9：终极函数 (继承而得的虚函数)	// 示例 10：终极函数不能被覆盖	行号
| ```
class B
{
public:
    virtual int f() { return 1; }
}; // 类 B 定义结束

class A : public B
{
public:
    int f() final { return 2; }
}; // 类 A 定义结束
``` | ```
class B                                      // 1
{                                            // 2
public:                                      // 3
  virtual int f()final{return 1;}            // 4
}; // 类 B 定义结束                            // 5
                                             // 6
class A : public B                           // 7
{                                            // 8
public:                                      // 9
    int f() { return 2; } // 错误             // 10
}; // 类 A 定义结束                            // 11
``` | |

终极函数顾名思义指的是函数覆盖仅能到终极函数为止，即**不允许在子类中定义与父类终极函数具有相同函数名和相同参数类型列表的成员函数**。换句话说，子类的成员函数**不允许覆盖**父类的终极函数。例如，在上面示例 10 中，因为父类 B 的成员函数 f 是终极函数，所以在第 10 行代码处定义子类 A 的成员函数 f **是错误的**。纠错的方法是要么修改类 A 的成员函数 f 的函数名，要么改变其函数参数类型列表。

> ❀小甜点❀：
>
> （1）在 C++国际标准中，**final 不是关键字**。
>
> （2）如果一个函数**不是虚函数**，则该函数**不能拥有 final 属性**，**不能成为终极函数**。

虚函数还可以不拥有函数体，称为**纯虚函数**。**声明或定义纯虚函数的代码格式**为：

```
virtual 返回类型 类名::函数名(形式参数列表) = 0;
```

下面示例 11 给出了纯虚函数的代码示例，其中类 B 的成员函数 f 是纯虚函数。

在子类中定义成员函数，如果这个成员函数不是纯虚函数，同时覆盖父类的纯虚函数，则称子类的这个成员函数**消除**了父类的**纯虚函数**。例如，假设父类 B 的定义如上面示例 11 所示，则在示例 12 中子类 A 的成员函数 f 就消除了父类 B 的纯虚函数 f。

// 示例 **11**：声明或定义纯虚函数	// 示例 **12**：消除纯虚函数	行号
`class B`	`class A : public B`	`// 1`
`{`	`{`	`// 2`
`public:`	`public:`	`// 3`
`    virtual int f() = 0;`	`    virtual int f() { return 2; }`	`// 4`
`}; // 类 B 定义结束`	`}; // 类 A 定义结束`	`// 5`

一个类拥有纯虚函数指的是在这个类中自定义了纯虚函数或者还存在父类的纯虚函数没有被消除。拥有纯虚函数的类称为**抽象类**。反过来，**一个类不含纯虚函数**指的是不仅没有在这个类中自定义纯虚函数，而且父类的所有纯虚函数都已经被消除。不含纯虚函数的类就**不是抽象类**，称为**非抽象类**。

抽象类无法实例化，即不能直接用抽象类来定义实例对象。例如，上面示例 11 的类 B 就是抽象类，因此，定义"B b;"是无法通过编译的。

抽象类只能借助于子类来获取抽象类的实例对象。例如，在上面示例 12 中，抽象类 B 的子类 A 是非抽象类。于是，可以通过语句"A a;"定义子类 A 的实例对象 a。在实例对象 a 中实际上包含了父类 B 的实例对象。于是，可以通过语句"B &b= a;"将在实例对象 a 中的父类 B 实例对象取别名为 b。类似地，可以通过语句"B *p = &a;"创建抽象类 B 的指针 p，并且指针 p 指向在实例对象 a 中的父类 B 实例对象。

> ❀小甜点❀：
>
> （1）**抽象类不能作为函数参数的数据类型**。如果用抽象类作为函数参数的数据类型，则函数的这个参数传递方式是值传递方式，从而需要直接创建这个抽象类的实例对象；然而，不允许直接通过抽象类来创建实例对象。因此，抽象类不能作为函数参数的数据类型。
>
> （2）**抽象类不能作为函数的返回数据类型**。如果用抽象类作为函数的返回数据类型，则需要直接通过抽象类来创建作为函数返回值的实例对象。同样，因为不允许直接通过抽象类来创建实例对象，所以抽象类不能作为函数的返回数据类型。例如，设 B 是抽象类，则"B f( );"无法通过编译。
>
> （3）**抽象类的引用数据类型和抽象类的指针类型可以作为函数参数的数据类型**。例如，设 B 是抽象类，则"void f1(B &b);"和"void f2(B *p);"都是允许的。

（4）抽象类的引用数据类型和抽象类的指针类型可以作为函数参数的返回数据类型。例如，设 B 是抽象类，则 "B& f3( );" 和 "B* f4( );" 都是允许的。

3.5　函数调用和关键字 const

本节讲解与实例对象相关的函数调用以及关键字 **const**。为了节省篇幅，本节假设头文件 "CP_C.h" 的内容如下，并且在本节中一直保持不变。

// 文件名：**CP_C.h**；开发者：雍俊海	行号
| ```
#ifndef CP_C_H
#define CP_C_H

class C
{
public:
    int m_c;
    C(int c = 1) : m_c(c) { cout << "构造C: " << m_c << endl; }
    C(const C& c):m_c(c.m_c){ cout << "拷贝构造C: " << m_c << endl; }
    void mb_show() { cout << "m_c = " << m_c << endl; }
}; // 类C定义结束
#endif
``` | // 1<br>// 2<br>// 3<br>// 4<br>// 5<br>// 6<br>// 7<br>// 8<br>// 9<br>// 10<br>// 11<br>// 12 |

3.5.1　函数形式参数与调用参数

下面通过 3 个示例分别展示了通过实例对象、指针和引用进行参数传递的函数调用。

// 示例1：实例对象参数	// 示例2：指针参数	// 示例3：引用参数	行号
`#include<iostream>`	`#include<iostream>`	`#include<iostream>`	// 1
`using namespace std;`	`using namespace std;`	`using namespace std;`	// 2
`#include "CP_C.h"`	`#include "CP_C.h"`	`#include "CP_C.h"`	// 3
			// 4
`void gb_test(C t)`	`void gb_test(C *p)`	`void gb_test(C &t)`	// 5
`{`	`{`	`{`	// 6
`    t.m_c = 10;`	`    p->m_c = 10;`	`    t.m_c = 10;`	// 7
`    t.mb_show();`	`    p->mb_show();`	`    t.mb_show();`	// 8
`} // 函数 gb_test 结束`	`} // 函数 gb_test 结束`	`} // 函数 gb_test 结束`	// 9
			// 10
`int main( )`	`int main( )`	`int main( )`	// 11
`{`	`{`	`{`	// 12
`    C s(5);`	`    C s(5);`	`    C s(5);`	// 13
`    gb_test(s);`	`    gb_test(&s);`	`    gb_test(s);`	// 14
`    s.mb_show();`	`    s.mb_show();`	`    s.mb_show();`	// 15
`    return 0;`	`    return 0;`	`    return 0;`	// 16
`} // main 函数结束`	`} // main 函数结束`	`} // main 函数结束`	// 17
```

可以对上面的代码进行编译、链接和运行。下面给出运行结果示例。

示例 1 运行结果	示例 2 运行结果	示例 3 运行结果
构造C：5 拷贝构造C：5 m_c = 10 m_c = 5	构造C：5 m_c = 10 m_c = 10	构造C：5 m_c = 10 m_c = 10

这 3 个示例的第 13 行代码都是"C s(5);"，其结果都是在主函数中创建了实例对象 s，如图 3-12 所示。同时，这条语句输出"构造 C：5↙"。

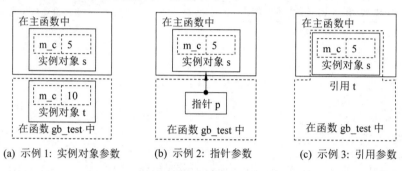

(a) 示例 1：实例对象参数　　(b) 示例 2：指针参数　　(c) 示例 3：引用参数

图 3-12　与实例对象相关的函数参数传递

在示例 1 中，函数 gb_test 的形参是实例对象 t。因此，在函数 gb_test 中，通过拷贝构造函数创建实例对象 t，如输出结果"拷贝构造 C：5↙"和图 3-12(a)所示。因为函数 gb_test 的实例对象 t 与主函数的实例对象 s 是不同的实例对象，所以第 7 行代码"t.m_c = 10;"只能修改实例对象 t 的成员变量 m_c 的值，不能修改主函数的实例对象 s 的成员变量 m_c 的值。结果，在函数 gb_test 中第 8 行代码"t.mb_show();"输出"m_c = 10↙"，在主函数中第 15 行代码"s.mb_show();"输出"m_c = 5↙"。

在示例 2 中，函数 gb_test 的形参是指针 p。在调用函数 gb_test 时，指针 p 指向主函数的实例对象 s，如图 3-12(b)所示。因此，通过指针 p 修改成员变量 m_c 的值修改的就是主函数的实例对象 s 的成员变量 m_c 的值。结果，在函数 gb_test 中的第 8 行代码"t.mb_show();"和在主函数中的第 15 行代码"s.mb_show();"均输出"m_c = 10↙"。

在示例 3 中，函数 gb_test 的形参数是引用 t。在调用函数 gb_test 时，函数参数 t 是主函数的实例对象 s 的别名，如图 3-12(c)所示。因此，通过引用 t 的操作就是操作主函数的实例对象 s。结果，在函数 gb_test 中第 7 行代码"t.m_c = 10;"将主函数的实例对象 s 的成员变量 m_c 的值修改为 10，函数 gb_test 第 8 行代码"t.mb_show();"和在主函数中第 15 行代码"s.mb_show();"均输出"m_c = 10↙"。

对于上面这 3 个示例，是否可以将第 13 行代码改为"const C s(5);"？

对于示例 1，因为允许将只读变量赋值给不带有 const 常量属性的变量，所以如果将第 13 行代码改为"const C s(5);"，则第 14 行代码函数调用"gb_test(s);"可以通过编译。不过，第 15 行代码"s.mb_show();"无法通过编译，因为类 C 的成员函数 mb_show 不保证不会去修改只读变量 s 的值。

对于示例 2，不能将第 13 行代码改为"const C s(5);"，会让第 14 行代码无法通过编译，因为**不可以将只读变量的地址赋值给基类型不带有 const 常量属性的指针变量**。

对于示例 3，不能将第 13 行代码改为"const C s(5);"，会让第 14 行代码"gb_test(s);"无法通过编译，因为**不可以将只读变量赋值给不带有 const 常量属性的引用变量**。

下面通过 3 个示例分别展示了通过只读实例对象、指向只读变量的指针和只读变量引用进行参数传递的函数调用。

// 示例 4：实例对象参数	// 示例 5：指针参数	// 示例 6：引用参数	行号
`#include<iostream>`	`#include<iostream>`	`#include<iostream>`	// 1
`using namespace std;`	`using namespace std;`	`using namespace std;`	// 2
`#include "CP_C.h"`	`#include "CP_C.h"`	`#include "CP_C.h"`	// 3
			// 4
`void gb_test(const C t)`	`void gb_test(const C *p)`	`void gb_test(const C &t)`	// 5
`{`	`{`	`{`	// 6
`  cout<<t.m_c<<endl;`	`  cout<<p->m_c<<endl;`	`  cout<<t.m_c<<endl;`	// 7
`} // 函数 gb_test 结束`	`} // 函数 gb_test 结束`	`} // 函数 gb_test 结束`	// 8
			// 9
`int main()`	`int main()`	`int main()`	// 10
`{`	`{`	`{`	// 11
`  C s(5);`	`  C s(5);`	`  C s(5);`	// 12
`  gb_test(s);`	`  gb_test(&s);`	`  gb_test(s);`	// 13
`  return 0;`	`  return 0;`	`  return 0;`	// 14
`} // main 函数结束`	`} // main 函数结束`	`} // main 函数结束`	// 15

可以对上面的代码进行编译、链接和运行。下面给出运行结果示例。

示例 4 运行结果	示例 5 运行结果	示例 6 运行结果
构造 C: 5 拷贝构造 C: 5 5	构造 C: 5 5	构造 C: 5 5

在示例 4 中，**函数 gb_test 的形参是只读实例对象 t**。因此，函数 gb_test 通过拷贝构造函数创建实例对象 t，输出"拷贝构造 C：5↙"。在函数 gb_test 中的实例对象 t 与在主函数中的实例对象 s 是不同的实例对象。因为 t 是只读变量，所以不能修改 t 的成员变量的值。不过，可以输出 t 的成员变量的值，如第 7 行代码"cout<<t.m_c<<endl;"所示。

在示例 5 中，**函数 gb_test 的形参是指向只读变量的指针 p**。在调用函数 gb_test 时，指针 p 指向主函数的实例对象 s。因为 p 是指向只读变量的指针，所以不能通过指针 p 修改实例对象 s 的成员变量的值。不过，可以输出 p 所指向的实例对象的成员变量的值。

在示例 6 中，**函数 gb_test 的形参是只读变量引用 t**。在调用函数 gb_test 时，t 是主函数的实例对象 s 的别名。因为 t 是只读变量引用，所以不能通过引用 t 修改实例对象的成员变量的值。不过，可以通过引用 t 输出实例对象的成员变量的值。

在上面这 3 个示例中，可以将第 13 行代码改为"const C s(5);"，因为函数 gb_test 的形式参数本来就都带有 const 常量属性。在修改前后，运行结果不变。

如果将示例 5 第 5 行代码改为如下代码，这也是 C++标准所允许的。这时，无论第 13 行代码是 "C s(5);"，还是 "const C s(5);"，示例 5 的运行结果都不变。

```
void gb_test(const C * const p)                                    // 5
```

示例 7 和示例 8 **展示通过基类型不具有常量属性的只读指针进行参数传递的函数调用**。

// 示例 7：调用参数不具有常量属性	// 示例 8：调用参数具有常量属性	行号
`#include<iostream>`	`#include<iostream>`	// 1
`using namespace std;`	`using namespace std;`	// 2
`#include "CP_C.h"`	`#include "CP_C.h"`	// 3
		// 4
`void gb_test(C * const p)`	`void gb_test(C * const p)`	// 5
`{`	`{`	// 6
`   p->m_c = 10;`	`   cout << p->m_c << endl;`	// 7
`   cout << p->m_c << endl;`	`} // 函数 gb_test 结束`	// 8
`} // 函数 gb_test 结束`		// 9
	`int main(int argc, char* args[])`	// 10
`int main(int argc, char* args[])`	`{`	// 11
`{`	`   const C s(5);`	// 12
`   C s(5);`	`   gb_test(&s);`	// 13
`   gb_test(&s);`	`   return 0;`	// 14
`   s.mb_show();`	`} // main 函数结束`	// 15
`   return 0;`		// 16
`} // main 函数结束`		// 17

可以对示例 7 的代码进行编译、链接和运行。下面给出运行结果示例。

```
构造C: 5
10
m_c = 10
```

在示例 7 中，**函数 gb_test 的形参是指针 p**。虽然 p 是只读指针，但 p 的基类型不具有常量属性。因此，可以将不具有常量属性的实例对象 s 的地址传递给指针 p，如第 14 行代码 "gb_test(&s);" 所示。在调用函数 gb_test 时，指针 p 指向主函数的实例对象 s。因此，通过指针 p 修改成员变量 m_c 的值就是修改实例对象 s 的成员变量 m_c 的值。

在示例 8 中，**函数 gb_test 的形参是指针 p**，而且 p 的基类型不具有常量属性，如第 5 行所示。如第 12 行所示，s 是一个只读变量。因为**不可以将只读变量的地址赋值给基类型不带有 const 常量属性的指针变量**，所以第 13 行代码 "gb_test(&s);" 无法通过编译。

3.5.2 非静态成员函数本身的 const 常量属性

非静态成员函数含有隐含的 this 参数。**给非静态成员函数自身设置 const 常量属性**就是设置指针 this 的基类型的 const 常量属性，表明在该非静态成员函数中不会去修改当前实例对象的成员变量的值。因为作为函数形参的指针的基类型带与不带 const 常量属性可以让编译器区分并将函数识别为函数重载,所以<u>设置 **const** 常量属性的非静态成员函数与没有设置 const 常量属性的非静态成员函数之间可以构造函数重载</u>。代码示例如下。

// 示例 1:函数重载	// 示例 2:只保留常量函数	// 示例 3:删除常量函数	行号
`#include<iostream>`	`#include<iostream>`	`#include<iostream>`	`// 1`
`using namespace std;`	`using namespace std;`	`using namespace std;`	`// 2`
			`// 3`
`class A`	`class A`	`class A`	`// 4`
`{`	`{`	`{`	`// 5`
`public:`	`public:`	`public:`	`// 6`
`    int m_a;`	`    int m_a;`	`    int m_a;`	`// 7`
`    A() : m_a(10) {}`	`    A() : m_a(10) {}`	`    A() : m_a(10) {}`	`// 8`
`    void mb_f();`		`    void mb_f();`	`// 9`
`    void mb_f()const;`	`    void mb_f()const;`		`// 10`
`}; // 类A定义结束`	`}; // 类A定义结束`	`}; // 类A定义结束`	`// 11`
			`// 12`
`void A::mb_f()`		`void A::mb_f()`	`// 13`
`{`		`{`	`// 14`
`  m_a = 20;`		`    m_a = 20;`	`// 15`
`  cout<<"N"<<m_a<<endl;`		`    cout<<"N"<<m_a<<endl;`	`// 16`
`} // 成员函数mb_f结束`		`} // 成员函数mb_f结束`	`// 17`
			`// 18`
`void A::mb_f() const`	`void A::mb_f() const`		`// 19`
`{`	`{`		`// 20`
`  cout<<"C"<<m_a<<endl;`	`  cout<<"C"<<m_a<<endl;`		`// 21`
`} // 成员函数mb_f结束`	`} // 成员函数mb_f结束`		`// 22`
			`// 23`
`int main()`	`int main()`	`int main()`	`// 24`
`{`	`{`	`{`	`// 25`
`    A a;`	`    A a;`	`    A a;`	`// 26`
`    const A c;`	`    const A c;`	`    const A c;`	`// 27`
`    a.mb_f();`	`    a.mb_f();`	`    a.mb_f();`	`// 28`
`    c.mb_f();`	`    c.mb_f();`	`    c.mb_f();`	`// 29`
`    return 0;`	`    return 0;`	`    return 0;`	`// 30`
`} // main 函数结束`	`} // main 函数结束`	`} // main 函数结束`	`// 31`

可以对上面的代码进行编译、链接和运行。下面给出运行结果示例。

示例 1 运行结果	示例 2 运行结果	示例 3 编译结果
N20 C10	C10 C10	第 29 行代码有误:不能将"this"指针从"const A"转换为"A &"。

<u>在示例 1 中</u>,第 9 和 10 行代码声明的 2 个成员函数构成了函数重载。补上隐含的 this 参数,<u>这 2 个成员函数相当于如下右侧的全局函数</u>,它们也可以构成函数重载。

// 示例 1:成员函数	// 对照:全局函数	行号
`    void mb_f();`	`    void mb_f(A *p);`	`// 9`

void mb_f()const;	void mb_f(const A *p);	// 10

示例 1 第 28 和 29 行的成员函数调用相当于如下右侧的全局函数调用，其中第 28 行代码 "a.mb_f();" 调用的是第 9 行声明的函数 "void mb_f();"，输出 "N20↙"；第 29 行代码 "c.mb_f();" 调用的是第 10 行声明的函数 "void mb_f() const;"，输出 "C10↙"。

// 示例 1：对成员函数的调用	// 对照：对全局函数的调用	行号
a.mb_f(); // a 的类型是 A	mb_f(&a); // a 的类型是 A	// 28
c.mb_f(); // c 的类型是 const A	mb_f(&c); // c 的类型是 const A	// 29

作为示例 1 的对照，示例 2 删除了类 A 的不具有 const 常量属性的成员函数 "void mb_f();"。从示例 2 第 28 和 29 行的成员函数调用以及输出结果上看，这 2 行调用的都是函数示例 2 第 10 行声明的函数 "void mb_f() const;"。因此，不具有 const 常量属性的实例对象可以调用设置了 const 常量属性的成员函数。不过，在设置了 const 常量属性的成员函数中，不可以修改当前实例对象的成员变量的值。

作为示例 1 的对照，示例 3 删除了类 A 的设置了 const 常量属性的成员函数 "void mb_f()const;"。从示例 3 的编译结果上看，只读实例对象不可以调用没有设置 const 常量属性的成员函数。因此，示例 3 第 29 行代码 "c.mb_f();" 无法通过编译。

3.5.3　函数的返回数据类型

下面通过 3 个示例分别展示了实例对象、指针和引用作为函数的返回数据类型。

// 示例 1：实例对象参数	// 示例 2：指针参数	// 示例 3：引用参数	行号
`#include<iostream>`	`#include<iostream>`	`#include<iostream>`	// 1
`using namespace std;`	`using namespace std;`	`using namespace std;`	// 2
`#include "CP_C.h"`	`#include "CP_C.h"`	`#include "CP_C.h"`	// 3
			// 4
`C gb_test(C &t)`	`C *gb_test(C &t)`	`C &gb_test(C &t)`	// 5
`{`	`{`	`{`	// 6
`  t.m_c = 10;`	`  t.m_c = 10;`	`  t.m_c = 10;`	// 7
`  cout<<t.m_c<<endl;`	`  cout<<t.m_c<<endl;`	`  cout<<t.m_c<<endl;`	// 8
`  return t;`	`  return &t;`	`  return t;`	// 9
`} // 函数 gb_test 结束`	`} // 函数 gb_test 结束`	`} // 函数 gb_test 结束`	// 10
			// 11
`int main()`	`int main()`	`int main()`	// 12
`{`	`{`	`{`	// 13
`  C s(5);`	`  C s(5);`	`  C s(5);`	// 14
`  C r = gb_test(s);`	`  C *p = gb_test(s);`	`  C &r = gb_test(s);`	// 15
`  cout<<s.m_c<<endl;`	`  cout<<s.m_c<<endl;`	`  cout<<s.m_c<<endl;`	// 16
`  cout<<r.m_c<<endl;`	`  cout<<p->m_c<<endl;`	`  cout<<r.m_c<<endl;`	// 17
`  s.m_c = 20;`	`  s.m_c = 20;`	`  s.m_c = 20;`	// 18
`  cout<<s.m_c<<endl;`	`  cout<<s.m_c<<endl;`	`  cout<<s.m_c<<endl;`	// 19
`  cout<<r.m_c<<endl;`	`  cout<<p->m_c<<endl;`	`  cout<<r.m_c<<endl;`	// 20
`  return 0;`	`  return 0;`	`  return 0;`	// 21

} // main 函数结束	} // main 函数结束	} // main 函数结束 　　　　　// 22

可以对上面的代码进行编译、链接和运行。下面给出运行结果示例。

示例 1 运行结果	示例 2 运行结果	示例 3 运行结果
构造 C: 5	构造 C: 5	构造 C: 5
10	10	10
拷贝构造 C: 10	10	10
10	10	10
10	20	20
20	20	20
10		

在示例 1 中，第 5 行代码"C gb_test(C &t)"表明函数 gb_test 的返回数据类型是类 C。当函数 gb_test 运行结束返回时，程序将从第 9 行代码"return t;"跳转回第 15 行代码"C r = gb_test(s);"。因为第 15 行代码恰好要创建实例对象 r，所以函数 gb_test 返回的结果是通过拷贝构造函数创建实例对象 r，将实例对象 t 的内容拷贝给实例对象 r，并输出"拷贝构造 C: 10↙"。实例对象 r 和实例对象 t 是不同的实例对象。因为在示例 1 中，主函数的实例对象 s 和函数 gb_test 的实例对象 t 是同 1 个实例对象，所以 r 和 s 是不同的实例对象。因此，在第 18 行代码"s.m_c = 20;"之后，第 19 行和第 20 行代码会输出不同的内容。

这里分析将示例 1 第 15 行代码"C r = gb_test(s);"改为"C r; gb_test(s);"的情况。在修改之后，代码仍然能够通过编译和链接，并能正常运行。语句"C r;"将通过调用不含参数的构造函数创建实例对象 r。对于语句"gb_test(s);"，当函数 gb_test 运行结束返回"gb_test(s);"时，函数返回的结果仍然会通过拷贝构造函数创建 1 个匿名的临时的实例对象，并将实例对象 t 的内容拷贝给该临时实例对象，输出"拷贝构造 C: 10↙"。该临时实例对象和实例对象 t 是不同的实例对象。

这里分析将示例 1 第 15 行代码"C r = gb_test(s);"改为"C r; r=gb_test(s);"的情况。其中，语句"C r;"将通过调用不含参数的构造函数创建实例对象 r。对于语句"r=gb_test(s);"，当函数 gb_test 的函数体运行结束返回"r=gb_test(s);"时，函数返回的结果仍然会通过拷贝构造函数创建 1 个匿名的临时的实例对象，并将实例对象 t 的内容拷贝给该临时实例对象，输出"拷贝构造 C: 10↙"。该临时实例对象和实例对象 t 是不同的实例对象。接着，运行"r=该临时实例对象;"的赋值操作。

在示例 2 中，第 5 行代码"C *gb_test(C &t)"表明函数 gb_test 的返回数据类型是类 C 的指针类型。当函数 gb_test 运行结束返回时，程序将从第 9 行代码"return &t;"跳转回第 15 行代码"C *p = gb_test(s);"。因为第 15 行代码恰好要创建指针存储单元 p，所以函数 gb_test 返回的结果是创建指针存储单元 p，并将实例对象 t 的地址赋值给 p。因为主函数的实例对象 s 和函数 gb_test 的实例对象 t 是同 1 个实例对象，所以指针 p 指向的实例对象 s。因此，在第 18 行代码"s.m_c = 20;"之后，第 19 和 20 行代码会输出相同的内容。

这里分析将示例 2 第 15 行代码"C *p = gb_test(s);"改为"C *p = &s; gb_test(s);"的情况。在修改之后，代码仍然能够通过编译和链接，并正常运行。在修改之后，对于语句

"gb_test(s);"，当函数 gb_test 运行结束返回 "gb_test(s);" 时，函数返回的结果仍然会创建 1 个匿名的临时的指针存储单元，并将实例对象 t 的地址赋值给该临时的指针存储单元。

这里分析将示例 2 第 15 行代码 "C *p = gb_test(s);" 改为 "C *p; p = gb_test(s);" 的情况。在修改之后，代码仍然能够通过编译和链接，并能正常运行。语句 "C *p;" 将创建指针存储单元 p。不过，因为 p 没有赋值，所以这时 p 是野指针。对于语句 "p = gb_test(s);"，当函数 gb_test 的函数体运行结束返回 "p = gb_test(s);" 时，函数返回的结果仍然会创建 1 个匿名的临时的指针存储单元，并将实例对象 t 的地址赋值给该临时的指针存储单元。接着，运行 "p = 该临时指针;" 的赋值操作，使得指针存储单元 p 存放实例对象 t 的地址。

在示例 3 中，第 5 行代码 "C &gb_test(C &t)" 表明函数 gb_test 的返回数据类型是类 C 的引用类型。当函数 gb_test 运行结束返回时，程序将从第 9 行代码 "return t;" 跳转回第 15 行代码 "C &r = gb_test(s);"。这样，r 就成为实例对象 t 的别名。因为主函数的实例对象 s 和函数 gb_test 的实例对象 t 是同 1 个实例对象，所以 r 也是实例对象 s 的别名。因此，在第 18 行代码 "s.m_c = 20;" 之后，第 19 和 20 行代码会输出相同的内容。

下面通过 3 个示例分别展示了将带有 const 常量属性的实例对象、指针和引用作为函数的返回数据类型。

// 示例 4：实例对象参数	// 示例 5：指针参数	// 示例 6：引用参数	行号
`#include<iostream>`	`#include<iostream>`	`#include<iostream>`	// 1
`using namespace std;`	`using namespace std;`	`using namespace std;`	// 2
`#include "CP_C.h"`	`#include "CP_C.h"`	`#include "CP_C.h"`	// 3
			// 4
`const C gb_test(C &t)`	`const C*gb_test(C &t)`	`const C&gb_test(C &t)`	// 5
`{`	`{`	`{`	// 6
`  t.m_c = 10;`	`  t.m_c = 10;`	`  t.m_c = 10;`	// 7
`  cout<<t.m_c<<endl;`	`  cout<<t.m_c<<endl;`	`  cout<<t.m_c<<endl;`	// 8
`  return t;`	`  return &t;`	`  return t;`	// 9
`} // 函数 gb_test 结束`	`} // 函数 gb_test 结束`	`} // 函数 gb_test 结束`	// 10
			// 11
`int main()`	`int main()`	`int main()`	// 12
`{`	`{`	`{`	// 13
`  C s(5);`	`  C s(5);`	`  C s(5);`	// 14
`  const C r=gb_test(s);`	`  const C*p=gb_test(s);`	`  const C&r=gb_test(s);`	// 15
`  gb_test(s);`	`  gb_test(s);`	`  gb_test(s);`	// 16
`  return 0;`	`  return 0;`	`  return 0;`	// 17
`} // main 函数结束`	`} // main 函数结束`	`} // main 函数结束`	// 18

可以对上面的代码进行编译、链接和运行。下面给出运行结果示例。

示例 4 运行结果	示例 5 运行结果	示例 6 运行结果
构造C：5	构造C：5	构造C：5
10	10	10
拷贝构造C：10	10	10
10		

拷贝构造C：10		

在示例 4 中，第 5 行代码是"const C gb_test(C &t)"。对于第 15 行代码"const C r = gb_test(s);"，函数 gb_test 返回的结果是通过拷贝构造函数创建实例对象 r，将实例对象 t 的内容拷贝给实例对象 r，并输出"拷贝构造C：10✓"。对于第 16 行代码"gb_test(s);"，函数 gb_test 返回的结果是通过拷贝构造函数创建匿名的临时的实例对象，并将实例对象 t 的内容拷贝给该临时实例对象，输出"拷贝构造C：10✓"。

在示例 5 中，第 5 行代码是"const C*gb_test(C &t)"。对于第 15 行代码"const C*p=gb_test(s);"，函数 gb_test 返回的结果是创建指针存储单元 p，而且 p 的值是存放实例对象 t 的地址。对于第 16 行代码"gb_test(s);"，函数 gb_test 返回的结果是创建匿名的临时的指针存储单元，而且在该临时指针存储单元中存放实例对象 t 的地址。

在示例 6 中，第 5 行代码是"const C&gb_test(C &t)"。对于第 15 行代码"const C&r=gb_test(s);"，函数 gb_test 返回的结果是使得 r 成为实例对象 t 的别名。因为主函数的实例对象 s 和函数 gb_test 的实例对象 t 是同 1 个实例对象，所以 r 也是实例对象 s 的别名。

3.6　面向对象程序设计的核心思路

面向对象程序设计和面向过程的程序设计都是结构化程序设计。只不过，面向过程的程序设计是相伴着结构化程序设计出现的。因此，**早期的结构化程序设计主要是面向过程的程序设计**，它使得程序设计与编写从少数科学家与工程师推广到部分普通大众。

面向过程的程序设计的核心思路是按照求解问题的步骤进行功能划分和编写程序，并按照功能划分形成函数。总体上，面向过程的程序设计主要是**以函数为单位**的程序设计。而且对于函数内部的编程实现，也是按照功能实现的步骤展开。因此，面向过程的程序设计主要采用串行的思路，相对比较简单和直接。然而，随着程序应用日益广泛与深入，程序规模在事实上变得越来越庞大，面向过程的程序设计变得越来越力不从心。随着函数的数量越来越多，常常会出现越来越多功能非常接近的函数，要理清函数之间的逻辑关系和耦合关系变得越来越困难，从而越来越容易调用不配套的函数，也越来越容易重复编写非常类似甚至相同的函数，全局变量失控的程度和范围也越来越大，程序编写的进度变得越来越慢，程序调试与维护的代价也变得越来越大。

❀**小甜点**❀：

通常将面向过程的程序设计总结为如下的公式：

面向过程的程序设计≈数据结构+算法

其中，数据结构就是为程序组织数据，算法就是按步骤求解实际问题或实现所需要的功能。

面向对象程序设计的提出就是为了解决这些新出现的问题。首先，**面向对象程序设计仍然遵循结构化程序设计的各种思路与原则**。其次，**面向对象程序设计也是以面向过程的程序设计为基础**。自然，面向对象程序设计也拥有自己的一些独特之处。

面向对象程序设计的核心关键是对象。因此，面向对象程序设计的模块划分是围绕对象展开的。划分和构造对象的核心指导思想是复用，提高"复用"的效率，并降低"复用"的代价，包括维护的代价。这也是面向对象程序设计的核心指导思想。面向对象程序设计是模仿人类世界组织来构造代码世界；因此，也是按照这个思路来设计对象的。不过，需要特别注意其中的"模仿"这 2 个字。一方面，"模仿"表明代码世界并不是真实的人类世界，对象与人以及现实世界的物体有着很大的差别。在面向对象程序设计中，对象的组成远远比人以及现实世界的物体简单。在程序中的对象通常由数据和功能组成，其中所谓的数据通常指的是成员变量，功能通常指的是成员函数。另一方面，"模仿"表明在程序中应当尽量参照在现实世界中的人与物体构造对象，不管程序中的对象是否在现实世界中存在对应的人或物。如果程序中的对象在现实世界中存在对应的人或物，则"模仿"要求两者之间尽可能一致，而且前者是后者的简化版本；如果程序中的对象在现实世界中并不存在对应的人或物，则要求采用"拟人"或"拟物"的手法使得程序中的对象易于理解和使用。因此，良好的面向对象程序设计就好像是在构造程序代码的童话世界。

> ❀小甜点❀ :
>
> 在面向对象程序设计中，好的对象通常都非常直观，符合常识，易于理解。

在面向对象程序设计中，模块划分首先是对象划分；面向对象程序设计求解实际问题的核心思路也是寻找对象，并让对象来解决实际问题，具体如下：

（1）首先定义类似于人类社会的总经理的对象，并让该对象去解决待求解的实际问题。

（2）分析实际问题，不断寻找与细分对象，形成各式各样的对象，直到这些对象的功能足以解决实际问题。类比人类世界，这个过程就好像是给总经理寻找各种不同的角色，直到这些角色有能力解决待求解的实际问题。

（3）组织好前面的对象，使得这些对象能够在一起高效地工作，从而解决实际问题。

（4）设计对象内部的数据与功能，并实现这些功能。在实现对象内部的功能时，需要基于前面的对象，同时需要采用面向过程的程序设计方法。

从总体上看，面向对象程序设计具有并行的成分，具体表现在构造对象，并让各个对象各司其职，从而最终解决实际问题；从局部细节上看，面向对象程序设计具有串行的成分，例如，在实现对象内部的功能时。

> ❀小甜点❀ :
>
> 可以将面向对象程序设计总结为如下的公式：
>
> 面向对象程序设计≈对象划分＋对象组织＋对象设计＋对象实现。
>
> （1）对象划分：就是确定在解决待求解的实际问题时需要哪些对象；并确定其中哪些对象是已经存在并且可以直接用的，哪些对象是需要新构造的。
>
> （2）对象组织：就是确定对象与对象之间的关系，例如，父子关系、组合关系和耦合关系。对象组织是设计与实现对象的基础，同时对象组织确定了应当将对象写入哪个代码文件或者归入哪个软件构件库。

（3）**对象设计**：就是确定对象的数据与功能，即成员变量与成员函数。

（4）**对象实现**：就是实现对象的功能，即实现对象的成员函数。

在面向对象程序设计中，对象主要通过类来实现。因此，**面向对象程序设计代码编写的最主要和最核心的任务是设计与编写类**。在设计与编写类时，可以充分利用继承性、封装性和多态性等面向对象的三大特性，方便程序代码的复用、组织与扩展。因为通过类可以生成众多的实例对象和具有全局性质的类对象，所以这种模式非常方便程序代码的复用。在后面的章节，还将介绍与 C++面向对象技术相关的模板等内容。

> ❀小甜点❀：
>
> （1）从主体程序框架上讲，**采用 C++面向对象程序设计，主要是编写类、模板与主函数**，其他所有程序代码要素通常都被容纳在类、模板与主函数当中。
>
> （2）**C++面向对象程序设计的核心指导思想是复用**，就是希望所编写的各种类和模板都能加入**软件构件库**，并在未来的程序当中使用。在 C++面向对象程序设计中，软件构件库是可以提供给多个程序共同使用的类和模板等的集合。为了方便类在未来的程序中使用，常常会为了使得类具有一定的完备性而补充一些额外的代码，例如，给类添加上不含参数的构造函数，即使在解决当前的实际问题中并不需要这样做。面向对象程序设计的核心指导思想将编写程序解决实际问题**提高到建立编程事业的高度**。

支撑面向对象程序设计的计算机语言很多。对于不同的计算机语言，面向对象程序设计的细节通常会有所不同。C++语言不是纯粹的面向对象程序设计语言。**C++语言是一种集面向对象程序设计和面向过程的程序设计于一体的计算机编程语言**。因此，采用 C++应当设法充分利用 2 种程序设计的优点并设法避开它们的缺点。如果在前面设计和编写的类中没有成员变量并且只含有唯一的一个成员函数，那么在 C++语言中就应当考虑是否可以**将这个类改写为全局函数**，从而使得程序代码变得更加**精炼**一些。另外，C++语言还支持模板，这些内容将在后面的章节介绍。因此，**C++程序设计的代码编写和复用的基本单位主要是类、全局函数和模板**。在这里根据 C++标准，不区分类与结构体。

> ❀小甜点❀：
>
> 为了方便软件构件库的使用和扩展，**软件构件库**通常还会包含软件构件库设计说明、软件构件库扩展说明以及用户手册等**文档**。

下面介绍 **C++程序设计的基本原则**。

（1）**结构化程序设计原则**：C++程序设计首先应当遵循第 2 章介绍的结构化程序设计原则。即使是对象划分，也应当遵循结构化程序设计的**模块划分的基本原则**。

（2）**函数的单一功能原则**：无论是全局函数，还是成员函数，单个函数尽可能只完成一个功能。如果需要实现多个功能，则尽量进行功能分解，并由多个函数分别完成。**这里需要注意单一职责原则不能要求每个类只实现一个功能**。绝大多数的类通常会含有多个成员函数，其中每个成员函数实现一个功能。这样，每个类通常就会实现多个功能。如果一个类不含成员变量，并且只有一个成员函数，则应当考虑是否将这个类重新设计为一个全局函数，从而使得代码更加简洁，便于复用和维护。对于这种情况，可以分析并比较设计为类与全局函数的各自优缺点，选取其中最优的设计结果。

（3）对象的单一角色原则：尽可能让每个对象只充当一种角色。如果需要多种角色，那就设计多个对象，并且尽量让每个对象都简单明了。

（4）对象设计的自然性原则：在设计类时，应当尽量使其实例对象与自然物理世界的人或物等相吻合，并且符合常识，从方便人们理解程序代码。

（5）对象设计的完备性原则：如果时间允许，则应设法让对象具有完备性，从而方便该对象在其他程序中的使用。这里的完备性包括数据的完备性、功能的完备性以及在程序设计和代码编写上的完备性。对于功能的完备性，例如，在设计汽车时，不仅要考虑汽车的加速，还要考虑汽车的刹车功能。对于在程序设计和代码编写上的完备性，例如，在定义类时，添加上不含参数的构造函数，给拥有子类的父类添上具有虚拟属性的析构函数。

（6）最小开放接口原则：在定义类时，成员变量或成员函数的封装性应当遵循最小开放的原则，即能用私有方式的一定要用私有方式，然后才依次考虑是否采用保护方式和公有方式。只有对其他类完全开放的成员变量或成员函数才设置为公有方式。同时，慎重使用友元，除非确实有必要。

（7）继承性条件：类 A 要定义成为类 B 的子类必须满足两个条件。其中第一个条件是类 A 的实例对象可以被认为是类 B 的实例对象。第二个条件是类 A 是在类 B 的基础上添加了新的成员变量或者成员函数，或者类 A 的某些成员函数覆盖了类 B 相应的成员函数。

（8）定义公有的父类：如果需要定义一些类，并且希望这些类构成一个体系，也许可以考虑给它们添加一个公有的父类。在这个父类中定义这些类公有的成员变量和成员函数，从而规范在这个体系内的类应当具备的基本数据和功能。例如，如果我们需要定义三角形类、四边形类和圆类，我们可以考虑为这些类添加一个公有的父类形状类，然后在父类形状类中定义图形的中心位置坐标等公有的成员变量和计算周长和面积等公有的成员函数。

（9）尽可能针对接口编程，而不是针对实现编程：这里的"接口"与"实现"与通常的含义不同，只是一种类比。这里的"接口"特指父类，"实现"特指子类。这里阐述本原则的含义。如果从父类 A 派生若干个子类，则在定义函数参数或变量时尽量采用父类 A，而不直接用子类。其目的是让所定义的函数和变量的适用范围达到最大，即对父类 A 的所有子类都适用。这样，即使从父类 A 派生出更多的新子类，通常也不需要修改该函数的程序代码和变量的定义。当然，如果有些函数或变量定义只对某个子类有效，无法扩展至其他子类，则应当直接使用该子类，而不是父类。

（10）开闭原则（即对"对扩展开放，对修改关闭"的原则）：如果已有的程序代码是已经成熟完善的代码，特别是那些已经有程序调用的已有代码，则在进行新的程序设计时，尽量不要去修改已有的程序代码，而是尽量复用已有的代码，并且在此基础上扩展新功能，即增添新函数或新类。这个原则对保证程序代码的稳定性与延续性是有益的。在进行程序设计时，也可以适当考虑程序的扩展性，使得在未来扩展程序功能时可以通过增添新的函数或类实现，并且尽可能减少对现在设计的函数或类等程序代码的修改。当然，对这种扩展性的考虑只能是有限度的；否则，其代价将会过于庞大，且也不太现实，因为通常很难洞悉未来的所有可能变化。

（11）**接口隔离原则**：全局函数与全局函数之间，全局函数与类的成员函数之间，以及不具有继承关系的不同类的成员函数与成员函数之间的耦合关系通常最多只能是调用关系。换句话说，这些函数的函数体之间不应当不通过函数调用而直接互相影响。例如，应当尽量避免两个全局函数都对同一个全局变量进行读或写的操作。不过，同一个类的两个成员函数的函数体可以通过这个类的成员变量直接互相影响。这个原则对降低程序代码的耦合程度非常重要，也非常有利于程序代码的阅读与维护。

（12）**自完备性原则**：自完备性首先要求满足**自足特性**。例如，类应当只依赖于自己的成员变量和成员函数的参数，而不应当依赖于全局变量。其次，自完备性原则要求类的各个成员互相协作，具有一致性，尤其是类的成员函数应当保证成员变量的有效范围的一致性。例如，日期对象的月份成员变量的数值有效范围只能是从 1～12 的整数，日期对象的任何成员函数在修改月份成员变量时必须保证月份成员变量的结果在月份的有效范围内，同时，日期对象的任何成员函数在对外提供月份成员变量的数值时必须保证该数值在月份的有效范围内。另外，自完备性原则还要求对象应有始有终。例如，如果某个对象在其成员函数内部申请动态内存，则通常应当由该对象负责释放。

总之，如果严格按照以上原则创建对象，则**对象就是一种有机的统一体**。对象对内满足自完备性，不仅可以对自己负责，而且可以在一定程度上抵御外来的侵犯；对象对外可以提供数据与功能服务，而且基本上不必了解对象内部细节。因此，与面向过程的程序设计相比，**当程序规模较大时**，采用面向对象程序设计的方法编写程序**更加容易保证程序的正确性**，**更加容易调试程序**，也**更容易扩展以适应新出现的情况或解决新的问题**。

3.7　本章小结

C++语言是在 C 语言基础上发展起来的计算机语言。C 语言是面向过程的程序设计语言，不是面向对象的程序设计语言。在 C++语言中添加了 C 语言所不具备的继承性、封装性和多态性这 3 种面向对象程序设计的特性。因此，**C++语言是一种集面向对象程序设计和面向过程程序设计于一体的计算机编程语言**。C++语言程序设计比 C 语言程序设计更加复杂，更加难以入门和掌握。

不幸的是，现在大量的文献对 C++语言存在大量的误解，而且有些文献出于商业等目的而故意将 C++语言讲解得极其**抽象**和晦涩深奥。这些文献有意或无意地过分强调抽象思维，同时给一些常规的概念赋予不同的含义，或者创造一些含糊不清的概念，让 C++程序代码变得更加的复杂。我们应当摒弃这种无益的复杂化，而回归到解决问题的本源。

首先，C++语言基本上兼容 C 语言。因此，在小规模程序上，C++语言程序设计应当可以像 C 语言程序设计那样灵活和方便。同时，C++语言引入了面向对象程序设计的特性。面向对象程序设计是为解决大规模程序设计问题而出现的。因此，在正确并且熟练掌握 C++面向对象程序设计之后，应当可以迅猛提高大规模程序的设计与编写效率，并急剧降低大规模程序代码的调试与维护成本。学习 C++语言有难度。然而，**既然 C++语言支持大规模**

的程序设计，那么它就不可能非常抽象和晦涩难懂；否则，它也就无法适应大量程序员协同开发程序。我们应当深刻理解面向对象程序设计的本质与精髓。在设计对象时，对象越普通越好，一定要让对象尽量简单，符合常识，不要让对象过于庞大和繁杂，这样才能方便程序复用。

本章阐述了面向对象程序设计最核心和最基础的部分。后面的章节将进一步丰富 C++面向对象程序设计的内容。

3.8 习　　题

3.8.1　复习练习题

习题 3.1　判断正误。

（1）在同 1 个程序中，不允许定义拥有相同类名的 2 个类。

（2）采用 class 定义的类的默认访问方式是私有的（private），而采用 struct 定义的类的默认访问方式是公有的（public）。

（3）构造函数完成类对象的初始化任务，该函数在对象创建时被自动调用。

（4）构造函数的函数名与类名可以不相同。

（5）构造函数没有返回类型，在其函数体中也不能有返回语句。

（6）对于类的成员函数，其声明与实现应当分开，即其声明在头文件中，其实现在源文件中。

（7）在实现类的构造函数时，相对赋值语句，通过成员初始化表可以提高代码的执行效率。

（8）只要定义了一个构造函数，C++就不再提供默认没有参数的构造函数。

（9）如果用户没有提供拷贝构造函数，系统会自动提供一个默认的拷贝构造函数。

（10）只要定义了一个构造函数，系统就不再提供默认的拷贝构造函数。

（11）析构函数在对象生命期结束时由系统自动调用。

（12）析构函数既无函数参数，也无返回值。

（13）在定义类时，不可以没有直接父类。

（14）通过继承，新类可以在已有类的基础上新增自己的特性。

（15）被继承的已有类称为基类（父类），派生出的新类称为派生类（子类）。

（16）通过继承性一定可以减少代码冗余度。

（17）合理使用继承性是实现代码重用的一种重要方式。

（18）合理利用继承性，通过做少量的修改，可以在一定程度上满足不断变化的具体应用要求，提高程序设计的灵活性。

（19）可以将子类的实例对象赋值给父类的实例对象。

（20）可以将子类的实例对象赋值给父类引用变量。

（21）可以将子类的实例对象的地址赋值给父类指针变量。

（22）可以将子类指针赋值给父类指针变量。

（23）可以将父类的实例对象赋值给子类的实例对象。

（24）可以将父类的实例对象通过强制类型转换赋值给子类引用变量。

（25）可以将父类的实例对象的地址通过强制类型转换赋值给子类指针变量。

（26）可以将父类指针赋值给子类指针变量。

（27）构造函数一旦显式调用父类的构造函数，就不会自动调用其父类的默认构造
函数。

（28）友元声明无论位于类的哪个区（public 区、protected 区或 private 区），意义完全
相同。

（29）面向对象程序设计实际上就是一种结构化的程序设计。

（30）面向对象程序设计以对象作为编写程序的主要基本单位。

（31）相对于结构化程序设计，采用面向对象程序设计可以提高程序的运行效率。

（32）在 C++面向对象程序设计中，除了主函数 main 之外，不应当再有其他全局
函数。

（33）C++语言是一种集面向对象程序设计和面向过程的程序设计于一体的计算机编程
语言。

（34）类成员变量的个数必须大于或等于 1。

（35）类成员函数的个数必须大于或等于 1。

（36）对象的设计应当越普通越好，这样便于程序复用。

（37）因为"int"与"const int"是不同的数据类型，所以"void fun(int a)"与"void fun
(const int a)"是有效的重载函数。

（38）因为基本数据类型"int"与引用数据类型"int &"是不同的数据类型，所以"void
fun(int a)"与"void fun(int & a)"是有效的重载函数。

（39）在函数的参数表中可以为形参指定一个默认参数。当函数调用时，如果给出实际
参数的值，就用实际参数的值初始化形参；如果没有给出实际参数的值，就使用
形参的默认参数。

（40）对于函数的默认参数，如果只有部分形参带有默认参数，则带有默认参数的函数
形参一定在后面，不带默认参数的函数形参一定在前面，两者不能交叉。

（41）运算符重载不改变原运算符的优先级和结合性。

（42）对于后置一元运算符++和--的重载函数，在形参列表中要增加一个 int，但不必
写形参名。

（43）C 语言不具备的多态性。

（44）在 C++语言中，在子类中定义与父类同名的成员函数，就构成了动态多态性。

（45）C++动态多态性是通过虚函数实现的。

（46）如果在基类中定义了虚函数，则在派生类中无论是否说明，同原型的成员函数都
自动为虚函数。

（47）可以通过"类名::"的形式调用被覆盖的函数。

（48）如果虚函数的声明与实现分别位于头文件与源文件中，则在实现虚函数时，其函数头部需要加上关键字 virtual。

（49）只有类的非静态成员函数才能声明为虚函数。

（50）构造函数不能是虚函数。

（51）析构函数通常是虚函数。

（52）抽象类不能实例化。

习题 3.2 请写出类定义的格式。

习题 3.3 在 C++语言中，结构 struct 与类 class 的区别是什么？

习题 3.4 请简述 C 语言的结构 struct 与 C++语言的结构 struct 之间的区别。

习题 3.5 请简述类声明与类定义之间的区别。

习题 3.6 自动生成隐含的默认构造函数的前提条件是什么？

习题 3.7 请简述类声明与类定义之间的区别。

习题 3.8 请简述类的普通非静态成员变量与静态成员变量之间的区别。

习题 3.9 请简述如何定义和使用类的静态成员变量？

习题 3.10 请简述如何定义和调用类的静态成员函数？

习题 3.11 什么是位域？位域有什么作用？

习题 3.12 使用位域有哪些注意事项？

习题 3.13 请简述类对象与类的实例对象之间的区别。

习题 3.14 请总结在构造函数中初始化和委托构造列表的代码格式及其含义。

习题 3.15 请总结使用构造函数的注意事项。

习题 3.16 请总结使用析构函数的注意事项。

习题 3.17 请简述析构函数通常所完成的功能。

习题 3.18 请总结使用 new 运算符的注意事项。

习题 3.19 请总结使用 delete 运算符的注意事项。

习题 3.20 请简述全局函数与类的成员函数之间的区别。

习题 3.21 下面程序是否有误？如果没有，其输出什么？

```
#include <iostream>                                          // 1
using namespace std;                                         // 2
                                                             // 3
class CP_A                                                   // 4
{                                                            // 5
public:                                                      // 6
    int m_a;                                                 // 7
public:                                                      // 8
    CP_A(int i = 0) : m_a(i) {}                              // 9
    CP_A(const CP_A& a) :m_a(a.m_a) { cout << "Copy: "; }    // 10
    void mb_report();                                        // 11
}; //类 CP_A 定义结束                                         // 12
                                                             // 13
```

```
void CP_A::mb_report()                              // 14
{                                                   // 15
    cout << "m_a=" << m_a << endl;                  // 16
} //类 CP_A 的成员函数 mb_report 定义结束            // 17
                                                    // 18
int main( )                                         // 19
{                                                   // 20
    CP_A a1(10);                                    // 21
    CP_A a2(a1);                                    // 22
    a2.mb_report( );                                // 23
    return 0;                                       // 24
} // main 函数结束                                   // 25
```

习题 3.22　调用构造函数的详细工作顺序是什么?

习题 3.23　请综述析构函数的调用顺序。

习题 3.24　请综述访问类成员的形式。

习题 3.25　请写出派生类的定义格式。

习题 3.26　什么是单继承? 什么是多继承?

习题 3.27　请简述继承性赋值兼容原则,即有哪些? 其含义和功能分别是什么?

习题 3.28　下面程序是否有误? 如果没有,其输出什么?

```
#include <iostream>                                 // 1
using namespace std;                                // 2
                                                    // 3
class CP_A                                           // 4
{                                                   // 5
public:                                             // 6
    int m_a;                                        // 7
    CP_A() :m_a(10) { }                             // 8
}; // 类 CP_A 定义结束                               // 9
                                                    // 10
class CP_B : public CP_A                             // 11
{                                                   // 12
public:                                             // 13
    CP_B() { m_a = 5; }                             // 14
    void mb_show(){cout<<"m_a="<<m_a<<endl;}        // 15
}; // 类 CP_B 定义结束                               // 16
                                                    // 17
int main()                                          // 18
{                                                   // 19
    CP_B b;                                         // 20
    b.mb_show();                                    // 21
    return 0;                                       // 22
} // main 函数结束                                   // 23
```

习题 3.29　下面程序是否有误? 如果没有,其输出什么?

```
#include <iostream>                                          // 1
using namespace std;                                        // 2
                                                            // 3
class CP_A                                                  // 4
{                                                           // 5
public:                                                     // 6
    int m_a;                                                // 7
    CP_A() :m_a(10) { }                                     // 8
}; // 类 CP_A 定义结束                                        // 9
                                                            // 10
class CP_B : public CP_A                                    // 11
{                                                           // 12
public:                                                     // 13
    CP_B():m_a(5) { }                                       // 14
    void mb_show(){cout<<"m_a="<<m_a<<endl;}                // 15
}; // 类 CP_B 定义结束                                        // 16
                                                            // 17
int main()                                                  // 18
{                                                           // 19
    CP_B b;                                                 // 20
    b.mb_show();                                            // 21
    return 0;                                               // 22
} // main 函数结束                                            // 23
```

习题 3.30 请简述虚拟继承的应用场景及其作用。

习题 3.31 请简述应用继承性的程序设计基本原则。

习题 3.32 请编写代码，要求定义至少 3 对有实际含义并且具有继承关系的类，要求它们符合应用继承性的程序设计基本原则，并说明它们在现实世界中的具体含义。

习题 3.33 请说明正方形类与矩形类之间是否可以存在继续关系，并分析原因。

习题 3.34 请简述继承和组合的相同点与不同点，包括它们各自的应用场景。

习题 3.35 请写出 final 函数的定义格式。

习题 3.36 请简述 final 函数的作用与意义。

习题 3.37 请简述封装性的作用。

习题 3.38 什么是继承方式？总共有哪些继承方式？它们的含义和作用分别是什么？

习题 3.39 默认的继承方式是什么？

习题 3.40 什么是访问方式？总共有哪些访问方式？它们的含义和作用分别是什么？

习题 3.41 什么是友元？有哪些类型的友元？请同时说明它们的定义格式和作用，并给出代码示例。

习题 3.42 简述友元不具有传递性。

习题 3.43 简述友元不具有继承性。

习题 3.44 在编译时就能检测的多态性通常称为什么？通常在运行时才能检测的多态性称为什么？

习题 3.45　什么是静态多态性?

习题 3.46　请简述什么是重载函数及其作用?

习题 3.47　请简述重载函数的匹配顺序。

习题 3.48　请简述给函数提供默认参数的注意事项。

习题 3.49　请总结重载函数的注意事项。

习题 3.50　运算符重载属于静态多态性,还是动态多态性?

习题 3.51　请简述运算符重载规则和限制。

习题 3.52　在 C++运算符重载中哪些运算符不可以重载?

习题 3.53　请简述运算符重载的两种形式,并总结它们之间的区别点。哪些运算符只能用
　　　　　成员函数方式重载?

习题 3.54　什么是动态多态性?

习题 3.55　请简述 C++动态多态性的运行机制。

习题 3.56　请简述 C++静态多态性和动态多态性的相同点与不同点。

习题 3.57　请简述将析构函数设为虚函数的作用。

习题 3.58　请写出纯虚函数的声明格式。

习题 3.59　什么是抽象类?

习题 3.60　请简述抽象类在程序扩展中的作用,并给出具有实际意义的应用案例。

习题 3.61　请简述运用 this 指针的前提条件。

习题 3.62　请总结在函数形式参数类型分别为实例对象、指针和引用的 3 种情况中,函数
　　　　　调用的运行过程的区别。

习题 3.63　请总结在函数返回数据类型分别为实例对象、指针和引用的 3 种情况中,函数
　　　　　调用的运行过程的区别。

习题 3.64　请列举面向对象程序设计的三大特性。

习题 3.65　请简述面向过程的程序设计的核心思路。

习题 3.66　请简述面向对象程序设计的核心思路。

习题 3.67　请简述面向对象程序设计的核心指导思想。

习题 3.68　请简述 C++程序设计的基本原则。

习题 3.69　请总结面向对象程序设计与面向过程的程序设计的区别。

习题 3.70　请采用"面向对象程序设计"的方法编写程序,计算求最大公约数的时间代价。
　　　　　程序接收正整数 a 和 b 的输入,计算求 a 和 b 最大公约数的时间代价,计算并判断 a
　　　　　是否是素数的时间代价,计算并判断 b 是否是素数的时间代价,并输出结果。

习题 3.71　请采用"面向对象程序设计"的方法编写程序,要求设计日历类,它的数据包
　　　　　括年、月、日。要求通过面向对象技术保证年可以是符合公元历法(也称为公历或阳
　　　　　历)的任意整数,月份只能为 1～12,日期只能为 1～31 且应当符合公元历法。要求
　　　　　通过日历类的实例对象可以设置/获取/输出其所记录的年月日,并且可以计算给定 n
　　　　　天之后的年月日。这里 n 是整数,既可能是正整数,也可能是负整数,甚至是 0。要
　　　　　求利用前面设计的日历类,构造它的实例对象,该将实例对象的年月日设置为今天的

日期，然后接收用户输入一个整数 n，计算并输出 n 天之后的年月日。要求提供单独的文档说明程序对于前面各种约束的保证机制及其优点。

习题 3.72 请编写复数类，实现复数的加法、减法、乘法、除法、前置 "++"、后置 "++"、前置 "--" 和后置 "--" 等运算符重载。要求提供验证程序为每种运算符重载至少提供 3 个测试案例，并将测试结果总结在一个单独的文档中，说明测试案例构造的思路和测试结果的含义。

3.8.2 思考题

思考题 3.73 请综述拷贝构造函数的调用场景。

思考题 3.74 请比较面向对象程序设计和结构化程序设计的优缺点。

思考题 3.75 请比较在 C++语言中的类 class 与在 C 语言中的结构 struct。

思考题 3.76 静态多态性的作用是什么？并请设计具有实际应用背景的案例。

思考题 3.77 动态多态性的作用是什么？并请设计具有实际应用背景的案例。

思考题 3.78 设计并实现表示浮点数的类 CP_Real 并重载 "++" 和 "--" 运算符。要求 "++" 是将当前的浮点数变为下一个浮点数，即变为比当前浮点数大的最小浮点数。要求 "--" 是将当前的浮点数变为上一个浮点数，即变为比当前浮点数小的最大浮点数。

第 4 章　异 常 处 理

异常（Exception）也称为例外。异常是不按正常程序流程处理的情况或事件。例如，网络中断等异常。一方面，如果程序出现异常，但没有被捕捉到，则程序也会终止运行。因此，为了提高程序的健壮性，通常尽量处理程序出现的异常。另一方面，异常处理是非常有用的辅助性程序设计方法，为处理程序错误等非常规情况提供统一和快速编程的模式。可以通过人为抛出异常和异常处理将非常规情况集中起来统一处理，从而简化程序代码。

4.1　异常的抛出与捕捉

这里首先介绍 **try-catch 语句**，其代码格式如下：

```
try
    try 语句块
catch(数据类型 变量名1)
    catch 语句块
catch(数据类型 变量名2)
    catch 语句块
…… ……
catch(数据类型 变量名n)
    catch 语句块 // try/catch 结构结束
```

这种 try-catch 语句，也称为 **try-catch 结构**。关键字 try 和 try 语句块称为 **try 分支**。通常将有可能抛出异常的语句放在 try 语句块中。每对关键字 catch 和 catch 语句称为 **catch 分支**，用来捕捉异常，其中开头处的数据类型称为 catch 分支**待捕捉的数据类型**，在这之后的变量名称为该 catch 分支**捕捉的形参变量名**。

> ☞注意事项☜：
>
> 每条 **try-catch** 语句必须必须含有唯一的 try 分支，而且至少含有一个 **catch** 分支。

> ❀小甜点❀：
>
> （1）如果某条语句会抛出异常，则只有将该语句嵌在 try 语句块当中，才有可能被捕捉到。
>
> （2）每个 catch 分支的开头部分 "catch(*数据类型 变量名*)" 可以省略为 "catch(*数据类型*)"，即**省略形参变量名**，如果在 catch 语句块中不需要用到这个形参变量名。

在 try-catch 语句中，**最后一个 catch 分支**，还可以写成：

```
catch(...)
```

catch 语句块

其中第 1 行圆括号内是 3 个英文句点。这种 catch 分支可以捕捉任何允许由 try-catch 语句捕捉的异常。

显式抛出异常的语句的代码格式如下：

```
throw 表达式;
```

对于嵌入在 catch 分支当中的语句，还允许如下代码格式的重新抛出异常语句：

```
throw;
```

该语句抛出的异常的值等于该 **catch 分支捕捉到的异常的值**。

这里介绍捕捉异常的过程。一旦出现抛出异常的语句，程序执行的过程如下：

（1）首先，查找该语句所在的最内层的 **try 分支**。

（2）如果没有找到嵌入的 try 分支，则调用系统函数 terminate()，并终止程序运行。

（3）如果找到最内层的 try 分支，则用该异常表达式的数据类型从上到下依次去匹配该 try 分支所在的 try-catch 结构的各个 catch 分支捕捉的数据类型。

（4）如果在步骤（3）中匹配成功，则表示该异常被捕捉或者称为该异常被处理，并按下面的分式执行：

（4.1）中止执行在 try 分支当中的后续语句，并执行该 catch 分支的程序代码，其中该 catch 分支捕捉的参数值等于该异常的表达式的值。不过，在进入该 catch 分支之前，会执行各种必要的操作，例如，回收局部变量的内存并进行必要的函数栈退栈操作。

（4.2）如果该 catch 分支不抛出异常，则在执行该 catch 分支之后，不会执行该 try-catch 结构的其他 catch 分支，同时将按照正常的程序执行顺序继续执行在该 try-catch 结构之后的语句。至此，异常处理完毕。

（4.3）如果该 catch 分支还会继续抛出异常，则查找当前 try-catch 结构所嵌入的最内层的 try 分支，继续按步骤（2）或步骤（5）执行。

（5）如果在步骤（3）中匹配不成功，则查找当前 try-catch 结构所嵌入的最内层的 try 分支。然后，根据实际情况，继续按步骤（2）或步骤（5）执行。

在上面捕捉异常的执行过程中，步骤（2）和步骤（4.2）都是过程的结束步骤，其中步骤（2）是由于无法捕捉到异常而结束，步骤（4.2）是由于捕捉到异常并且正常处理了异常而结束。如果执行步骤（4.3），则表明原来的异常已经被处理，需要处理的重新抛出的异常。

> **⚑注意事项⚑：**
>
> 捕捉父类异常的 **catch 分支可以捕捉到子类异常的实例对象**。因此，必须后出现捕捉子类异常的 catch 分支，后出现捕捉父类异常的 catch 分支。如果先出现捕捉父类异常的 catch 分支，则后出现的捕捉子类异常的 catch 分支将不会起作用。

// 示例 1：捕捉到抛出的异常	//示例 2：捕捉到内存申请失败的异常	行号

``cpp
#include <iostream>
using namespace std;
 	
int main( )
{
    try
    {
        throw 10;
        cout << "1.1";
    }
    catch (int i)
    {
        cout << "捕捉异常: " << i;
    } // try/catch 结构结束
    return 0;
} // main 函数结束
``
	``cpp
	#include <iostream>
	using namespace std;
	
	int main( )
	{
	    int n = -1;
	    char * p = nullptr;
	    try
	    {
	        p = new char[n];
	        delete[] p;
	    }
	    catch (...)
	    {
	        cout << "捕捉到异常";
	    } // try/catch 结构结束
	    return 0;
	} // main 函数结束
	``
		``
		// 1
		// 2
		// 3
		// 4
		// 5
		// 6
		// 7
		// 8
		// 9
		// 10
		// 11
		// 12
		// 13
		// 14
		// 15
		// 16
		// 17
		// 18
		``

可以对上面的代码分别进行编译、链接和运行。运行结果示例如下。

示例 1 运行结果	示例 2 运行结果
捕捉异常: 10	捕捉到异常

在**示例 1**中，第 8 行抛出值为 10 的异常，其数据类型是 int。该异常可以被第 11 行的 catch 分支捕捉到。因此，各行代码的执行顺序为：8➔13➔15，不会执行第 9 行的代码。

在**示例 2**中，第 6 行赋值 n = −1。因此，第 10 行 "p = new char[n];" 申请内存失败，结果会抛出异常。第 13 行的 catch 分支可以捕捉到该异常，输出 "捕捉到异常"。

当通过运算符 new 申请内存失败时，抛出的异常的数据类型是类 bad_alloc 或者类 bad_array_new_length，其中类 bad_array_new_length 是类 bad_alloc 的直接子类，同时类 bad_alloc 是类 exception 的直接子类。在示例 2 中，抛出的异常的数据类型是类 bad_array_new_length。通过这 3 个类都可以调用**成员函数 what**。

函数 3	exception:: what
声明：	const char* what() const;
说明：	返回异常所对应的字符串。C++标准并且规定该字符串的内容。因此，该字符串的内容在不同的编译器下有可能会有所不同。
返回值：	异常所对应的字符串。
头文件：	#include <iostream>

因此，示例 2 的第 13～16 行代码也可以修改为：

| ```cpp
catch (bad_array_new_length &e)
{
    cout << e.what() << endl;
``` | ```
// 13
// 14
// 15
``` |

```
    } // try/catch 结构结束                                      // 16
```

其中第 13 行代码也可以改为：

```
    catch (bad_alloc &e)                                        // 13
```

或者

```
    catch (exception &e)                                        // 13
```

> **⚑注意事项⚑：**
>
> 如果通过运算符 new 申请内存失败，因为抛出异常，所以在示例 2 第 10 行代码"p = new char[n];"中不会执行赋值运算。因此，为了保证指针 p 的值的有效性，通常在申请内存之前，将指针 p 的值赋值为 nullptr，如第 7 行代码"char * p = nullptr;"所示。

如果不希望 new 运算符抛出异常，可以将第 10 行代码修改为：

```
    p = new (nothrow) char[n];                                  // 13
```

即用 "new (nothrow)" 代替 "new"。这样，当通过运算符 new 申请内存失败时，上面的代码不会抛出异常，同时指针 p 的值通常将被赋值为 nullptr。

// 示例 3：重新抛出异常	//示例 4：无法捕捉到的异常	行号
`#include <iostream>`	`#include <iostream>`	// 1
`using namespace std;`	`using namespace std;`	// 2
		// 3
`void gb_testRethrow()`	`int gb_divide(int a, int b)`	// 4
`{`	`{`	// 5
`    try`	`    int r = a / b;`	// 6
`    {`	`    return r;`	// 7
`        throw 30;`	`} // 函数 gb_divide 定义结束`	// 8
`    }`		// 9
`    catch (int i)`	`int main( )`	// 10
`    {`	`{`	// 11
`        cout<<"31 捕捉："<<i<<"。";`	`    int a = 4;`	// 12
`        throw;`	`    int b = 2;`	// 13
`    } // try/catch 结构结束`	`    int r = 0;`	// 14
`} // 函数 gb_testRethrow 定义结束`	`    try`	// 15
	`    {`	// 16
`int main( )`	`        cout << "请输入 2 个整数:";`	// 17
`{`	`        cin >> a >> b;`	// 18
`    try`	`        r = gb_divide(a, b);`	// 19
`    {`	`        cout << "结果: " << r ;`	// 20
`        gb_testRethrow();`	`    }`	// 21
`    }`	`    catch (...)`	// 22
`    catch (int i)`	`    {`	// 23
`    {`	`        cout << "捕捉异常" << endl;`	// 24

<pre>   cout<<"32 捕捉: "<<i<<"。";
    } // try/catch 结构结束
    return 0;
} // main 函数结束</pre>
	<pre> } // try/catch 结构结束 // 25
	    return 0; // 26
	} // main 函数结束 // 27
	                                  // 28</pre>

可以对上面的代码分别进行编译、链接和运行。运行结果示例如下。

示例 3 运行结果	示例 4 运行结果
31 捕捉: 30。32 捕捉: 30。	请输入 2 个整数:<u>10 0</u>↙

在示例 3 中，第 8 行抛出值为 30 的异常被第 10 行的 catch 分支捕捉到。第 13 行通过语句"throw;"重新抛出异常，但没有显式注明异常的值。这个异常值是第 10 行 catch 分支捕捉到的异常的值 30。这时，会中止第 13 行之后的代码的运行，并进行退出函数栈的操作，返回到主函数。第 13 行重新抛出异常被在主函数中第 23 行的 catch 分支捕捉。

在示例 4 中，如果除数 b 等于 0，则第 6 行除法会抛出异常。然而，这个异常通常无法被第 22 行的 catch 分支捕捉到，虽然这种 catch 分支可以捕捉任何允许由 try-catch 语句捕捉的异常。换句话说，对于整数除法，除数为 0 的异常无法通过 try-catch 语句捕捉。结果会调用系统函数 terminate，从而非正常退出程序的运行。在这期间，也有可能会弹出类似于图 4-1 所示的对话框，指示异常发生的位置和原因。函数 terminate 的具体说明如下。

函数名:	函数 4 terminate
声明:	void terminate( );
说明:	中止程序的运行，并退出。调用函数 terminate 还有可能会弹出类似于图 4-1 所示的对话框。不过，是否会弹出对话框取决于具体的 C++语言支撑平台及其设置。
头文件:	<iostream>　// 程序代码: #include <iostream>

图 4-1　程序在出现异常时的非正常退出对话框

4.2　浅拷贝和深拷贝

浅拷贝和深拷贝是在实现拷贝构造函数时对非静态指针成员变量的两种不同处理方式。浅拷贝直接将函数形参的指针成员变量的值复制给当前实例对象对应的指针成员变量，默认的拷贝构造函数就是采用浅拷贝的方式。深拷贝则重新分配内存，并将新地址赋值给当前实例对象的指针成员变量。下面通过代码示例进行讲解。

// 示例 1: 浅拷贝	//示例 2: 深拷贝	行号
#include <iostream>	#include <iostream>	// 1
using namespace std;	using namespace std;	// 2

```
class CP_Shallow                             // 3
{                                            // 4
public:                                      // 5
    CP_Shallow(int n = 0);                   // 6
    CP_Shallow(                              // 7
        const CP_Shallow& a);                // 8
    ~CP_Shallow();                           // 9
private:                                     // 10
    int* m_data;                             // 11
    int m_size;                              // 12
}; // 类 CP_Shallow 定义结束                  // 13
                                             // 14
CP_Shallow::CP_Shallow(int n)                // 15
{                                            // 16
    m_data = nullptr;                        // 17
    m_size = 0;                              // 18
    if (n <= 0)                              // 19
        return;                              // 20
    m_data = new(nothrow) int[n];            // 21
    cout<<"申请: "<<m_data<<endl;            // 22
    if (nullptr == m_data)                   // 23
    {                                        // 24
        m_size = 0;                          // 25
        return;                              // 26
    } // if 结束                             // 27
    m_size = n;                              // 28
} // CP_Shallow 构造函数定义结束             // 29

CP_Shallow::CP_Shallow(                      // 30
    const CP_Shallow& a)                     // 31
{                                            // 32
    m_data = a.m_data;                       // 33
    m_size = a.m_size;                       // 34
} // CP_Shallow 构造函数定义结束             // 35

CP_Shallow::~CP_Shallow()                    // 36
{                                            // 37
    cout<<"释放: "<<m_data<<endl;            // 38
    // delete [] m_data;                     // 39
} // CP_Shallow 析构函数定义结束             // 40

void gb_test()                               // 41
{                                            // 42
    CP_Shallow a(100);                       // 43
    CP_Shallow b(a);                         // 44
} // 函数 gb_test 定义结束                   // 45
```

```
class CP_Deep                                // 4
{                                            // 5
public:                                      // 6
    CP_Deep(int n = 0);                      // 7
    CP_Deep(const CP_Deep& a);               // 8
    ~CP_Deep();                              // 9
    void mb_allocate(int n);                 // 10
private:                                     // 11
    int* m_data;                             // 12
    int m_size;                              // 13
}; // 类 CP_Deep 定义结束                     // 14
                                             // 15
CP_Deep::CP_Deep(int n)                      // 16
    : m_data(nullptr), m_size(0)             // 17
{                                            // 18
    mb_allocate(n);                          // 19
} // CP_Deep 构造函数定义结束                // 20
                                             // 21
CP_Deep::CP_Deep(                            // 22
    const CP_Deep& a)                        // 23
    : m_data(nullptr), m_size(0)             // 24
{                                            // 25
    mb_allocate(a.m_size);                   // 26
} // CP_Deep 构造函数定义结束                // 27
                                             // 28
CP_Deep::~CP_Deep()                          // 29
{                                            // 30
    cout<<"释放: "<<m_data<<endl;            // 31
    delete[] m_data;                         // 32
} // CP_Deep 析构函数定义结束                // 33
                                             // 34
void CP_Deep::mb_allocate(int n)             // 35
{                                            // 36
    if (n == m_size)                         // 37
        return;                              // 38
    if (m_data != nullptr)                   // 39
    {                                        // 40
        cout << "释放: ";                    // 41
        cout << m_data << endl;              // 42
        delete[] m_data;                     // 43
        m_data = nullptr;                    // 44
        m_size = 0;                          // 45
    } // if 结束                             // 46
    if (n <= 0)                              // 47
        return;                              // 48
    m_data = new(nothrow) int[n];            // 49
```

```
int main()                              cout<<"申请: "<<m_data<<endl;   // 50
{                                       if (nullptr == m_data)          // 51
   try                                  {                               // 52
   {                                       m_size = 0;                  // 53
      gb_test();                           return;                     // 54
   }                                    } // if 结束                    // 55
   catch (...)                          m_size = n;                     // 56
   {                               } // 成员函数 mb_allocate 定义结束     // 57
      cout << "捕捉异常" << endl;                                        // 58
   } // try/catch 结构结束           void gb_test()                      // 59
   return 0;                        {                                   // 60
} // main 函数结束                      CP_Deep a(5);                    // 61
                                       CP_Deep b(a);                    // 62
                                   } // 函数 gb_test 定义结束             // 63
                                                                        // 64
                                   int main()                           // 65
                                   {                                    // 66
                                      gb_test();                        // 67
                                      return 0;                         // 68
                                   } // main 函数结束                    // 69
```

可以对上面的代码分别进行编译、链接和运行。运行结果示例如下。

示例 1 运行结果	示例 2 运行结果
申请: 0116D9F0	申请: 01269CC8
释放: 0116D9F0	申请: 01264C50
释放: 0116D9F0	释放: 01264C50
	释放: 01269CC8

表 4-1 通过示例 1 和示例 2 比较了浅拷贝与深拷贝。示例 1 的浅拷贝实际上不满足面向对象的完备性原则，类 CP_Shallow 的成员变量 m_data 所指向的内存难以实现申请与释放的配对。在示例 1 中，因为在类 CP_Shallow 的析构函数中，第 42 行代码是一条注释，没有释放 m_data 所指向的内存，所以示例 1 实际上会引起内存泄漏。如果将第 42 行代码改为 "delete [] m_data;"，则将出现重复释放相同内存空间的异常，而且这种异常无法被 try-catch 语句捕捉到。因此，在示例 1 主函数中的 try-catch 语句无法捕捉到这种异常。

表 4-1　浅拷贝与深拷贝的比较

类别	示例 1：浅拷贝	示例 2：深拷贝
含义	在类 CP_Shallow 的拷贝构造函数中，直接把函数形参 a 的成员变量 m_data 和 m_size 的值分别赋值给当前实例对象的 2 个成员变量，如示例 1 第 35 和 36 行代码所示。这就是浅拷贝。	在类 CP_Deep 的拷贝构造函数中，在复制实例对象时重新申请分配内存空间，如示例 2 第 26 行代码所示。这样，a.m_data 与当前实例对象的成员变量 m_data 分别指向各自不同的内存空间。这就是深拷贝。

类别	示例 1：浅拷贝	示例 2：深拷贝
问题与解决方案	示例 1 第 47 和 48 行分别创建了实例对象 a 和 b。因为采用浅拷贝，所以指针 a.m_data 和 b.m_data 指向同一个动态数组。这会引发如下两难困境： （1）如果类 CP_Shallow 的析构函数没有语句释放 m_data 所指向的内存，则将引起内存泄漏。 （2）如果类 CP_Shallow 的析构函数存在语句释放 m_data 所指向的内存，则将重复释放相同的内存空间，造成程序崩溃。	示例 2 第 61 和 62 行分别创建了实例对象 a 和 b。因为采用深拷贝，所以指针 a.m_data 和 b.m_data 分别指向不同的动态数组，即实例对象 a 和 b 分别管理各自自己的动态数组，实现了面向对象的完备性要求。从运行结果上看，示例 2 申请了 2 次内存，也释放了 2 次内存，实现了内存申请与释放的匹配。

4.3 避免内存泄漏

因为异常处理有可能会中断正常的程序运行过程，所以必须特别注意内存泄漏问题，或者说必须特别注意 new 与 delete 配对问题。本节先给出有内存泄漏的例程，然后再给出解决方案。

例程 4-1 在异常处理中出现内存泄漏的例程。

例程功能描述：要求展示由于发生异常而导致出现内存泄漏的情况。

例程代码：例程代码由 3 个源程序代码文件组成，具体如下。

// 文件名：**CP_ExceptionMemoryLeak.h**；开发者：雍俊海	行号
`#ifndef CP_EXCEPTIONMEMORYLEAK_H`	// 1
`#define CP_EXCEPTIONMEMORYLEAK_H`	// 2
	// 3
`extern void gb_test();`	// 4
`#endif`	// 5

// 文件名：**CP_ExceptionMemoryLeak.cpp**；开发者：雍俊海	行号
`#include <iostream>`	// 1
`using namespace std;`	// 2
`#include "CP_ExceptionMemoryLeak.h"`	// 3
	// 4
`void gb_throw( )`	// 5
`{`	// 6
`    throw 0;`	// 7
`} // 函数 gb_throw 定义结束`	// 8
	// 9
`void gb_test()`	// 10
`{`	// 11
`    try`	// 12
`    {`	// 13
`        int * p = new int[100000];`	// 14

```
        cout << "指针 p：申请内存。" << endl;          // 15
        gb_throw();                                     // 16
        delete[] p; // 执行不到的语句。                  // 17
        cout << "指针 p：释放内存。" << endl;          // 18
                                                        // 19
    }                                                   // 20
    catch (...)                                         // 21
    {                                                   // 22
        cout << "有异常发生。" << endl;                 // 23
    } // try/catch 结构结束                             // 24
} // 函数 gb_test 定义结束
```

// 文件名：**CP_ExceptionMemoryLeakMain.cpp**；开发者：雍俊海	行号

```
#include <iostream>                                     // 1
using namespace std;                                    // 2
#include "CP_ExceptionMemoryLeak.h"                     // 3
                                                        // 4
int main(int argc, char* args[])                        // 5
{                                                       // 6
    gb_test();                                          // 7
    system("pause"); // 暂停住控制台窗口                 // 8
    return 0; // 返回 0 表明程序运行成功                 // 9
} // main 函数结束                                       // 10
```

可以对上面的代码进行编译、链接和运行。下面给出一个运行结果示例。

```
指针 p：申请内存。
有异常发生。
请按任意键继续．．．
```

例程分析：如源文件"CP_ExceptionMemoryLeak.cpp"第 12～19 行的 try 分支所示，在第 14 行申请内存分配的语句"int * p = new int[100000];"和第 17 行释放内存语句"delete[] p;"之间插入了会抛出异常的函数调用"gb_throw();"。如前面的运行结果所示，在申请内存之后，并没有释放内存，而是进入了 try-catch 语句的 catch 分支，输出"有异常发生。"。一直到程序运行结束，都不会执行位于第 17 行代码处的释放内存语句"delete[] p;"，从而造成内存泄漏。在进行异常处理时，应当避免发生这种情况。

这里结合例程讲解利用面向对象技术解决在异常处理中出现内存泄漏问题的方案。

例程 4-2　在异常处理中避免内存泄漏的例程。

例程功能描述：要求展示在异常处理中避免内存泄漏的解决方案。

例程代码：例程代码由 3 个源程序代码文件组成，具体如下。

// 文件名：**CP_ExceptionNoLeak.h**；开发者：雍俊海	行号

```
#ifndef CP_EXCEPTIONNOLEAK_H                            // 1
#define CP_EXCEPTIONNOLEAK_H                            // 2
                                                        // 3
class CP_Array                                          // 4
```

```
{                                                        // 5
public:                                                  // 6
    CP_Array(int n = 0);                                 // 7
    CP_Array(const CP_Array& a);                         // 8
    ~CP_Array();                                          // 9
    void mb_allocate(int n);                             // 10
    void mb_copyData(const CP_Array& a);                 // 11
    int *mb_getData() { return m_data; }                 // 12
private:                                                  // 13
    int* m_data;                                         // 14
    int m_size;                                          // 15
}; // 类 CP_Array 定义结束                                 // 16
                                                         // 17
extern void gb_test();                                   // 18
#endif                                                   // 19
```

// 文件名：**CP_ExceptionNoLeak.cpp**；开发者：雍俊海	行号

```
#include <iostream>                                      // 1
using namespace std;                                     // 2
#include "CP_ExceptionNoLeak.h"                          // 3
                                                         // 4
CP_Array::CP_Array(int n) :m_data(nullptr), m_size(0)    // 5
{                                                        // 6
    mb_allocate(n);                                      // 7
} // CP_Array 构造函数定义结束                             // 8
                                                         // 9
CP_Array::CP_Array(const CP_Array& a) : m_data(nullptr), m_size(0)  // 10
{                                                        // 11
    mb_allocate(a.m_size);                               // 12
    mb_copyData(a);                                      // 13
} // CP_Array 构造函数定义结束                             // 14
                                                         // 15
CP_Array::~CP_Array()                                    // 16
{                                                        // 17
    cout << "释放内存[" << m_data << "]。" << endl;        // 18
    delete[] m_data;                                     // 19
} // CP_Array 析构函数定义结束                             // 20
                                                         // 21
void CP_Array::mb_allocate(int n)                        // 22
{                                                        // 23
    if (n == m_size)                                     // 24
        return;                                          // 25
    if (m_data != nullptr)                               // 26
    {                                                    // 27
        cout << "释放内存[" << m_data << "]。" << endl;    // 28
        delete[] m_data; // 释放原先获取到的内存空间        // 29
    } // if 结束                                          // 30
```

```
    m_data = nullptr;                                          // 31
    m_size = 0;                                                // 32
    if (n <= 0)                                                // 33
        return;                                                // 34
    m_data = new(nothrow) int[n];                              // 35
    if (nullptr == m_data)                                     // 36
    {                                                          // 37
        cout << "没有成功申请到" << n << "个元素的内存。" << endl;   // 38
        return;                                                // 39
    } // if 结束                                               // 40
    m_size = n;                                                // 41
} // CP_Array 的函数 mb_allocate 定义结束                        // 42
                                                               // 43
void CP_Array::mb_copyData(const CP_Array& a)                  // 44
{                                                              // 45
    int n = (a.m_size < m_size ? a.m_size : m_size);           // 46
    for (int i = 0; i < n; i++)                                // 47
        m_data[i] = a.m_data[i];                               // 48
} // CP_Array 的函数 mb_copyData 定义结束                        // 49
                                                               // 50
void gb_throw()                                                // 51
{                                                              // 52
    throw 0;                                                   // 53
} // 函数 gb_throw 定义结束                                      // 54
                                                               // 55
void gb_test()                                                 // 56
{                                                              // 57
    try                                                        // 58
    {                                                          // 59
        CP_Array p(100000);                                    // 60
        cout << "申请内存[" << p.mb_getData() << "]。" << endl;  // 61
        gb_throw();                                            // 62
    }                                                          // 63
    catch (...)                                                // 64
    {                                                          // 65
        cout << "有异常发生。" << endl;                          // 66
    } // try/catch 结构结束                                     // 67
} // 函数 gb_test 定义结束                                       // 68
```

// 文件名：**CP_ExceptionNoLeakMain.cpp**；开发者：雍俊海	行号
`#include <iostream>`	// 1
`using namespace std;`	// 2
`#include "CP_ExceptionNoLeak.h"`	// 3
	// 4
`int main(int argc, char* args[])`	// 5
`{`	// 6
`    gb_test();`	// 7

```
    return 0; // 返回 0 表明程序运行成功                              // 8
} // main 函数结束                                                   // 9
```

可以对上面的代码进行编译、链接和运行。下面给出一个运行结果示例。

```
申请内存[00BCFDE0]。
释放内存[00BCFDE0]。
有异常发生。
```

例程分析：本例程将指针 m_data 作为成员变量封装到类 CP_Array 中。本例程可以通过构造函数或成员函数 mb_allocate 申请内存空间，并将地址存放在 m_data 中。同时让类 CP_Array 拥有成员变量 m_size，用来指示获取到的内存空间大小。最后通过析构函数的自动调用机制回收 m_data 所指向的内存空间。另外，如头文件 "CP_ExceptionNoLeak.h" 第 8 行代码和源文件 "CP_ExceptionNoLeak.cpp" 第 10～14 行代码所示，本例程采用深拷贝实现拷贝构造函数。

在源文件 "CP_ExceptionNoLeak.cpp" 中，第 58～63 行是 try 分支，其中第 60 行 "CP_Array p(100000);" 创建类 CP_Array 的实例对象 p，并申请内存，同时由 p.m_data 保存获取到的内存地址。第 61 行代码输出获取到的内存地址。例程 4-1 的指针 p 在本例程中变成为局部变量实例对象 p。这样，在例程 4-2 中，无论 try 分支是否会抛出异常，在即将结束运行 try 分支时，都会回收局部变量 p 的内存空间。因为 p 是类 CP_Array 的实例对象，所以在回收 p 的内存空间之前，都会自动调用 p 的析构函数，从而运行第 19 行代码 "delete[] m_data;"，释放申请得到的内存空间，如前面的运行结果所示。

4.4　本章小结

异常处理进一步给程序设计带来了便利，可以统一集中处理各种异常情况，简化程序流程框架，提高程序编写效率与程序健壮性。不过，应当注意异常处理在程序进入非正常的流程时可能引发的问题。本章给出了一种避免在异常处理中出现内存泄漏的解决方案。另外，需要注意异常处理使得程序运行过程变得比较复杂，运行效率相对较低。

4.5　习　　题

4.5.1　复习练习题

习题 **4.1**　什么是异常？

习题 **4.2**　请总结异常处理的方法。

习题 **4.3**　请总结异常处理的作用及其优点。

习题 **4.4**　对于 try-catch 语句块，请总结编写 catch 语句块的注意事项。

习题 **4.5**　请写出 throw 语句的定义格式，并说明其作用。

习题 4.6　函数 terminate 的功能是什么?

习题 4.7　请写出下面程序代码输出的内容。

```cpp
#include <iostream>
using namespace std;

void gb_throw()
{
    throw 0;
} // 函数 gb_throw 定义结束

void gb_test()
{
    try
    {
        cout << "a";
        gb_throw();
        cout << "b";
    }
    catch (...)
    {
        cout << "c";
        throw;
    } // try/catch 结构结束
    cout << "d";
} // 函数 gb_test 定义结束

int main(int argc, char* args[])
{
    try
    {
        cout << "e";
        gb_test();
        cout << "f";
    }
    catch (int i)
    {
        cout << "g" << i;
    } // try/catch 结构结束
    cout << "h";
    return 0; // 返回 0 表明程序运行成功
} // main 函数结束
```

习题 4.8　什么是浅拷贝?

习题 4.9　什么是深拷贝?

习题 4.10　请比较浅拷贝和深拷贝的相同点与不同点。

习题 4.11 请简述在异常处理中防止内存泄漏的解决方案的原理。

习题 4.12 请采用异常处理机制编写程序，要求接收从控制台窗口输入的一行字符串，分析该字符串的格式，检查它是否符合整数的表示格式：如果符合，则转换为相应的整数并在控制台窗口中输出该整数；如果不符合，则分析不符合的具体原因并抛出异常。要求分析出 5 种或 5 种以上的原因，并对不同的原因，抛出不同的值。最后根据异常处理抛出的不同值，输出对应的采用自然语言描述的原因。

习题 4.13 请编写用于计算2条直线段交点的函数。要求如果在计算过程中出现数值溢出，则抛出异常。然后，编写测试程序，验证该函数的正确性。

4.5.2　思考题

思考题 4.14 如何通过异常处理检查/发现内存泄漏?

思考题 4.15 如何通过异常处理检查/发现内存越界?

第 5 章　模板与标准模板库

C++模板允许将数据类型当作模板参数，使得相同的程序代码可以应用于不同的数据类型，进一步提高了程序代码的复用率。C++模板主要包括函数模板与类模板。函数模板或类模板只能在程序的全局范围以及命名空间或类范围内定义，不能在函数内部或语句块内部定义。C++标准程序库提供了标准模板库（Standard Template Library，STL）。标准模板库主要由容器（Container）、迭代器（Iterator）和算法（Algorithm）三部分组成，其中容器是 C++静态数组和动态数组的有益补充，迭代器则为处理容器内部数据提供了一种统一的广义的指针模式，算法部分包括比较、交换、查找、遍历操作、复制、修改、移除、反转和排序等常用算法。迭代器支撑容器和算法，并在算法和容器之间起到桥梁的作用。

5.1　自定义函数模板

下面给出一种自定义函数模板的格式：

```
template <模板参数列表>
函数定义
```

其中，模板参数列表由一系列类型参数组成。每个类型参数的定义格式为：

```
typename 标识符
```

其中，关键字 typename 可以替换为 class。相邻的类型参数之间用逗号分隔。在函数定义部分可以使用上面的标识符作为数据类型。除此之外，函数定义部分的代码编写方式基本上与普通函数定义相同。这些类型参数也称为模板的形式参数，简称为模板的形参。
函数模板不是函数。函数模板只是定义了函数的代码框架。将实际的类型参数代入函数模板从而生成函数的过程称为函数模板实例化，通过这种方式生成的函数称为模板函数。实际的类型参数称为模板的实参。函数模板的实例化以及相应的模板函数调用格式如下：

```
函数模板名称 <实际类型参数列表> (模板函数的实参列表)
```

如果根据模板函数的实际参数列表，编译器就可以推导出函数模板的实际类型参数列表，那么可以省略函数模板的实际类型参数列表。这时，上面的格式简化为：

```
函数模板名称(模板函数的实参列表)
```

// 示例 1：　模板实参为基本数据类型	//示例 2：　模板实参为类	行号
#include <iostream>	#include <iostream>	// 1
using namespace std;	using namespace std;	// 2

```
template<typename T>                    // 3
T gt_sum(T x, T y)              class CP_A                   // 4
{                              {                            // 5
    T sum = x + y;             public:                      // 6
    cout << sum << endl;           int m_a;                 // 7
    return sum;                     CP_A(int i = 0) : m_a(i) {}  // 8
} // 函数模板 gt_sum 结束            void mb_out(){cout<<"A: ";}  // 9
                               }; //类 CP_A 定义结束          // 10
int main()                                                  // 11
{                              template<typename T>         // 12
    gt_sum(1, 2);              void gt_show(T &a)           // 13
    gt_sum(1.1, 2.2);          {                            // 14
    // gt_sum(10, 5.5);            a.mb_out();              // 15
    gt_sum<double>(10, 5.5);       cout << a.m_a << endl;   // 16
    return 0;                  } // 函数模板 gt_show 结束     // 17
} // main 函数结束                                           // 18
                               int main()                   // 19
                               {                            // 20
                                   CP_A a(10);              // 21
                                   gt_show<CP_A>(a);        // 22
                                   gt_show(a);              // 23
                                   return 0;                // 24
                               } // main 函数结束            // 25
```

可以对上面的代码分别进行编译、链接和运行。运行结果示例如下。

示例 1 运行结果	示例 2 运行结果
3 3.3 15.5	A: 10 A: 10

在示例 1 第 4～10 行定义的函数模板 gt_sum 中，模板的形参是 T，函数的形参是 x 和 y。对于第 14 行"gt_sum(1, 2);"，根据函数的实参 1 和 2 可以推断出模板的实参是 int。因此，第 14 行代码也可以写成为"gt_sum<int>(1, 2);"。对于第 15 行"gt_sum(1.1, 2.2);"，根据函数的实参 1.1 和 2.2 可以推断出模板的实参是 double。因此，第 15 行代码也可以写成为"gt_sum<double>(1.1, 2.2);"。对于第 17 行"gt_sum<double>(10, 5.5);"，因为函数实参 10 的数据类型是 int，函数实参 5.5 的数据类型是 double，所以无法从函数实参推断出模板实参。因此，第 17 行代码不可以写成为"gt_sum(10, 5.5);"；否则，会产生如下编译错误：

```
error C2782: "T gt_sum(T,T)": 模板 参数"T"不明确。
```

在函数模板实例化之后，即在编译器将模板实参代入模板形参形成模板函数之后，才能最终确定函数模板及其实例化结果是否符合语法要求。模板函数"gt_sum<int>"和"gt_sum<double>"在实例化之后的示意性代码分别如下：

// gt_sum<int>	// gt_sum<double>	行号

```int gt_sum(int x, int y)```
```{```
```   int sum = x + y;```
```   cout << sum << endl;```
```   return sum;```
```}```
	```double gt_sum(double x, double y)```
	```{```
	``` double sum = x + y;```
	``` cout << sum << endl;```
	``` return sum;```
	```}```
		// 1
		// 2
		// 3
		// 4
		// 5
		// 6

> ▷注意事项◁：
>
> 　　函数模板实例化的编译过程决定了函数模板的实例化必须与函数模板的定义代码要么在同一个源文件中，要么通过文件包含语句加载到同一个源文件中，否则，编译器无法完成将类型参数代入函数模板的工作。因此，通常将函数模板的完整定义代码放在头文件当中，从而方便实例化。

在示例 2 中，第 12～17 行定义函数模板 gt_show。第 21 和 22 行分别调用函数模板 gt_show，调用的模板实参都是类 CP_A。因为根据函数实参 a 可以推断出模板实参，所以可以省略模板实参类 CP_A，如第 22 行代码所示。因为函数模板 gt_show 用到了模板形参 T 拥有成员变量 m_a 和成员函数 mb_out，所以调用的模板实参类 CP_A 也必须拥有成员变量 m_a 和成员函数 mb_out，否则，无法通过编译。

5.2　自定义类模板

这里首先介绍自定义类模板的一种代码格式：

```
template <模板参数列表>
类定义
```

与函数模板相同，模板参数列表也是由一系列类型参数组成。每个类型参数的定义格式为

```
typename 标识符
```

其中，关键字 typename 可以替换为 class。相邻的类型参数之间用逗号分隔。在类定义中可以使用上面的标识符作为数据类型。除此之外，类定义部分的代码编写方式基本上与普通类定义相同。这些类型参数也称为模板的形式参数，简称为模板的形参。

类模板不是类。类模板只是定义了类的代码框架。将实际的类型参数代入类模板从而生成类的过程称为类模板的实例化。类模板实例化的格式如下：

```
类模板名称 <实际类型参数列表>
```

实际的类型参数称为模板的实参。

// 示例 1：　成员函数在类模板内部实现	//示例 2：　成员函数在类模板外部实现	行号
```#include <iostream>```	```#include <iostream>```	// 1

```
using namespace std;                        // 2
                                            // 3
template<typename T>                         // 4
class CT_A                                   // 5
{                                           // 6
public:                                     // 7
    T m_a;                                  // 8
public:                                     // 9
    CT_A() {}                               // 10
    CT_A(T a) : m_a(a) {}                   // 11
    void mb_out();                          // 12
}; // 模板 CT_A 定义结束                       // 13
                                            // 14
template<typename T>                         // 15
void CT_A<T>::mb_out()                      // 16
{                                           // 17
    cout << m_a << endl;                    // 18
} // CT_A 的成员函数 mb_out 结束              // 19
                                            // 20
int main()                                  // 21
{                                           // 22
    CT_A<int> a;// 不能写：CT_A a;            // 23
    a.m_a = 10;                             // 24
    a.mb_out();                             // 25
                                            // 26
    CT_A<double> b(20.5);                   // 27
    b.mb_out();                             // 28
    return 0;                               // 29
} // main 函数结束                            // 30
```

```
using namespace std;

template<typename T>
class CT_A
{
public:
    T m_a;
public:
    CT_A() {}
    CT_A(T a) : m_a(a) {}
    void mb_out(){cout << m_a;}
}; // 模板 CT_A 定义结束

int main()
{
    CT_A<int> a;//不能写：CT_A a;
    a.m_a = 10;
    a.mb_out();

    CT_A<double> b(20.5);
    b.mb_out();
    return 0;
} // main 函数结束
```

可以对上面的代码分别进行编译、链接和运行。运行结果示例如下：

示例 1 运行结果	示例 2 运行结果
1020.5	10 20.5

在示例 1 中，类模板 CT_A 的定义与实例化都放在同一个源文件中，其中定义位于第 4~13 行，实例化位于第 17 行和第 21 行。在类模板内部实现成员函数与在类体中实现成员函数基本上相同，如第 10~12 行所示。第 17 行 "CT_A<int> a;" 将模板实参 int 代入类模板 CT_A 实例化为类 "CT_A<int>"，并生成这个类的实例对象 a。第 21 行 "CT_A<double> b(20.5);" 将模板实参 double 代入类模板 CT_A 实例化为类 "CT_A< double >"，并生成这个类的实例对象 b。这体现出了类模板的优势，即可以复用代码生成适应不同数据类型的类。

在示例 2 中，如第 12 行所示，成员函数 mb_out 在类模板 CT_A 内部声明，并在类模板 CT_A 外部实现，如第 15~19 行所示。与类相比，类模板成员函数在外部实现需要：

（1）以"template<模板参数列表>"开头，如第 15 行代码"template<typename T>"所示；

（2）在实现成员函数的头部中，在"::成员函数名称"之前必须是"类模板名称<模板参数列表>"，其中在模板参数列表中没有关键字 typename 或 class，如第 16 行代码所示。

🏵注意事项🏵：

类模板实例化的编译过程决定了类模板的实例化和类模板的定义代码要么在同一个源文件中，要么通过文件包含语句加载到同一个源文件中，否则，编译器无法完成将类型参数代入类模板的工作。因此，通常将完整的类模板定义代码放在头文件当中，从而方便类模板的实例化。例如，在编程规范中，有可能会要求将示例 1 第 4～13 行代码和示例 2 第 4～19 行代码放在头文件当中。

// 示例 3：　CP_TemplateC.h	//示例 4：　CP_TemplateD.h	行号
`#ifndef CP_TEMPLATEC_H`	`#ifndef CP_TEMPLATED_H`	// 1
`#define CP_TEMPLATEC_H`	`#define CP_TEMPLATED_H`	// 2
		// 3
`template<typename T>`	`template<typename T>`	// 4
`class CT_B`	`class CT_B`	// 5
`{`	`{`	// 6
`public:`	`public:`	// 7
`    T m_b;`	`    T m_b;`	// 8
`    CT_B() : m_b(0) {}`	`    CT_B() : m_b(0) {}`	// 9
`}; // 模板 CT_B 定义结束`	`}; // 模板 CT_B 定义结束`	// 10
		// 11
`class CP_C : public CT_B<int>`	`template<typename T>`	// 12
`{`	`class CP_D : public CT_B<T>`	// 13
`public:`	`{`	// 14
`    CP_C() { m_b = 10; }`	`public:`	// 15
`    void mb_out(){cout << m_b;}`	`    void mb_out();`	// 16
`}; // 类 CP_C 定义结束`	`}; // 类 CP_D 定义结束`	// 17
`#endif`		// 18
	`template<typename T>`	// 19
	`void CP_D<T>::mb_out()`	// 20
	`{`	// 21
	`    cout << CT_B<T>::m_b << endl;`	// 22
	`} // CP_D 的成员函数 mb_out 结束`	// 23
	`#endif`	// 24

// 示例 3：　CP_TemplateCMain.cpp	//示例 4：　CP_TemplateDMain.cpp	行号
`#include <iostream>`	`#include <iostream>`	// 1
`using namespace std;`	`using namespace std;`	// 2
`#include "CP_TemplateC.h"`	`#include "CP_TemplateD.h"`	// 3
		// 4
`int main( )`	`int main( )`	// 5
`{`	`{`	// 6
`    CP_C c;`	`    CP_D<int> d;`	// 7

`    c.mb_out();`	`    d.mb_out();`	`// 8`
`    return 0;`	`    return 0;`	`// 9`
`} // main 函数结束`	`} // main 函数结束`	`// 10`

可以对上面的代码分别进行编译、链接和运行。运行结果示例如下：

示例 3 运行结果	示例 4 运行结果
10	0

示例 3 由头文件"CP_TemplateC.h"和源文件"CP_TemplateCMain.cpp"组成。在类模板 CT_B 实例化之后，"CT_B<int>"就是一个类。因此，可以派生出子类 CP_C，如头文件"CP_TemplateC.h"第 12 行代码"class CP_C : public CT_B<int>"所示。子类 CP_C 成员函数 mb_out 可以使用父类 CT_B<int>的成员变量 m_b，如头文件"CP_TemplateC.h"第 16 行代码所示。

示例 4 由头文件"CP_TemplateD.h"和源文件"CP_TemplateDMain.cpp"组成。如头文件"CP_TemplateD.h"第 13 行代码"class CP_D : public CT_B<T>"所示，类模板 CT_B 是类模板 CP_D 的父类模板。这实际上也是将类模板 CT_B 实例化为类 CT_B<T>，从而作为类模板 CP_D 的父类。因此，不能删除位于第 13 行代码处的"<T>"；否则，将产生编译错误，无法给父类模板 CT_B 指定具体的类型参数。

因为类模板并不是类，子类模板有可能会无法直接看到其父类模板的成员，所以子类模板在使用父类模板的成员需要加上父类模板实例化的完整路径，如头文件"CP_TemplateD.h"第 22 行代码"CT_B<T>::m_b"所示。如果将这代码改为：

`    cout << m_b << endl;`	`// 22`

则有可能会出现编译错误"找不到标识符 m_b"。

5.3　向量类模板 vector

向量（vector）是类模板，是容器，可以看作是增强版的数组，由相同数据类型的元素组成，而且允许改变元素个数。使用向量 vector 需要包含头文件<vector>，具体语句如下：

```
#include <vector>
```

5.3.1　向量的构造函数、长度和容量

向量采用"容量-长度"内存管理机制，从而减少在改变元素个数时重新分配内存的次数。如图 5-1 所示，在需要给向量分配内存时通常会多分配一些内存。在向量所拥有的内存中可以容纳的元素个数称为向量的容量，向量实际在用的元素的个数称为向量的长度。向量的长度不大于容量。只有当需要的内存空间超过容量时，才会给向量重新分配内存空间。除非通过向量交换，减小向量的长度通常不会改变向量的容量。

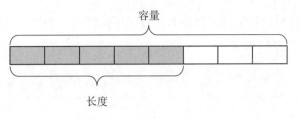

图 5-1 向量的内存示意图

⊛小甜点⊛:

除非调用向量的交换内容成员函数，向量自身的容量通常只会增加，不会减少。

下面介绍向量的 2 个最基本的构造函数。

函数 5 **vector<T>::vector**

声明: vector();
说明: 构造容量与长度均为 0 的向量。
参数: 模板参数 T 是元素的数据类型。
头文件: #include <vector>

函数 6 **vector<T>::vector**

声明: vector(size_type n, const T& value = T( ));
说明: 构造容量与长度均为 n 的向量，而且各个元素的值为 value。
参数: ① 模板参数 T 是元素的数据类型。
　　　② 函数参数 n 指定元素个数。
　　　③ 函数参数 value 指定元素的值。
头文件: #include <vector>

例程 5-1 通过中括号修改向量元素的值。

例程功能描述: 创建含有 5 个元素的向量实例对象，其中每个元素的值为 50。通过中括号将其中下标为 1 的元素的值修改为 100，并输出修改前后该元素的值。

例程代码: 只包含 1 个源文件 "CP_ModifyVectorElementTestMain.cpp"，其内容如下。

// 文件名: **CP_ModifyVectorElementTestMain.cpp**; 开发者: 雍俊海	行号

```cpp
#include <iostream>                                        // 1
using namespace std;                                       // 2
#include <vector>                                          // 3
                                                           // 4
int main(int argc, char* args[])                           // 5
{                                                          // 6
    vector<int> v(5, 50);                                  // 7
    cout << "修改之前：v[1] = " << v[1] << "。" << endl;    // 8
    v[1] = 100;                                            // 9
    cout << "修改之后：v[1] = " << v[1] << "。" << endl;    // 10
    return 0; // 返回 0 表明程序运行成功                     // 11
} // main 函数结束                                          // 12
```

可以对上面的代码进行编译、链接和运行。下面给出一个运行结果示例。

```
修改之前： v[1] = 50。
修改之后： v[1] = 100。
请按任意键继续. . .
```

例程分析：第 7 行代码 "vector<int> v(5, 50);" 创建了向量 v，它共包含 5 个 int 类型的元素，每个元素的值均为 50。通过第 8~10 行代码可以看出，访问向量元素可以采用与访问数组相同的方式，即通过中括号的方式。元素下标同样也是从 0 开始，并且小于向量的长度。例如，对于本例程中的向量 v，v[0]是向量 v 的第 1 个元素，v[1]是向量 v 的第 2 个元素，v[4]是向量 v 的最后 1 个元素。用来访问向量元素的**中括号运算**的具体说明如下：

运算符 4	vector<T>::[ ]
声明：	reference operator[ ](size_type n);
说明：	返回下标为 n 的元素的引用。
参数：	① 模板参数 T 是元素的数据类型。
	② n 是向量元素的下标。这里要求 n 必须满足 0≤n<向量的长度。
返回值：	下标为 n 的元素的引用。
头文件：	#include <vector>

> 📖说明📖：
>
> 为了缩短篇幅，本章的部分代码示例只提供代码片断。这些**代码片断**都可以代替本例程第 7~10 行代码，**形成完整的代码**，进行编译、链接和运行。**下面将不再重复这个说明**。

因为向量的中括号运算返回元素的引用，所以通过中括号运算既可以读取元素的值，如例程 5-1 第 8 行代码所示，也可以修改元素的值，如例程 5-1 第 9 行代码所示。

向量的成员函数 at 拥有与向量的中括号运算完全相同的功能，该函数的具体说明如下：

函数 7	vector<T>::at
声明：	reference at(size_type n);
说明：	返回下标为 n 的元素的引用。
参数：	① 模板参数 T 是元素的数据类型。
	② n 是向量元素的下标。这里要求 n 必须满足 0≤n<向量的长度。
返回值：	下标为 n 的元素的引用。
头文件：	#include <vector>

下面给出成员函数 at 的示例代码片断。

```
vector<int> v(3, 5); // 结果： 创建向量 v： v[0]=v[1]=v[2]=5。        // 1
v.at(0) = 10; // 结果： v[0]=10。                                    // 2
int & a = v.at(1); // a=v[1]=5。a 是元素 v[1]的别名。               // 3
a = 20; // 结果： v[1]的值变为 20。                                  // 4
int b = v.at(2); // b=v[2]=5。变量 b 和元素 v[2]具有不变的内存空间。  // 5
b = 30; // 结果： v[2]的值保持不变，仍然是 5。                       // 6
```

获取向量的第 1 个元素和最后 1 个元素的引用，还可以通过成员函数 front 和 back：

函数 8　vector<T>::front

声明：	reference front( );
说明：	返回第 1 个元素的引用。调用本成员函数的前提是向量的长度不为 0。
参数：	模板参数 T 是元素的数据类型。
返回值：	第 1 个元素的引用。
头文件：	#include <vector>

函数 9　vector<T>::back

声明：	reference back( );
说明：	返回最后 1 个元素的引用。调用本成员函数的前提是向量的长度不为 0。
参数：	模板参数 T 是元素的数据类型。
返回值：	最后 1 个元素的引用。
头文件：	#include <vector>

下面给出调用向量的成员函数 front 和 back 的示例代码片断。

```
vector<int> v(3, 5); // 结果：  创建向量 v:  v[0]=v[1]=v[2]=5。        // 1
v.front( ) = 10;       // 结果：  v[0]的值变为 10。                    // 2
v.back( ) = 20;        // 结果：  v[2]的值变为 20。                    // 3
```

下面介绍获取向量长度与容量的成员函数。

函数 10　vector<T>::size

声明：	size_type size( ) const;
说明：	返回向量的长度。
参数：	模板参数 T 是元素的数据类型。
返回值：	向量的长度。
头文件：	#include <vector>

函数 11　vector<T>::capacity

声明：	size_type capacity() const;
说明：	返回向量的容量。
参数：	模板参数 T 是元素的数据类型。
返回值：	向量的容量。
头文件：	#include <vector>

下面给出向量长度与容量函数的示例代码片断。

```
vector<int> v;                                                      // 1
cout << "长度 = " << v.size() << "。";      // 输出：  长度 = 0。     // 2
cout << "容量 = " << v.capacity() << "。"; // 输出：  容量 = 0。     // 3
```

下面介绍判断向量长度是否为 0 的成员函数。

函数 12　vector<T>::empty

声明：	bool empty() const;

说明：	判断向量的长度是否为 0。
参数：	模板参数 T 是元素的数据类型。
返回值：	如果向量的长度为 0，则返回 true；否则返回 false。
头文件：	#include <vector>

下面给出成员函数 empty 的示例代码片断。

```
vector<int> v1;                                                      // 1
vector<int> v2(10, 100);                                             // 2
cout << "向量v1: " << v1.empty() << "。"; // 输出: 向量v1: 1。      // 3
cout << "向量v2: " << v2.empty() << "。"; // 输出: 向量v2: 0。      // 4
```

在上面代码片断中，因为向量 v1 的长度是 0，所以 v1.empty()返回 true；因为向量 v2 的长度是 10，所以 v2.empty()返回 false。

要注意向量成员函数 size 与 max_size 的区别，成员函数 max_size 的具体说明如下：

函数 13	**vector<T>::max_size**
声明：	size_type max_size() const;
说明：	返回向量所允许的最大长度。注意，这不是向量的容量，也不是向量的长度。在申请向量的容量时，不应当超过这个所允许的最大长度。
参数：	模板参数 T 是元素的数据类型。
返回值：	向量所允许的最大长度。
头文件：	#include <vector>

下面给出向量所允许的最大长度函数的示例代码片断。

```
vector<int> v1; //向量v1的长度是0。                                  // 1
vector<double> v2(5, 100); //向量v2的长度是5。                       // 2
cout << "向量v1: " << v1.max_size() << "。"; // 向量v1: 1073741823。 // 3
cout << "向量v2: " << v2.max_size() << "。"; // 向量v2: 536870911。  // 4
```

从上面代码片断的输出可以看出，向量所允许的最大长度与向量元素的数据类型有关。

向量的拷贝构造函数的具体说明如下：

函数 14	**vector<T>::vector**
声明：	vector(vector<T>& x);
说明：	构造向量，复制向量 x 的内容，包括向量长度以及各个元素的值。新向量的容量不小于长度，但容量的具体数值取决于具体的 C++语言支撑平台。
参数：	① 模板参数 T 是元素的数据类型。 ② 函数参数 x 是被复制的向量。
头文件：	#include <vector>

下面给出调用向量拷贝构造函数的示例代码片断。

```
vector<int> v1(5, 50); // 结果: v1的长度和容量均为5，各元素值为50。  // 1
v1.resize(3); // 结果: v1的长度变为3，容量仍然是5，各元素值为50。    // 2
vector<int> v2(v1); // 结果: v2的长度为3，各元素值为50。            // 3
cout << "长度 = " << v2.size() << "。";        // 输出: 长度 = 3。   // 4
```

```
    cout << "容量 = " << v2.capacity() << "。"; // 输出：容量 = 3。      // 5
```

在上面代码片断中，在不同的 C++语言支撑平台下，向量 v2 的容量可能会有所不同，上面的注释给出其中一种示例性结果。

通过迭代器构造向量的构造函数的具体说明如下：

函数 15　**vector<T>::vector**

声明：　　 vector(InputIterator first, InputIterator last);
说明：　　 构造容量，复制从 first 开始并且在 last 之前的元素。
参数：　　 ① 模板参数 T 是元素的数据类型。
　　　　　 ② 函数参数 first 是迭代器，指向待复制的第 1 个元素。
　　　　　 ③ 函数参数 last 是迭代器，是位于待复制的最后 1 个元素之后的下一个迭代器。
头文件：　 #include <vector>

下面给出调用上面向量构造函数的示例代码片断。

```
vector<int> v1(5, 50); // 结果： v1 的长度和容量均为 5，各元素值为 50。    // 1
v1.resize(3); // 结果： v1 的长度变为 3，容量仍然是 5。                   // 2
vector<int> v2(v1.begin(), v1.end());// 结果： v2 的各元素值为 50。     // 3
cout << "长度 = " << v2.size() << "。";       // 输出： 长度 = 3。      // 4
cout << "容量 = " << v2.capacity() << "。"; // 输出： 容量 = 3。      // 5
```

5.3.2　向量的迭代器

C++标准模板库的迭代器为容器提供了按顺序访问元素的统一模式。图 5-2 展示了向量的**正向迭代器**逻辑示意图。虽然向量的各个元素通常存放在**连续的物理内存空间**当中，但在逻辑上也可以理解为这些元素是依次相连的结点。因此，如图 5-2 所示，在逻辑上，向量的第 1 个元素称为**首结点**，最后 1 个元素称为**尾结点**。迭代器是结点的索引，指向这些结点，其中**开始迭代器**指向首结点，**结束界定迭代器**指向位于尾结点之后的一个结点，结束界定迭代器指向的结点在内存空间中并不真实存在。除了结束界定迭代器之外，应当让各个迭代器指向有效的结点。

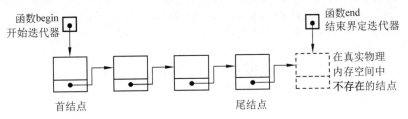

图 5-2　向量的正向迭代器逻辑示意图

向量的成员函数 begin 和 end可以用来获取正向迭代器，具体说明如下。

函数 16　**vector<T>::begin**

声明：　　 iterator begin( );
说明：　　 如果向量的长度大于 0，返回第 1 个元素所对应的迭代器；否则，返回结束界定迭代器。这

里需要注意的是，在本函数中的迭代器类 iterator 是向量内部的类。

参数：	模板参数 T 是元素的数据类型。
返回值：	如果向量的长度大于 0，返回第 1 个元素所对应的迭代器；否则，返回结束界定迭代器。
头文件：	#include <vector>

函数 17　vector<T>::end

声明：	iterator end();
说明：	返回结束界定迭代器。这里需要注意的是，在本函数中的迭代器类是向量内部的类。
参数：	模板参数 T 是元素的数据类型。
返回值：	结束界定迭代器。
头文件：	#include <vector>

迭代器可以执行自增、自减、取值以及加上和减去整数的运算，具体说明如下：

（1）迭代器变量自增：结果迭代器变量指向下一个结点。

（2）迭代器变量自减：结果迭代器变量指向上一个结点。

（3）通过迭代器取值或修改向量元素的值：这时迭代器类似于指针，具体运算符为"*运算符"。

（4）迭代器加上整数 n：结果迭代器向前移动 n 个位置。

（5）迭代器减去整数 n：结果迭代器往回移动 n 个位置。

在进行上面的各种运算时，必须注意运算结果迭代器的有效性，即运算结果的迭代器必须指向有效的结点，或者该迭代器是结束界定迭代器。下面给出代码示例：

```
vector<int> v(5, 50);                                            // 1
typename vector<int>::iterator r=v.begin();//结果：r 指向元素 v[0]。 // 2
*r = 150;        // 将 v[0] 的值设置为 150。                        // 3
r++;             // 结果：r 指向元素 v[1]。                        // 4
*r = 250;        // 将 v[1] 的值设置为 250。                        // 5
r = r + 2;       // 结果：r 指向元素 v[3]。                        // 6
*r = 350;        // 将 v[3] 的值设置为 350。                        // 7
r = r - 1;       // 结果：r 指向元素 v[2]。                        // 8
*r = 450;        // 将 v[2] 的值设置为 450。                        // 9
r = v.end();     // 结果：r 是结束界定迭代器。                     // 10
r--;             // 结果：r 指向最后一个元素 v[4]。                // 11
*r = 550;        // 将 v[4] 的值设置为 550。                        // 12
for (r = v.begin(); r != v.end(); r++)                           // 13
   cout << *r << " "; // 输出：150 250 450 350 550               // 14
```

> **⚐注意事项⚐**：
>
> 如果向量的长度为 0，则函数 begin 与 end 的返回值均为结束界定迭代器。

在上面第 2 行代码中，关键字 typename 用来强调 iterator 是在 vector 内部定义的数据类型，而不是 vector 的静态成员变量。在通过 "::" 运算使用类或模板内部定义的数据类型时，有些 C++ 编译器要求必须添加关键字 **typename**，有些 C++ 编译器则允许不添加这个关键字。

5.3.3　改变向量长度与容量

向量的成员函数 **reserve** 申请预置向量的容量，该函数的具体说明如下：

函数 18	`vector<T>::reserve`
声明：	`void reserve(size_type n);`
说明：	申请预置向量的容量。如果申请成功，则向量的容量将不小于 n。C++标准并没有规定最终容量的大小。因此，最终容量大小取决于具体的 C++语言支撑平台。最常见的结果是：如果向量原来的容量大于或等于 n，则容量不变；否则，容量通常变为 n。
参数：	① 模板参数 T 是元素的数据类型。 ② n 是预订的容量大小。
头文件：	`#include <vector>`

成员函数 reserve 通常不会改变向量的长度。下面给出调用该成员函数的示例代码片断。

```
vector<int> v(3, 5);   // 结果： 向量 v 的长度=3，容量=3。          // 1
v.reserve(10);         // 常见结果： 向量 v 的长度=3，容量=10。      // 2
```

重新设置向量长度的成员函数 **resize** 的具体说明如下：

函数 19	`vector<T>::resize`
声明：	`void resize(size_type n, T c=T( ));`
说明：	将向量的长度重新设置为 n。如果向量的长度变大且提供了函数参数 c，则超出原来长度的元素初始化为 c，原有元素的值保持不变。
参数：	① 模板参数 T 是元素的数据类型。 ② n 是向量的新长度。这里要求 n 不小于 0。 ③ c 是用于初始化新增元素的值。
头文件：	`#include <vector>`

下面给出调用成员函数 resize 的示例代码片断。

```
vector<int> v(3, 5);   // 结果：向量 v 长度=3，容量=3，各个元素的值均为5。  // 1
v.resize(6, 10);       // 结果：向量 v 长度=6，容量=6，                    // 2
                       //       前 3 个元素为 5，后 3 个值为 10。          // 3
v.resize(4, 10);       // 结果：向量 v 的长度=4，容量=6，                  // 4
                       //       前 3 个元素值为 5，最后 1 个值为 10。       // 5
v.resize(2, 10);       // 结果：向量 v 的长度=2，容量=6，2 个元素值均为5。  // 6
v.resize(0);           // 结果：向量 v 的长度=0，容量=6。                  // 7
```

如果成员函数 **resize** 预置的长度超过向量的容量，则向量的容量通常会增大，并且不小于预置的长度，如上面第 2 行代码所示。不过，C++标准并没有规定最终容量的具体大小。因此，最终容量大小取决于具体的 C++语言支撑平台。上面第 2 行代码的注释给出其中一种结果示例。如果成员函数 resize 预置的长度没有超过向量的容量，则向量的容量通常不变，如上面第 4～7 行代码所示。

向量交换成员函数 **swap** 的具体说明如下：

函数 20 `vector<T>::swap`

声明：	`void swap(vector<T>& x);`
说明：	交换当前向量与向量 x 占用的内存。结果当前向量与向量 x 交换了长度、容量和元素。
参数：	① 模板参数 T 是元素的数据类型。
	② x 是待交换的向量。
头文件：	`#include <vector>`

下面给出调用成员函数 swap 的示例代码片断。

```
vector<int> v1(3, 5); // 结果：向量 v1 长度=3，容量=3，各个元素的值均为 5。   // 1
vector<int> v2(6, 8); // 结果：向量 v2 长度=6，容量=6，各个元素的值均为 8。   // 2
v1.swap(v2);          // 结果：向量 v1 长度=6，容量=6，各个元素的值均为 8。   // 3
                      //       向量 v2 长度=3，容量=3，各个元素的值均为 5。   // 4
```

5.3.4　插入与删除元素

首先介绍插入元素的成员函数，插入单个元素的成员函数 insert 的具体说明如下：

函数 21 `vector<T>::insert`

声明：	`iterator insert(iterator position, const T& x);`
说明：	在 position 对应的位置之前插入新元素。如果 position 是结束界定迭代器，则在向量的末尾插入新元素。新元素的值将等于 x。
参数：	① 模板参数 T 是元素的数据类型。
	② position 是当前向量的迭代器。这里要求 position 必须是有效的迭代器。
	③ x 用来指定新元素的值。
返回值：	新插入的元素所对应的迭代器。
头文件：	`#include <vector>`

下面给出调用成员函数 insert 的示例代码片断。

```
vector<int> v(2, 5);      // 结果：长度和容量均为 2，v[0]=v[1]=5。          // 1
v.insert(v.begin(), 4);   //结果：长度和容量均为 3，v[0]=4，v[1]=v[2]=5。// 2
```

因为"v.begin()"返回第 1 个元素所对应的迭代器，所以上面第 2 行在向量 v 的开头位置插入新的元素。如果在插入元素时发现向量的当前容量不足以容纳下新元素，向量会自动扩大容量，如上面代码所示。

插入多个元素的成员函数 insert 的具体说明如下：

函数 22 `vector<T>::insert`

声明：	`void insert(iterator position, size_type n, const T& x);`
说明：	在 position 对应的位置之前插入 n 个新元素。如果 position 是结束界定迭代器，则在向量的末尾插入 n 个新元素。新元素的值均等于 x。
参数：	① 模板参数 T 是元素的数据类型。
	② position 是当前向量的迭代器。这里要求 position 必须是有效的迭代器。
	③ n 是新插入的元素的个数。
	④ x 用来指定新元素的值。

头文件：　#include <vector>

下面给出调用成员函数 insert 的示例代码片断。

```
vector<int> v(2, 5);        // 结果：向量 v 长度=2, 容量=2, v[0]=v[1]=5。      // 1
v.insert(v.end(), 2, 8); // 结果：向量 v 长度=4, 容量=4,在末尾插入新元素,    // 2
                         //        v[0]=v[1]=5,  v[2]=v[3]=8。         // 3
```

通过迭代器插入多个元素的成员函数 insert 的具体说明如下：

函数 23　vector<T>::insert

声明：　　void insert(iterator position, InputIterator first, InputIterator last);

说明：　　在 position 对应的位置之前插入若个新元素，这些元素的值依次等于从 first 开始并且在 last 之前的元素的值。如果 position 是结束界定迭代器，则在向量的末尾插入新元素。

参数：　　① 模板参数 T 是元素的数据类型。
　　　　　② position 是当前向量的迭代器。这里要求 position 必须是有效的迭代器。
　　　　　③ first 是在指定元素值的元素序列中第 1 个元素对应的迭代器。
　　　　　④ last 是在指定元素值的元素序列中最后 1 个元素之后的迭代器。

头文件：　#include <vector>

下面给出调用成员函数 insert 的示例代码片断。

```
vector<int> v1(2, 5); // 结果：向量 v1 长度=2, 容量=2, v1[0]=v1[1]=5。   // 1
typename vector<int>::iterator p=v1.end();// 结果：p 是结束界定迭代器。  // 2
p--; // 结果：迭代器 p 指向 v[1]元素。                               // 3
vector<int> v2(2, 8); // 结果：向量 v2 长度=2, 容量=2, v2[0]=v1[1]=8。  // 4
v1.insert(p, v2.begin(), v2.end()); // 结果：向量 v1 长度=4, 容量=4,   // 5
                     // v1[0]=5, v1[1]=8, v1[2]=8, v1[3]=5。          // 6
```

在末尾插入单个元素的成员函数 push_back 的具体说明如下：

函数 24　vector<T>::push_back

声明：　　void push_back(T& u);

说明：　　在向量末尾添加新元素，新元素的值等于 u。

参数：　　① 模板参数 T 是元素的数据类型。
　　　　　② u 用于指定新元素的值。

头文件：　#include <vector>

下面给出调用成员函数 push_back 的示例代码片断。

```
vector<int> v(2, 5); // 结果：向量 v 长度=2, 容量=2, v[0]=v[1]=5。        // 1
v.push_back(8);        // 结果：向量 v 长度=3, 容量=3, v[0]=v[1]=5,v[2]=8。 // 2
```

删除最后 1 个元素的成员函数 pop_back 的具体说明如下：

函数 25　vector<T>::pop_back

声明：　　void pop_back( );

说明: 删除向量的最后 1 个元素。调用本函数的前提要求是向量的长度大于 0。
参数: 模板参数 T 是元素的数据类型。
头文件: #include <vector>

下面给出调用成员函数 pop_back 的示例代码片断。

```
vector<int> v(2, 5); // 结果：向量 v 长度=2，容量=2，v[0]=v[1]=5。          // 1
v.pop_back();        // 结果：向量 v 长度=1，容量=2，v[0]=5。             // 2
```

从上面运行结果可以看出，成员函数 pop_back 只改变了向量的长度，并不会影响向量的容量。

删除单个元素的成员函数 erase 的具体说明如下：

函数 26	vector<T>::erase

声明: iterator erase(iterator position);
说明: 删除迭代器 position 所对应的元素，并返回该元素之后的迭代器。
参数: ① 模板参数 T 是元素的数据类型。
② position 是待删除元素所对应的迭代器。这里要求 position 必须指向在当前向量内有效的元素。
返回值: 被删除元素之后的迭代器。
头文件: #include <vector>

下面给出调用成员函数 erase 的示例代码片断。

```
vector<int> v(2, 5); // 结果：向量 v 长度=2，容量=2，v[0]=v[1]=5。          // 1
v[0] = 4;            // 结果：向量 v 长度=2，容量=2，v[0]=4，v[1]=5。       // 2
v.erase(v.begin());  // 结果：向量 v 长度=1，容量=2，v[0]=5。             // 3
v.erase(v.begin());  // 结果：向量 v 长度=0，容量=2。                   // 4
```

在上面第 4 行代码处，成员函数 erase 返回的迭代器是结束界定迭代器。从上面运行结果可以看出，成员函数 erase 只会改变向量的长度，不会改变向量的容量。

删除元素序列的成员函数 erase 的具体说明如下：

函数 27	vector<T>::erase

声明: iterator erase(iterator first, iterator last);
说明: 删除从 first 开始到 last 之前的元素，并返回紧接在最后 1 个被删除元素之后的迭代器。
参数: ① 模板参数 T 是元素的数据类型。
② first 指向第 1 个待删除元素。
③ last 是位于最后 1 个待删除元素之后的迭代器。
返回值: 紧接在最后 1 个被删除元素之后的迭代器。
头文件: #include <vector>

下面给出调用成员函数 erase 的示例代码片断。

```
vector<int> v(10, 5);               // 结果：向量 v 长度=10，容量=10。      // 1
v.erase(v.begin()+1, v.end()-1);   // 结果：向量 v 长度=2，容量=10。       // 2
```

上面第 2 行代码删除了向量 v 的所有中间元素，只剩下第 1 个元素和最后 1 个元素。

因此，在删除之后，向量 v 的长度为 2。成员函数 erase 只会改变向量的长度，不会改变向量的容量。因此，在删除之后，向量 v 的容量保持不变。

清空向量所有元素的成员函数 **clear** 的具体说明如下：

函数 28　`vector<T>::clear`

声明：	`void clear( );`
说明：	清空向量的内容，即将向量长度变为 0。这时向量的容量保持不变。
参数：	模板参数 `T` 是元素的数据类型。
头文件：	`#include <vector>`

下面给出调用成员函数 clear 的示例代码片断。

```
vector<int> v(3, 5); // 结果：  向量 v 的长度=3，容量=3，各个元素的值均为 5。   // 1
v.clear( );          // 结果：  向量 v 的长度=0，容量=3。                        // 2
```

> ⊳注意事项⊲ ：
>
> 这里应当注意清空向量内容的**成员函数 clear 通常不会改变向量占用的内存大小**。这是因为虽然向量的长度最终变为 0，但是向量的容量保持不变。

5.3.5　向量赋值与比较

向量具有多个赋值成员函数，其中第 1 个**赋值成员函数 assign** 的具体说明如下：

函数 29　`vector<T>::assign`

声明：	`void assign(size_type n, const T& u);`
说明：	将向量的长度变为 n，并将各个元素的值均设置为 u。
参数：	① 模板参数 `T` 是元素的数据类型。
	② n 是元素的个数。这里要求 n 大于 0。
	③ u 用来指定元素的值。
头文件：	`#include <vector>`

下面给出调用成员函数 assign 的示例代码片断。

```
vector<int> v;  // 结果：向量 v 长度=0，容量=0。                        // 1
v.assign(3, 5); // 结果：向量 v 长度=3，容量=3，各个元素的值均为 5。     // 2
v.assign(6, 8); // 结果：向量 v 长度=6，容量=6，各个元素的值均为 8。     // 3
v.assign(4, 2); // 结果：向量 v 长度=4，容量=6，各个元素的值均为 2。     // 4
```

从上面代码的运行结果可以看出，成员函数 assign 可以减小向量的长度，但不会减小向量的容量。

通过迭代器的赋值成员函数 **assign** 的具体说明如下：

函数 30　`vector<T>::assign`

声明：	`void assign(InputIterator first, InputIterator last);`
说明：	通过迭代器复制元素。将向量的长度变为从 `first` 开始到 `last` 之前的元素个数，并且向量的各个元素值也依次分别等于从 `first` 开始到 `last` 之前的各个元素的值。

参数： ① 模板参数 T 是元素的数据类型。
② 函数参数 first 是迭代器，指向待复制的第 1 个元素。
③ 函数参数 last 是位于待复制的最后 1 个元素之后的迭代器。

头文件： #include \<vector\>

下面给出调用成员函数 assign 的示例代码片断。

```
vector<int> v1;        // 结果：向量 v1 长度=0，容量=0。                    // 1
vector<int> v2(6, 8);  // 结果：向量 v2 长度=6，容量=6，各个元素的值均为 8。  // 2
vector<int> v3(3, 5);  // 结果：向量 v3 长度=3，容量=3，各个元素的值均为 5。  // 3
v1.assign(v2.begin(), v2.begin() + 2);  // 结果：向量 v1 长度=2，容量=2，    // 4
                                        // 各个元素的值均为 8。             // 5
v1.assign(v2.begin(), v2.end());        // 结果：向量 v1 长度=6，容量=6，    // 6
                                        // 各个元素的值均为 8。             // 7
v1.assign(v3.begin(), v3.end());        // 结果：向量 v1 长度=3，容量=6，    // 8
                                        // 各个元素的值均为 5。             // 9
```

从上面代码的运行结果可以看出，成员函数 assign 可以减少向量的长度，但不会减少向量的容量。

向量赋值运算"="的具体说明如下：

运算符 5	vector\<T\>::operator=
声明：	vector\<T\>& operator=(const vector\<T\>& x);
说明：	复制向量 x 的元素。将当前向量的长度变为向量 x 的长度，并且向量的各个元素值也依次分别等于向量 x 的各个元素的值。返回当前向量的引用。
参数：	① 模板参数 T 是元素的数据类型。 ② x 是待复制的向量。
返回值：	当前向量的引用。
头文件：	#include \<vector\>

下面给出向量赋值运算的示例代码片断。

```
vector<int> v1;        // 结果：向量 v1 长度=0，容量=0。                    // 1
vector<int> v2(6, 8);  // 结果：向量 v2 长度=6，容量=6，各个元素的值均为 8。  // 2
vector<int> v3(3, 5);  // 结果：向量 v3 长度=3，容量=3，各个元素的值均为 5。  // 3
v1=v2; // 结果：向量 v1 长度=6，容量=6，各个元素的值均为 8。                   // 4
v1=v3; // 结果：向量 v1 长度=3，容量=6，各个元素的值均为 5。                   // 5
```

从上面代码的运行结果可以看出，向量赋值运算可以减小向量的长度，但不会减小向量的容量。

向量之间可以比较大小。比较任意 2 个向量 x 与 y 之间大小的规则如下：

（1）从头到尾逐个比较向量 x 与 y 的每个元素。如果所有元素都相等，则 x 与 y 相等；否则，由第 1 个不相等的元素之间的大小关系决定 x 与 y 之间大小。

（2）如果 x 与 y 的元素个数不同且长度小的向量的所有元素与另一个向量的对应元素依次相等，则认为长度小的向量小于长度大的向量。

向量之间的关系运算包括\<、\<=、\>、\>=、==和!=。它们都是在关系运算成立时，返回

true；否则，返回 false。例如，关系运算<的具体说明如下：

运算符 6 `vector<T>::operator<`	
声明：	`template <class T>` `bool operator< (const vector<T>& x, const vector<T>& y);`
说明：	比较向量 x 和 y 的大小。如果 x<y，则返回 `true`；否则，返回 `false`。
参数：	① 模板参数 `T` 是元素的数据类型。 ② x 是进行比较的第 1 个向量。 ③ y 是进行比较的第 2 个向量。
返回值：	如果 x<y，则返回 `true`；否则，返回 `false`。
头文件：	`#include <vector>`

下面给出向量之间进行关系运算的示例代码片断。

```
vector<int> v1(3, 5); // 结果：向量 v1 长度=3，容量=3，各个元素的值均为 5。    // 1
vector<int> v2(6, 8); // 结果：向量 v2 长度=6，容量=6，各个元素的值均为 8。    // 2
vector<int> v3(3, 5); // 结果：向量 v3 长度=3，容量=3，各个元素的值均为 5。    // 3
cout << ((v1 < v2) ? "true" : "false"); // 输出：true。                      // 4
cout << ((v1 <= v2) ? "true" : "false"); // 输出：true。                     // 5
cout << ((v2 > v1) ? "true" : "false"); // 输出：true。                      // 6
cout << ((v2 >= v1) ? "true" : "false"); // 输出：true。                     // 7
cout << ((v1 == v3) ? "true" : "false"); // 输出：true。                     // 8
cout << ((v1 != v2) ? "true" : "false"); // 输出：true。                     // 9
```

5.4 排序函数模板 sort

标准模板库（STL）的算法部分提供了多种算法。使用这些算法需要包含头文件 <algorithm>，对应的头文件包含语句是

```
#include <algorithm>
```

本节介绍其中最常用的算法，即排序函数模板 sort，其具体说明如下：

函数 31 `sort`	
声明：	`template<class RandomAccessIterator>` `void sort(RandomAccessIterator first, RandomAccessIterator last);`
说明：	对从迭代器 `first` 开始并且在迭代器 `last` 之前的元素进行排序。
参数：	① 模板参数 `RandomAccessIterator` 是迭代器的数据类型。 ② 函数参数 `first` 是迭代器，指向待排序的第 1 个元素。 ③ 函数参数 `last` 是待排序的最后 1 个元素之后的迭代器。
头文件：	`#include <algorithm>`

下面给出调用上面带有 2 个函数参数的排序函数模板 sort 的示例代码片断。

```
vector<int> v; // 定义向量 v。                            // 1
// 在这里添加语句以实现给向量 v 增加若干个元素。              // 2
```

```
sort(v.begin(), v.end()); // 结果： 向量 v 元素从小到大排序，且不去重。   // 3
```

5.5　本　章　小　结

本章介绍了 2 种自定义的模板，即自定义函数模板和自定义类模板。自定义模板的优点是数据类型可以成为模板参数，从而进一步提高了程序代码的灵活程度。自定义模板的缺点是增加了程序代码的编译时间，同时也进一步使得程序代码及其测试变得更加复杂。自定义模板的定义和实现代码通常都写在头文件当中，从而方便模板的使用。因此，使用自定义模板通常会使头文件变得很长，这与传统不使用模板的 C++代码有很大区别。对于标准模板库（STL），本章介绍了其中最常用的向量（vector）和排序函数模板 sort。向量类似于传统的数组，又拥有自己的特色，可以用来提高编程的效率。标准模板库的函数模板 sort 实现的排序算法具有很高的执行效率，在需要时可以调用。

5.6　习　　题

5.6.1　复习练习题

习题 5.1　判断正误。

（1）函数模板实际上并不是函数。

（2）类模板不支持派生。

（3）向量的容量在向量构造之后就不可以改变。

（4）不存在容量为 0 的向量。

（5）向量元素的数据类型不能是浮点数类型。

（6）向量的成员函数 max_size 的返回值就是向量的容量。

（7）设给定向量为 v，则 v.size 的值与以 sizeof(v)的值相等。

（8）如果向量的容量为 0，则该向量调用其成员函数 empty 的返回值为 true。

（9）设给定向量为 v，且 v 的长度大于给定的整数 n，则调用 v.reserve(n)将使得向量 v 的长度变为 n。

（10）设给定向量为 v，则 v.clear 将使得向量 v 的容量变为 0。

（11）设向量 v 含有 3 个元素，则 v[2]是非法的，即无法通过编译。

（12）向量的成员函数 front 返回前一个元素的引用。

（13）向量的成员函数 back 返回后一个元素的引用。

习题 5.2　什么是函数模板？函数模板的作用是什么？

习题 5.3　请写出函数模板的定义格式。

习题 5.4　请总结关键字 class 与 typename 用法的相同点与不同点。

习题 5.5　请给出具有实际应用价值的函数模板示例程序。

习题 5.6　什么是模板函数？

习题 5.7　什么是类模板？类模板的作用是什么？

习题 5.8　请写出类模板的定义格式。

习题 5.9　请指出并更正下面程序代码中的错误。

```
#include <iostream>
using namespace std;
#include <vector>
vector g_v;
```

习题 5.10　请写出在类模板的定义中将其成员函数声明与实现分开的注意事项。

习题 5.11　请简述在程序代码中函数模板和类模板定义的允许位置和不允许位置。

习题 5.12　请简述什么是标准模板库 STL？

习题 5.13　请简述向量长度和容量的区别。

习题 5.14　请简述向量容量的特点和作用。

习题 5.15　请总结有哪些可以减少向量元素的成员函数，并说明其功能。

习题 5.16　请总结有哪些可以添加向量元素的成员函数，并说明其功能。

习题 5.17　请简述向量之间如何进行关系运算。

习题 5.18　请编写程序，构造含有 3 个元素的向量。

习题 5.19　请编写程序，输出向量的所有元素。

习题 5.20　请编写程序，逆序输出向量的所有元素。

习题 5.21　请总结遍历向量所有元素的方法。

习题 5.22　请编写程序，从文本文件"data.txt"读取一系列整数（文件格式请自行定义），并采用向量 vector 进行存储。然后，采用算法库 algorithm 的 sort 函数进行排序（不去重），并输出排序结果。

5.6.2　思考题

思考题 5.23　利用模板对编程编写效率有什么影响？为什么？并请给出案例说明。

思考题 5.24　利用模板对编程执行效率有什么影响？为什么？并请给出案例说明。

思考题 5.25　如何利用模板进行程序架构设计？

思考题 5.26　请总结模板与宏定义之间的区别。

第 6 章　标准输入输出与文件处理

标准输入输出与文件处理都是计算机程序的重要组成部分，都可以用来输入与输出数据。文件可以存放在多种介质中，例如硬盘、软盘和光盘，而且还可以通过网络传输。另外，文件在计算机关机或掉电之后仍然会长时间存在。对于计算机程序而言，记录各种事物或事件或程序的内容、性质、状态以及相互关系等数据的文件称为数据文件。文件处理不仅大大延长了计算机程序的生命周期，而且使得数据文件也变成为计算机程序的一个重要组成部分。借助于数据文件以及含有文件处理的程序，不仅可以在关闭计算机并重新打开计算机之后继续我们的工作，即让我们的工作具有很好的可积累性质，而且可以保存"工作现场"，方便程序的调试。

6.1　标准输入输出

在头文件 iostream 中定义了标准输入 cin、标准输出 cout、标准错误输出 cerr 和标准日志输出 clog。它们都隶属于标准命名空间 std。因此，它们的全名分别是"std::cin""std::cout""std::cerr"和"std::clog"。标准输入 cin 的数据类型是输入流类 istream，cout、cerr 和 clog 的数据类型都是输出流类 ostream。输入流类和输出流类都属于流类。因为输入输出与硬件和操作系统等 C++语言支撑平台密切相关，不仅细节非常丰富，而且不同硬件和不同操作系统在细节上也存在非常多的差异，所以输入输出的行为实际上非常复杂。设计与实现流类的初衷就是为 C++语言提供一个通用的输入输出设计规范，从而降低输入输出处理的难度，但也难以完全消除 C++语言支撑平台之间在输入输出处理上的差异。流类的实例对象称为流对象。流对象处理的数据称为流（Stream），流在本质上就是数据单元序列。这里的数据单元的数据类型可以是基本数据类型和 C++语言支撑平台提供的复合数据类型，也可以是自定义的数据类型。C++语言支撑平台已经提供了一部分数据类型的数据单元的输入输出处理功能。对于其他未提供的数据类型，可以通过函数重载或运算符重载的方式进行扩展，从而为这些数据类型的数据单元也提供输入输出处理功能。图 6-1 给出了标准输入输出的操作示意图。当输出数据时，数据通常首先进入输出缓冲区。当输出缓冲区的数据积累到一定程度或者输出条件被触发时，在输出缓冲区中的数据输出到输出设备。输入命令处理通常也会借助于输入缓冲区，从输入设备得到的输入数据通常首先进入输入缓冲区。当输入缓冲区的数据积累到一定程度或者输入条件被触发时，在输入缓冲区中的数据进入变量等的内存空间，完成输入数据的接收操作。在缓冲区处理的过程中，输入换行符常常被当作一个非常重要的触发条件。例如，在输入换行符之前，输入的字符通常会被保存在输入缓冲区中；在输入换行符之后，保存在输入缓冲区中的字符通常就可能会进行解析等处理，从而进入变量等的内存空间。输入和输出缓冲区的这种机制通常具有专用的硬件设备以及专门的操作系统模块直接支撑，从而提高输入和输出效率。

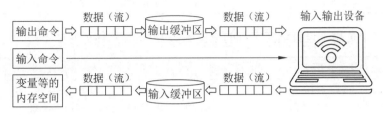

图 6-1 标准输入输出操作示意图

6.1.1 出入流类

出入流类 ios 是输入流类 istream 和输出流类 ostream 的父类，是类模板 basic_ios 实例化的结果。类模板 basic_ios 拥有父类 ios_base，其中类 ios_base 是出入流基础类。因此，标准输入 cin 和标准输出 cout 都可以用这些类或类模板的成员函数。

出入流基础类 ios_base 的成员函数 width 具有 2 种形式，其中第 1 个的具体说明如下：

函数 32 `ios_base::width`	
声明：	`streamsize width( ) const;`
说明：	返回在当前流的配置中所保存的数据宽度。
返回值：	在当前流的配置中所保存的数据最小宽度。
头文件：	`#include <iostream>`

其中第 2 个，用来设置数据宽度的成员函数 width 的具体说明如下：

函数 33 `ios_base::width`	
声明：	`streamsize width(streamsize w);`
说明：	将当前流的数据宽度的值设置为 w，同时返回当前流在调用本函数之前的数据宽度。
参数：	函数参数 w 用来指定数据宽度。
返回值：	当前流在调用本函数之前的数据宽度。
头文件：	`#include <iostream>`

⊗小甜点⊗：

（1）在流的配置中，默认的数据宽度通常是 0。

（2）如果数据的实际宽度大于当前流在配置中设置的数据宽度，则应该按该数据的实际宽度处理；否则，按在当前流的配置中的数据宽度进行处理。

▷注意事项◁：

如果当前流是输出流，则在输出一个数据之后，当前流的数据宽度又会自动恢复为默认的数据宽度。默认的数据宽度通常是 0。

出入流类 ios 的成员函数 fill 拥有 2 种形式，其中第 1 个的具体说明如下：

函数 34 `ios::fill`	
声明：	`char fill() const;`
说明：	返回在当前流的配置中所保存的填充字符。

返回值：	在当前流的配置中所保存的填充字符。
头文件：	#include <iostream>

其中第 2 个是用来设置填充字符的成员函数 fill，其具体说明如下：

函数 35	ios::fill
声明：	char fill(char c);
说明：	将字符 c 作为填充字符保存到当前流的配置中，同时返回在调用本函数之前的填充字符。
参数：	c 用来指定填充字符。
返回值：	在调用本函数之前在当前流的配置中所保存的填充字符。
头文件：	#include <iostream>

> ❀小甜点❀：
>
> 在流的配置中，默认的填充字符通常是空格。

下面给出调用上面的成员函数 width 和 fill 的示例代码片断。

```cpp
char c1 = cout.fill( );          // 空格是默认填充字符，结果： c1='␣'       // 1
char c2 = cout.fill('x');        // 结果： c2='␣'                          // 2
int w1 = (int)cout.width( );     // 默认数据宽度 0，结果： w1=0            // 3
int w2 = (int)cout.width(6);     // 结果： w2=0                            // 4
cout << cout.width() << endl;    // 输出： xxxxx6✓                        // 5
cout << cout.width() << endl;    // 输出： 0✓                             // 6
int w3 = (int)cout.width(4);     // 结果： w3=0                            // 7
cout << cout.width() << endl;    // 输出： xxx4✓                          // 8
cout << cout.width() << endl;    // 输出： 0✓                             // 9
char c3 = cout.fill();           // 结果： c3='x'                         // 10
```

第 5 行代码 "cout << cout.width() << endl;" 在输出 "xxxxx6✓" 之后，cout 的数据宽度自动恢复为默认的数据宽度 0。因此，在第 6 行代码中，成员函数 width 返回 cout 的默认数据宽度 0。成员函数 fill 不会将 cout 的填充字符自动恢复为默认的填充字符。因此，要注意成员函数 fill 和 width 在是否自动恢复默认值上的区别。

在出入流类 ios 中，判断流对象是否处于合法状态的成员函数 good 的具体说明如下：

函数 36	ios::good
声明：	bool good() const;
说明：	判断当前的流对象是否处于合法状态。如果是，则返回 true；否则，返回 false。
返回值：	如果当前的流对象处于合法状态，则返回 true；否则，返回 false。
头文件：	#include <iostream>

下面给出调用成员函数 good 的示例代码片断。

```cpp
int i = 0;                          // 1
cin >> i;                           // 2
if (cin.good())                     // 3
    cout << "成功输入!" << endl;     // 4
```

如果在运行上面代码时输入整数 10 和换行符，那么第 2 行的代码通常可以正确接收到整数 10，并赋值给变量 i，而且标准输入 cin 的状态通常也会处于合法状态。因此，这时第 3 行代码"cin.good()"的返回值是 true，结果第 4 行代码输出"成功输入!"。

如果在运行上面代码时输入字母 a 和换行符，那么第 2 行的代码无法处理字母 a 的输入，因为格式有误，即字母 a 不是整数。这时，变量 i 的值保持不变，仍然是 0。而且字母 a 和换行符也都处于未处理的状态。同时，标准输入 cin 的状态处于不合法状态。因此，这时第 3 行代码"cin.good()"的返回值是 false，结果不会运行第 4 行的代码。

❀小甜点❀：

（1）流对象所处的合法状态有时也称为正常状态。

（2）流对象所处的不合法状态或非法状态有时也称为不正常状态。

在出入流类 ios 中，重置流对象状态的成员函数 clear 的具体说明如下：

函数 37　ios::clear
声明：　　void clear( );
说明：　　将当前流对象的状态重置为合法状态。
头文件：　#include <iostream>

下面给出调用与不调用成员函数 clear 的对照示例代码片断。

// 左侧： 调用成员函数 clear	// 右侧对照代码： 不调用成员函数 clear	行号
int i = 0;	int i = 0;	// 1
char c = 'C';	char c = 'C';	// 2
cin >> i;	cin >> i;	// 3
cin.clear();	// cin.clear();	// 4
cin >> c;	cin >> c;	// 5

如果在运行上面左侧代码时输入字母 a 及换行符，那么第 3 行的代码"cin >> i;"无法处理字母 a 的输入，因为格式有误，即字母 a 不是整数。这时，变量 i 的值保持不变，仍然是 0。同时，标准输入 cin 的状态处于不合法状态。第 4 行代码"cin.clear();"将标准输入 cin 的状态重置为合法状态。第 5 行的代码"cin >> c;"可以正确接收字母 a 的输入，并赋值给变量 c，使得变量 c = 'a'。

如果在运行上面右侧代码时输入字母 a 及换行符，那么第 3 行的代码"cin >> i;"无法处理字母 a 的输入，因为格式有误，即字母 a 不是整数。这时，变量 i 的值保持不变，仍然是 0。同时，标准输入 cin 的状态处于不合法状态。此时，第 5 行的代码"cin >> c;"也无法正确接收字母 a 的输入，因为标准输入 cin 没有处在合法的状态。这时，变量 c 的值保持不变，仍然是'C'，而且输入的字母 a 仍然位于输入缓冲区中，没有被处理。

在出入流类 ios 中，判断流对象的状态是否不正常的成员函数 fail 的具体说明如下：

函数 38　ios::fail
声明：　　bool fail() const;
说明：　　判断当前流对象的状态是否不正常。如果是，则返回 true；否则，返回 false。

返回值： 如果当前流对象的状态<u>不正常</u>，则返回 true；否则，返回 false。

头文件： #include <iostream>

下面给出调用成员函数 fail 的示例代码片断。

```
int i = 0;                                    // 1
cin >> i;                                     // 2
if (cin.fail())                               // 3
    cout << "输入有误!" << endl;              // 4
else cout << "输入成功!" << endl;             // 5
```

如果在运行上面代码时输入整数 10 及换行符，那么第 2 行的代码通常可以正确接收到整数 10，并赋值给变量 i，而且标准输入 cin 的状态通常也会处于正常状态。因此，第 3 行代码 "cin.fail()" 的返回值是 false，结果第 5 行代码输出 "输入成功!"。

如果在运行上面代码时输入字母 a 及换行符，那么第 2 行的代码无法处理字母 a 的输入，因为<u>格式有误</u>，即字母 a 不是整数。这时，变量 i 的值保持不变，仍然是 0。这种输入格式的错误会导致标准输入 cin 的状态处于<u>不正常的状态</u>。因此，第 3 行代码 "cin.fail()" 的返回值是 true。结果第 4 行代码输出 "输入有误!"。

在出入流类 ios 中，<u>判断是否越过流的末尾的成员函数 eof</u> 的具体说明如下：

函数 39 ios::eof

声明： bool eof() const;

说明： 判断是否越过流的末尾。如果是，则返回 true；否则，返回 false。

返回值： 如果越过流的末尾，则返回 true；否则，返回 false。

头文件： #include <iostream>

> ▷**注意事项**◁：
>
> 成员函数 eof 判断是否<u>越过末尾</u>，而<u>不是到达末尾</u>。

> ⊛**小甜点**⊛：
>
> （1）在 Windows 系列的操作系统中，输入组合键 Ctrl+Z 表示<u>输入流结束符</u>。
>
> （2）在 UNIX、Linux 或 Mac OS 系列的操作系统中，输入组合键 Ctrl+D 表示<u>输入流结束符</u>。

下面给出调用成员函数 eof 的示例代码片断。

```
int i = 0;                                    // 1
cin >> i;                                     // 2
if (cin.eof())                                // 3
    cout << "输入结束。" << endl;             // 4
else cout << "输入还没有结束。" << endl;      // 5
```

如果在运行上面代码时输入整数 10、组合键 Ctrl+Z 及换行符，那么通常会输出 "输入还没有结束。"，而且变量 i 的值变为 10。这是因为在接收整数 10 的输入之后，这时只是到达了输入的末尾，但<u>没有越过输入的末尾</u>，所以第 3 行代码 "cin.eof()" 返回 false。

如果在运行上面代码时输入组合键 Ctrl+Z 及换行符，那么通常会输出 "输入结束。"，而且变量 i 的值保持不变，即仍然为 0。因为这时越过了输入的末尾，所以第 3 行代码 "cin.eof()" 返回 true。

6.1.2　输入流

输入流类 istream 是类模板 basic_istream 实例化的结果：

```
typedef basic_istream<char, char_traits<char> > istream;
```

在 istream 类的所有成员函数和运算符中，最常用的是运算符>>，其具体说明如下：

运算符 7　istream::operator>>

声明：	istream& operator>>(T& a);
说明：	在上面的函数声明中，T 可以是 bool、short、unsigned short、int、unsigned int、long、unsigned long、long long、unsigned long long、float、double 和 long double 等基本数据类型，也可以是由 C++语言支撑平台提供的 string 等复合数据类型。如果输入状态处于合法状态，则本运算是从输入设备中读取数据并赋值给函数参数 a。如果输入状态处于非法状态，则函数参数 a 的值不变。如果输入数据的格式有误，则函数参数 a 的值不变，同时输入状态变为非法状态。
参数：	函数参数 a 用来存放从输入设备中读取的数据。
返回值：	当前输入流实例对象的引用。
头文件：	#include <iostream>

输入流类 istream 的输入运算>>支持这么多种数据类型是通过面向对象的运算符重载实现的。因此，输入流类 istream 的输入运算符不支持的数据类型（对于自定义的数据类型等），可以通过编写输入流类 istream 的输入运算符重载函数来实现相应的输入运算。下面给出调用输入流类 istream 的输入运算符>>的示例代码片断。

```
int m = 1;                              // 1
int n = 2;                              // 2
char c = 'c';                           // 3
char d = 'd';                           // 4
cin >> m >> n;                          // 5
cin >> c;                               // 6
cin.clear();                            // 7
cin >> d;                               // 8
```

标准输入 cin 自动会解析输入的字符序列。对于上面的代码，如果输入的是 "12 ⊔ 34ab ↙"，其中 "⊔" 表示空格，则结果为 "m = 12, n = 34, c = 'a', d = 'b'"。在这里读入第 1 个整数时，标准输入 cin 会区分 2 个整数之间的空格；而且在读取第 2 个整数时，会自动跳过位于 "12" 和 "34" 之间的空格。

对于上面的代码，如果输入的是 "12.34 ↙"，则结果将为 "m = 12, n = 2, c = '.', d = '.'"。首先，标准输入 cin 正确解析输入的 "12" 得到整数 12，并赋值给变量 m，结果 m=12。接下来，标准输入 cin 需要处理字符'.'。因为字符'.'不是组成整数的字符，所以标准输入 cin

发现输入数据的 格式有误，结果变量 n 的值不变，即保持 n = 2，同时输入的状态变为 非法状态。这导致第 6 行代码"cin >> c;"也无法执行成功，结果变量 c 的值不变，即保持 c = 'c'。接下来，第 7 行代码 "cin.clear();" 将标准输入 cin 的状态恢复变为 合法状态。这样，在第 8 行代码 "cin >> d;" 处，标准输入 cin 继续需要处理前面的字符'.'，并解析为变量 d 的值，结果变量 d = '.'。在执行完上面的代码之后，标准输入 cin 仍然没有处理完前面输入的全部字符，即剩下未处理的字符序列是 "34↙"。

输入流类 istream 的成员函数 peek 返回待处理流数据的第 1 个字节，其说明如下：

函数 40	`istream::peek`
声明：	`int peek();`
说明：	本函数分成为如下 2 种情况进行处理：
	（1）如果当前流对象处于 非法状态，或者待处理的第 1 个字符是 输入流结束符，则返回-1。同时在运行完本函数之后，当前流对象的状态将成为 非法状态。
	（2）如果当前流对象处于 合法状态，并且待处理流数据的第 1 个字符 不是输入流结束符，则返回待处理流数据第 1 个字节所对应的整数，即所返回的整数的最低字节等于待处理流数据的第 1 个字节，其他字节为 0。在运行完本函数之后，当前流对象的状态将保持为 合法状态。另外，在运行本函数前后，当前流对象的 待处理流数据保持不变。
返回值：	如果当前流对象处于合法状态并且存在待处理流数据，则返回待处理流数据第 1 个字节对应的整数；否则，返回-1。
头文件：	`#include <iostream>`

下面给出调用输入流类 istream 的成员函数 peek 的示例代码片断。

```
int n = 10;                                          // 1
n = cin.peek();                                      // 2
```

对于上面的代码，不管输入是什么，如果 标准输入 cin 一开始就处于非法状态，则位于 第 2 行 处的函数调用 "cin.peek()" 均返回-1，结果 n=-1。在运行第 2 行代码结束之后，标准输入 cin 仍然保持在非法状态，而且待处理的流数据也保持不变。

对于上面的代码，如果输入的是 "abcd↙"，并且标准输入 cin 为 合法状态，则 第 2 行代码 的函数调用 "cin.peek()" 将返回字母'a'的 ASCII 码所对应的整数。因此，结果得到 n=97，标准输入 cin 将仍然处于 合法状态，而且待处理的输入仍然是 "abcd↙"。

对于上面的代码，如果输入的是 "␣a␣b␣c↙"，并且标准输入 cin 为 合法状态，则 第 2 行代码 的函数调用 "cin.peek()" 将返回空格'␣'的 ASCII 码 32。因此，结果得到 n=32，标准输入 cin 将仍然处于 合法状态，而且待处理的输入仍然是 "␣a␣b␣c↙"。这个运行示例说明输入流类 istream 的成员函数 peek 不会跳过空白符。

对于上面的代码，如果输入的是 "^Z↙"，其中 "^Z" 表示输入组合键 Ctrl+Z，即输入流结束符，则无论标准输入 cin 为 合法状态，还是 非法状态，第 2 行代码 的函数调用 "cin.peek()" 都将返回-1，同时标准输入 cin 的状态成为 非法状态。

这里介绍 输入流类 istream 的成员函数 get 的 2 种形式，其中第 1 种的说明如下：

函数 41　`istream::get`

声明：	`int get();`
说明：	本函数分成如下 2 种情况进行处理：

(1) 如果当前流对象处于非法状态，或者待处理的第 1 个字符是输入流结束符，则返回 -1。同时在运行完本函数之后，当前流对象的状态将成为非法状态。

(2) 如果当前流对象处于合法状态，并且待处理流数据的第 1 个字符不是输入流结束符，则读取并返回待处理流数据的第 1 个字节所对应的整数，即所返回的整数的最低字节等于待处理流数据的第 1 个字节，其他字节为 0。在运行完本函数之后，当前流对象的状态将保持为合法状态。

返回值：	如果成功读取流数据，则返回所读取到的字节所对应的整数；否则，返回 -1。
头文件：	`#include <iostream>`

下面给出调用输入流类 istream 的第 1 种形式成员函数 get 的示例代码片断。

```
char c = 'C';                                              // 1
c = (char) (cin.get());                                    // 2
```

对于上面的代码，如果输入的是 "abcd✓"，并且标准输入 cin 为非法状态，则第 2 行代码的函数调用 "cin.get()" 将返回 -1。因此，结果得到 c=-1，标准输入 cin 将仍然处于非法状态，而且待处理的输入仍然是 "abcd✓"。

对于上面的代码，如果输入的是 "abcd✓"，并且标准输入 cin 为合法状态，则第 2 行代码的函数调用 "cin.get()" 将返回 97，即字母 'a' 的 ASCII 码。因此，结果得到 c='a'，标准输入 cin 将仍然处于合法状态，而且待处理的输入将变成为 "bcd✓"。

对于上面的代码，如果输入的是 "␣a␣b␣c✓"，并且标准输入 cin 为合法状态，则第 2 行代码的函数调用 "cin.get()" 将返回 32，即空格 '␣' 的 ASCII 码。因此，结果得到 c='␣'，标准输入 cin 将仍然处于合法状态，而且待处理的输入将变成为 "a␣b␣c✓"。这个运行示例说明输入流类 istream 的成员函数 get 不会跳过空白符，即可以用成员函数 get 来读取空白符。

对于上面的代码，如果输入的是 "^Z✓"，其中 "^Z" 表示输入组合键 Ctrl+z，即输入流结束符，则无论标准输入 cin 为合法状态，还是非法状态，第 2 行代码的函数调用 "cin.get()" 都将返回 -1，同时标准输入 cin 的状态成为非法状态。

输入流类 istream 的成员函数 get 的第 2 种形式的具体说明如下：

函数 42　`istream::get`

声明：	`istream& get(char& c);`
说明：	本函数分成为如下 2 种情况进行处理：

(1) 如果当前流对象处于非法状态，或者待处理的第 1 个字符是输入流结束符，则函数参数 c 的值不变。同时在运行完本函数之后，当前流对象的状态将成为非法状态。

(2) 如果当前流对象处于合法状态，并且待处理流数据的第 1 个字符不是输入流结束符，则从待处理流数据中读取 1 个字节的数据并赋值给函数参数 c。在运行完本函数之后，当前流对象的状态将保持为合法状态。

参数：	c 用来接收输入的字符。
返回值：	当前输入流实例对象的引用。

头文件： #include <iostream>

> ❀小甜点❀：
>
> 输入流类 istream 的这个第 2 种形式 get 成员函数 "istream& get(char& c);" 与前面第 1 种形式的成员函数 "int get();" 相比，第 2 种形式成员函数读取数据的数据类型直接就是 char 类型；而第 1 种形式成员函数只读取 1 个字节的流数据，然后转换成为整数，在函数返回之后，通常又要转换为 char 类型，效率会低一些。当然，第 1 种形式成员函数设计的目的是留给以后进行扩展。只是这种设计的合理性值得讨论。

下面给出调用输入流类 istream 的第 2 种形式成员函数 get 的示例代码片断。

```
char c = 'C';                                            // 1
cin.get(c);                                              // 2
```

对于上面的代码，如果输入的是 "abcd↙"，并且标准输入 cin 为非法状态，则第 2 行代码的函数调用 "cin.get(c);" 不会改变 c 的值，即 c 的值仍然为'C'。同时，标准输入 cin 将仍然处于非法状态，而且待处理的输入仍然是 "abcd↙"。

对于上面的代码，如果输入的是 "abcd↙"，并且标准输入 cin 为合法状态，则第 2 行代码的函数调用 "cin.get(c);" 将从待处理的输入中读取字母'a'，并赋值给变量 c。因此，结果得到 c='a'，标准输入 cin 将仍然处于合法状态，而且待处理的输入将变成 "bcd↙"。

对于上面的代码，如果输入的是 "␣a␣b␣c↙"，并且标准输入 cin 为合法状态，则第 2 行代码的函数调用 "cin.get(c);" 将从待处理的输入中读取空格'␣'，并赋值给变量 c。因此，结果得到 c='␣'，标准输入 cin 将仍然处于合法状态，而且待处理的输入将变成 "a␣b␣c↙"。这个运行示例说明输入流类 istream 的成员函数 get 不会跳过空白符，即可以用成员函数 get 来读取空白符。

对于上面的代码，如果输入的是 "^Z↙"，其中 "^Z" 表示输入组合键 Ctrl+z，即输入流结束符，则无论标准输入 cin 为合法状态，还是非法状态，第 2 行代码的函数调用 "cin.get(c);" 都不会改变 c 的值，即 c 的值仍然为'C'。同时标准输入 cin 的状态成为非法状态。

输入流类 istream 的成员函数 getline 用来读取 1 行字符串。它具有 2 种形式，其中第 1 种的具体说明如下：

函数 43 istream::getline

声明：　　istream& getline(char* s, streamsize n);

说明：　　本函数分成为如下 3 种情况进行处理：

　　　　（1）如果当前流对象处于非法状态，则 s[0]的值通常变成为 0。在本函数运行结束之后，当前流对象仍然将处于非法状态。

　　　　（2）如果当前流对象处于合法状态，并且在不计回车符和换行符的前提条件下该行数据不超过(n-1)个字符，则把除了回车符和换行符之外的整行数据保存到 s 当中，并且在 s 的末尾保存 ASCII 码为 0 的字符串结束符。在本函数运行结束之后，当前流对象仍然将处于合法状态。

　　　　（3）如果当前流对象处于合法状态，并且在不计回车符和换行符的前提条件下该行数据超

过 (n-1) 个字符，则将这行数据的前 (n-1) 个字符保存到 s 当中，并且在 s 的末尾保存 ASCII 码为 0 的字符串结束符。在本函数运行结束之后，当前流对象仍然将变为非法状态。

参数：　　① s 指定接收输入的字符串的内存空间。

　　　　　　② n 指定接收到含字符串结束符在内的字符总个数的上界。

返回值：　当前流对象的引用。

头文件：　#include <iostream>

　🕮注意事项🕮 ：

　（1）C++标准并没有规定在当前流对象处于非法状态时成员函数 getline 的行为。因此，在当前流对象处于非法状态时，在不同的 C++语言支撑平台中成员函数 getline 的行为有可能会有所不同。

　（2）在调用上面成员函数 getline 时，形参 s 所对应的实际参数必须指向一个已经分配好不小于 n 个字符的内存空间。

下面给出调用输入流类 istream 的成员函数 getline 的示例代码片断。

```
char s[100];                                          // 1
cin.getline(s, 5);                                    // 2
```

对于上面的代码，如果输入的是"↙"，则无论标准输入 cin 处于合法状态还是非法状态，s[0]的值通常都变成为 0。同时，标准输入 cin 的状态保持不变。

对于上面的代码，如果输入的是"12↙"，则存在 2 种情况。如果标准输入 cin 处于非法状态，则 s[0]的值通常变成为 0，而且标准输入 cin 的状态仍然保持为非法状态。如果标准输入 cin 处于合法状态，则上面代码的运行结果是 s[0]='1'、s[1]='2'和 s[2]=0，而且标准输入 cin 的状态仍然保持为合法状态。

对于上面的代码，如果输入的是"1234↙"，则存在 2 种情况：如果标准输入 cin 处于非法状态，则 s[0]的值通常变成为 0，而且标准输入 cin 的状态仍然保持为非法状态；如果标准输入 cin 处于合法状态，则上面代码的运行结果是 s[0]='1'、s[1]='2'、s[2]='3'、s[3]='4'和 s[4]=0，而且标准输入 cin 的状态仍然保持为合法状态。

对于上面的代码，如果输入的是"12345↙"，则存在 2 种情况：如果标准输入 cin 处于非法状态，则 s[0]的值通常变成为 0，而且标准输入 cin 的状态仍然保持为非法状态；如果标准输入 cin 处于合法状态，则上面代码的运行结果是 s[0]='1'、s[1]='2'、s[2]='3'、s[3]='4'和 s[4]=0，而且标准输入 cin 的状态将变成为非法状态。另外，这时标准输入 cin 的待处理数据变成为"5↙"。

对于上面的代码，如果输入的是"⊔⊔↙"，并且标准输入 cin 处于合法状态，则上面代码的运行结果是 s[0]=s[1]='⊔'=32 和 s[2]=0，即 s[0]和 s[1]都是空格。这时标准输入 cin 没有待处理数据。

对于上面的代码，如果输入的是"⊔a⊔↙"，并且标准输入 cin 处于合法状态，则上面代码的运行结果是 s[0]='⊔'=32、s[1]='a'=97、s[2]='⊔'=32 和 s[3]=0。这时标准输入 cin 没有待处理数据。作为对比，如果采用运算符>>获取数据，则无法获取到空格，因为在采用运算符>>接收数据输入时会跳过空格。

输入流类 istream 的成员函数 getline 的第 2 种形式的具体说明如下：

函数 44 istream::getline

声明：　　`istream& getline(char* s, streamsize n, char delimiter);`

说明：　　本函数分成为如下 3 种情况进行处理：

（1）如果当前流对象处于非法状态，则 s[0] 的值通常变成为 0。在本函数运行结束之后，当前流对象仍然将处于非法状态。

（2）如果当前流对象处于合法状态，输入的前 n 个字符含有字符 delimiter，则把输入的在第 1 个处出现的字符 delimiter 之前的所有字符保存到 s 当中，并且在 s 的末尾保存 ASCII 码为 0 的字符串结束符。在本函数运行结束之后，当前流对象仍然将处于合法状态，而且当前流对象待处理的字符序列将变成为输入的在第 1 个处出现的字符 delimiter 之后的所有字符。

（3）如果当前流对象处于合法状态，输入的前 n 个字符不含字符 delimiter，则将输入的前 (n-1) 个字符保存到 s 当中，并且在 s 的末尾保存 ASCII 码为 0 的字符串结束符。在本函数运行结束之后，当前流对象将变为非法状态，而且当前流对象待处理的字符序列将变成为所输入的从第 n 个字符开始的所有字符。

参数：　　① s 指定接收输入的字符串的内存空间。
　　　　　② n 指定接收到含字符串结束符在内的字符总个数的上界。
　　　　　③ delimiter 指定待接收字符串的界定符。

返回值：　当前流对象的引用。

头文件：　`#include <iostream>`

⚑注意事项⚑：

（1）C++ 标准并没有规定在当前流对象处于非法状态时成员函数 getline 的行为。因此，在当前流对象处于非法状态时，在不同的 C++ 语言支撑平台中成员函数 getline 的行为有可能会有所不同。

（2）在调用上面成员函数 getline 时，形参 s 所对应的实际参数必须指向一个已经分配好且不小于 n 个字符的内存空间。

下面给出调用输入流类 istream 的成员函数 getline 的示例代码片断。

```
char s[100];                    // 1
cin.getline(s, 5, '2');         // 2
cin.getline(s, 5, '2');         // 3
```

对于上面的代码，如果输入的是"1234567890↙"，并且标准输入 cin 为合法状态，则第 2 行代码将使得 s[0]='1' 和 s[1]=0，同时标准输入 cin 仍然保持为合法状态。在运行第 2 行代码之后，cin 待处理的输入变成为"34567890↙"，即字符'2'既没有保存到字符串 s 当中，也没有继续保留为待处理的输入。因此，第 3 行代码将使得 s[0]='3'、s[1]='4'、s[2]='5'、s[3]='6' 和 s[4]=0，同时标准输入 cin 变成为非法状态。在运行第 3 行代码之后，cin 待处理的输入变成为"7890↙"，即字符'7'继续保留为待处理的输入。

对于上面的代码，如果输入的是"345627890↙"，并且标准输入 cin 为合法状态，则第 2 行代码将使得 s[0]='3'、s[1]='4'、s[2]='5'、s[3]='6' 和 s[4]=0，同时标准输入 cin 仍然保持为合法状态。在运行第 2 行代码之后，cin 待处理的输入变成为"7890↙"，即字符'2'既没有保存到字符串 s 当中，也没有继续保留为待处理的输入。因此，第 3 行代码将使

s[0]='7'、s[1]='8'、s[2]='9'、s[3]='0'和s[4]=0，同时标准输入 cin 变成为非法状态。在运行第 3 行代码之后，cin 待处理的输入变成为"↙"，即字符'↙'继续保留为待处理的输入。

对于上面的代码，如果输入的是"34567890↙"，并且标准输入 cin 为合法状态，则第 2 行代码将使 s[0]='3'、s[1]='4'、s[2]='5'、s[3]='6'和 s[4]=0，同时标准输入 cin 变成为非法状态。在运行第 2 行代码之后，cin 待处理的输入变成为"7890↙"，即字符'7'继续保留为待处理的输入。因为标准输入 cin 变成为非法状态，所以第 3 行代码将使 s[0]=0，同时标准输入 cin 仍然保持为非法状态。在运行第 3 行代码之后，cin 待处理的输入仍然是"7890↙"。

对于上面的代码，如果输入的是"3↙4↙2↙1↙234↙"，并且标准输入 cin 为合法状态，则第 2 行代码将使 s[0]='3'、s[1]='↙'、s[2]='4'、s[3]='↙'和 s[4]=0，同时标准输入 cin 仍然保持为合法状态。在运行第 2 行代码之后，cin 待处理的输入变成为"↙1↙234↙"，即第 1 个字符'2'既没有保存到字符串 s 当中，也没有继续保留为待处理的输入。因此，第 3 行代码通常将使得 s[0]='↙'、s[1]='1'和 s[2]=0，同时标准输入 cin 仍然保持为合法状态。在运行第 3 行代码之后，cin 待处理的输入变成为"34↙"，即第 2 个字符'2'既没有保存到字符串 s 当中，也没有继续保留为待处理的输入。因为不同的操作系统对回车符和换行符的处理可能会不相同，所以这里第 2 行和第 3 行代码的运行结果在不同的操作系统下也有可能会有所不同。这里给出其中一种常见的运行结果。

输入流类 istream 的成员函数 read 和 gcount。成员函数 read 用来读取字符序列，其具体说明如下：

函数 45 `istream::read`	
声明：	`istream& read(char* s, streamsize n);`
说明：	在调用本函数之前，请注意务必要给字符数组 s 分配不少于 n 个元素的内存空间。本函数分成为如下 3 种情况进行处理： （1）如果当前流对象处于非法状态，则本函数通常直接返回当前流对象的引用。 （2）如果当前流对象处于合法状态，并且待处理的流数据不少于 n 个字节，则从输入的待处理流数据中读取 n 个字节并保存到 s[0]、s[1]、…、s[n-1]当中，但不会改变 s[n]的值，即本函数不会在读取数据的末尾自动补上作为字符串结束标志的 0。 （3）如果当前流对象处于合法状态，并且待处理的流数据少于 n 个字节，则将待处理的流数据全部保存在字符数组 s 当中。同样，本函数不会在读取数据的末尾自动补上作为字符串结束标志的 0。同时，当前流对象的状态将变成为非法状态。
参数：	① s 指定接收输入的字符序列的内存空间。 ② n 指定接收字符总个数的上界。
返回值：	当前流对象的引用。
头文件：	`#include <iostream>`

▷ 注意事项 ◁ ：

C++标准并没有规定在当前流对象处于非法状态以及待处理流数据少于 n 个字节这两种情况下成员函数 read 的行为。因此，在这两种情况下，在不同的 C++语言支撑平台中成员函数 read 的行为有可能会有所不同。

成员函数 gcount 用来读取字符序列，其具体说明如下：

函数 46　istream::gcount
声明：　　streamsize gcount() const;
说明：　　返回在最近 1 次输入流读取流数据的字节数。
返回值：　在最近 1 次所读取的流数据的字节数。
头文件：　#include <iostream>

> ❀小甜点❀：
>
> 　　如果输入流类 istream 的成员函数 read 将当前流对象的状态**从合法状态变成为非法状态**，则可以利用输入流类 istream 的成员函数 gcount 来**获取成员函数 read 所读取的流数据的字节数**。

下面给出调用输入流类 istream 的成员函数 read 和 gcount 的示例代码片断。

```
char s[100] = "1234567890";                          // 1
int n = 0;                                           // 2
cin.read(s, 4);                                      // 3
s[4] = 0;                                            // 4
n = (int)cin.gcount( );                              // 5
cin.read(s, 4);                                      // 6
s[4] = 0;                                            // 7
n = (int)cin.gcount();                               // 8
```

对于上面的代码，不管输入是什么，如果**标准输入 cin 一开始就处于非法状态**，则**第 3 行和第 6 行代码** "cin.read(s, 4);" 均不会将输入的流数据保存到字符数组 s 当中。因此，在**第 5 行和第 8 行代码**中的函数调用 "cin.gcount( )" 均返回 0。

下面讲解**标准输入 cin 一开始处于合法状态**的情况。对于上面的代码，**如果输入的是 "abcdefghijk↙"**，则**第 3 行代码** "cin.read(s, 4);" 从待处理的流数据中读取 4 个字节并保存到字符数组 s 中，使得 s[0]='a'、s[1]='b'、s[2]='c'、s[3]='d'，同时保持 s[4] 的值不变。因此，**第 5 行代码** "n = (int)cin.gcount( );" 使得 n=4。这时，标准输入 cin 仍然处于**合法状态**，并且待处理的流数据变成为 "efghijk↙"。因此，**第 6 行代码** "cin.read(s, 4);" 接着从待处理的流数据中读取 4 个字节并保存到字符数组 s 中，使得 s[0]='e'、s[1]='f'、s[2]='g'、s[3]='h'，同时保持 s[4] 的值不变。因此，**第 8 行代码** "n = (int)cin.gcount( );" 使得 n=4。这时，标准输入 cin 仍然处于**合法状态**，并且待处理的流数据变成为 "ijk↙"。

对于上面的代码，**如果输入的是 "a↙bc↙defghijk↙"**，则**第 3 行代码** "cin.read(s, 4);" 从待处理的流数据中读取 4 个字节并保存到字符数组 s 中，使得 s[0]='a'、s[1]='↙'、s[2]='b'、s[3]='c'，同时保持 s[4] 的值不变。因此，**第 5 行代码** "n = (int)cin.gcount( );" 使得 n=4。这时，标准输入 cin 仍然处于**合法状态**，并且待处理的流数据变成为 "↙defghijk↙"。因此，**第 6 行代码** "cin.read(s, 4);" 接着从待处理的流数据中读取 4 个字节并保存到字符数组 s 中，使得 s[0]='↙'、s[1]='d'、s[2]='e'、s[3]='f'，同时保持 s[4] 的值不变。因此，**第 8 行代码** "n = (int)cin.gcount( );" 使得 n=4。这时，标准输入 cin 仍然处于**合法状态**，并且待处理的流数据变成为 "ghijk↙"。从这个案例可以看出，输入流类 istream 的**成员函数 read 不会跳**

过换行符。

对于上面的代码，如果输入的是"abcd↙^Z↙"，其中"^Z"表示输入组合键 Ctrl+Z，即输入流结束符，则第 3 行代码"cin.read(s, 4);"从待处理的流数据中读取 4 个字节并保存到字符数组 s 中，使得 s[0]='a'、s[1]='b'、s[2]='c'、s[3]='d'，同时保持 s[4]的值不变。因此，第 5 行代码"n = (int)cin.gcount( );"使得 n=4。这时，标准输入 cin 仍然处于合法状态，并且待处理的流数据变成为"↙^Z↙"。因为在输入流结束符之前只有 1 个换行符，所以第 6 行代码"cin.read(s, 4);"接着从待处理的流数据中读取 1 个字节并保存到字符数组 s 中，使得 s[0]='↙'，同时保持字符数组的其他元素的值保持不变。这时，标准输入 cin 从合法状态变成为非法状态。因此，第 8 行代码"n = (int)cin.gcount( );"使得 n=1。

输入流类 istream 的成员函数 ignore 用来跳过若干个流数据，其具体说明如下：

函数 47 istream::ignore

声明：　istream& ignore(streamsize n = 1, int delim = traits_type::eof());
说明：　本函数分成为如下 5 种情况进行处理：
　　（1）如果当前流对象处于非法状态，则本函数通常直接返回当前流对象的引用。
　　（2）如果当前流对象处于合法状态，并且界定符 delim 出现在流数据当中，同时在第一处界定符 delim 之前的流数据超过(n-1)个字节，则跳过 n 个字节的流数据。
　　（3）如果当前流对象处于合法状态，并且界定符 delim 出现在流数据当中，同时在第一处界定符 delim 之前的流数据不超过(n-1)个字节，则跳到第一处出现界定符 delim 之后的流数据。
　　（4）如果当前流对象处于合法状态，并且界定符 delim 不出现在流数据当中，同时待处理的流数据超过 n 个字节，则跳过 n 个字节的流数据。
　　（5）如果当前流对象处于合法状态，并且界定符 delim 不出现在流数据当中，同时待处理的流数据不超过 n 个字节，则跳过所有待处理的流数据。
返回值：当前流对象的引用。
头文件：#include <iostream>

　注意事项：

（1）有些操作系统不支持输入流类 istream 的成员函数 ignore，即成员函数 ignore 在这些操作系统中不起作用。

（2）C++标准并没有规定在当前流对象处于非法状态时成员函数 ignore 的行为。因此，在当前流对象处于非法状态时，在不同的 C++语言支撑平台中成员函数 ignore 的行为有可能会有所不同。

下面给出调用输入流类 istream 的成员函数 ignore 的第 1 个示例代码片断。

```
char c = 'C';                                                    // 1
cin.ignore( );                                                   // 2
cin >> c;                                                        // 3
```

对于上面的代码，如果输入的是"1234↙"，并且标准输入 cin 处于合法状态，则上面第 2 行代码"cin.ignore( );"会使得标准输入 cin 跳过输入的第 1 个字符'1'，从而在第 3 行代码"cin >> c;"处解析输入的第 2 个字符'2'，并赋值给变量 c，使得变量 c='2'。

下面给出调用输入流类 istream 的成员函数 ignore 的第 2 个示例代码片断。

```cpp
char c = 'C';                                         // 1
cin.ignore(3);                                        // 2
cin >> c;                                             // 3
```

对于上面的代码，如果输入的是"1234↙"，并且标准输入 cin 处于合法状态，则上面第 2 行代码"cin.ignore(3);"会使得标准输入 cin 跳过输入的前 3 个字符，从而在第 3 行代码"cin >> c;"处解析输入的第 4 个字符'4'，并赋值给变量 c，使得变量 c='4'。

下面给出调用输入流类 istream 的成员函数 ignore 的第 3 个示例代码片断。

```cpp
char a = 'A';                                         // 1
char b = 'B';                                         // 2
int n = 2;                                            // 3
cin >> a;                                             // 4
cin >> n;                                             // 5
cin.ignore(n, a);                                     // 6
cin >> b;                                             // 7
cout << "a = " << a << endl;                          // 8
cout << "n = " << n << endl;                          // 9
cout << "b = " << b << endl;                          // 10
```

对于上面的代码，设刚开始标准输入 cin 处于合法状态，下面给出 3 个运行结果示例。

// 运行示例 1	// 运行示例 2	// 运行示例 3
h3abcdef↙	*b3abcdef↙*	*bcabcdef↙*
a = h	a = b	a = b
n = 3	n = 3	n = 2
b = d	b = c	b = B

这里讲解上面的第 1 个运行结果示例。如果输入的是"h3abcdef↙"，则在第 4 行代码"cin >> a;"处，标准输入 cin 解析输入的第 1 个字符'h'，并赋值给变量 a，使得变量 a='h'。在第 5 行代码"cin >> n;"处，标准输入 cin 继续解析输入的第 2 个字符'3'，并赋值给变量 n，使得变量 n=3。这样，将变量 a 和 n 的值代入到第 6 行代码"cin.ignore(n, a);"中，得到"cin.ignore(3, 'h');"。因为字符'h'不在后续的输入字符串中，而且"abcdef"的字节数大于 3，所以第 6 行代码将使得标准输入 cin 跳过输入的 3 个字符，从而将标准输入 cin 的下一个待处理字符变成为字符'd'。因此，在第 7 行代码"cin >> b;"处，标准输入 cin 解析输入的第 6 个字符'd'，并赋值给变量 b，使得变量 b='d'。

这里讲解上面的第 2 个运行结果示例。如果输入的是"b3abcdef↙"，则在第 4 行代码"cin >> a;"处，标准输入 cin 解析输入的第 1 个字符'b'，并赋值给变量 a，使得变量 a='b'。在第 5 行代码"cin >> n;"处，标准输入 cin 继续解析输入的第 2 个字符'3'，并赋值给变量 n，使得变量 n=3。这样，将变量 a 和 n 的值代入到第 6 行代码"cin.ignore(n, a);"中，得到"cin.ignore(3, 'b');"。因为字符'b'位于后续的输入字符串"abcdef↙"中，而且在待处理的字符串"abcdef↙"当中，在字符'b'之前只有 1 个字符'a'，占用 1 个字节，没有超过 2（=3-1）个字节，所以第 6 行代码将使得标准输入 cin 跳过 2 个字符，从字符'b'之后的字符继续处理输入的数据，即这时的待处理数据变成为字符串"cdef↙"。因此，在**第 7 行代码**"cin >> b;"处，标准输入 cin 解析输入的第 5 个字符'c'，并赋值给变量 b，使得变量 b='c'。

这里讲解上面的**第 3 个运行结果示例**。**如果输入的是"bcabcdef↙"**，则在**第 4 行代码**"cin >> a;"处，标准输入 cin 解析输入的第 1 个字符'b'，并赋值给变量 a，使得变量 a='b'。在**第 5 行代码**"cin >> n;"处，标准输入 cin 继续解析输入的第 2 个字符'c'，但是接收输入的变量 n 的数据类型是整数，而字符'c'不是组成整数的字符。因此，标准输入 cin 发现输入数据的**格式有误**，结果变量 n 的值不变，即保持 n=2，同时输入的状态变为**非法状态**。这样，**第 6 行代码**"cin.ignore(n, a);"通常直接返回标准输入 cin 的引用，即不做其他处理。同时，**第 7 行代码**"cin >> b;"也因为标准输入 cin 的为**非法状态**而无法解析输入的数据，结果变量 b 的值不变，即保持 b='B'。

下面给出调用输入流类 istream 的成员函数 ignore 的**第 4 个示例代码片断**。

```
char c = 'C';                                              // 1
int n = 2;                                                 // 2
cin >> n;                                                  // 3
cin.ignore( );                                             // 4
cin.clear( );                                              // 5
cin >> c;                                                  // 6
```

对于上面的代码，**如果输入的是"abc↙"**，并且标准输入 cin 处于合法状态，则在上面**第**对于自定义的数据类型等**行代码**"cin >> n;"处，标准输入 cin 解析输入的第 1 个字符'a'，但接收输入的变量 n 的数据类型是整数，而字符'a'不是组成整数的字符。因此，标准输入 cin 发现输入数据的**格式有误**，结果变量 n 的值不变，即保持 n=2，同时输入的状态变为**非法状态**。这样，**第 4 行代码**"cin.ignore(n, a);"通常直接返回标准输入 cin 的引用，即不做其他处理。**第 5 行代码**"cin.clear( );"将标准输入 cin 恢复为**合法状态**。这样，在**第 6 行代码**"cin >> c;"处，标准输入 cin 继续解析输入的第 1 个字符'a'，并赋值给变量 c，使得变量 c='a'。

这里通过例程来说明如何在允许输入格式有误条件下接收整数的输入。

例程 6-1　在允许输入格式有误条件下接收整数的输入。

例程功能描述：接收整数的输入。如果输入的格式有误，则要求重新输入整数。如果输入被中止，则退出接收整数的输入。

例程解题思路：例程代码由 3 个源程序代码文件"CP_GetInteger.h""CP_GetInteger.cpp"和"CP_GetIntegerMain.cpp"组成，具体的程序代码如下。

```
// 文件名: CP_GetInteger.h; 开发者: 雍俊海                          行号
#ifndef CP_GETINTEGER_H                                     // 1
#define CP_GETINTEGER_H                                     // 2
                                                            // 3
extern bool gb_getInteger(int& result);                     // 4
#endif                                                      // 5
```

// 文件名：**CP_GetInteger.cpp**；开发者：雍俊海	行号
| ```cpp
#include <iostream>
using namespace std;

// 如果获取到输入的整数，则返回 true；否则，返回 false
bool gb_getInteger(int& result)
{
    do
    {
        cout << "请输入一个整数：";
        cin >> result;
        if (cin.good())
            break;
        else
        {
            if (cin.eof())
            {
                cout << "输入被终止。输入结束。" << endl;
                return false;
            } // if 结构结束
            cout << "输入格式有误，请重新输入。";
            cin.clear();  // 清除错误状态
            cin.ignore(); // 跳过输入缓冲区的 1 个字符
        } // if-else 结构结束
    } while (true); // do-while 结构结束
    return true;
} // gb_getInteger 函数结束
``` | // 1<br>// 2<br>// 3<br>// 4<br>// 5<br>// 6<br>// 7<br>// 8<br>// 9<br>// 10<br>// 11<br>// 12<br>// 13<br>// 14<br>// 15<br>// 16<br>// 17<br>// 18<br>// 19<br>// 20<br>// 21<br>// 22<br>// 23<br>// 24<br>// 25<br>// 26 |

// 文件名：**CP_GetIntegerMain.cpp**；开发者：雍俊海	行号
| ```cpp
#include <iostream>
using namespace std;
#include "CP_GetInteger.h"

int main(int argc, char* args[])
{
    int i = 0;
    bool b = gb_getInteger(i);
    if (b)
        cout << "输入的整数是：" << i << "。" << endl;
    else cout << "没有获取到输入的整数。"<< endl;
    system("pause"); // 暂停控制台窗口
    return 0; // 返回 0 表明程序运行成功
} // main 函数结束
``` | // 1<br>// 2<br>// 3<br>// 4<br>// 5<br>// 6<br>// 7<br>// 8<br>// 9<br>// 10<br>// 11<br>// 12<br>// 13<br>// 14 |

可以对上面的代码进行编译、链接和运行。下面给出第 1 个运行结果示例。

请输入一个整数：*a*↙

> 输入格式有误，请重新输入。请输入一个整数：*114*↙
> 输入的整数是：114。
> 请按任意键继续．．．

下面给出第 2 个运行结果示例。

> 请输入一个整数：　*^Z*↙
> 输入被终止。输入结束。
> 没有获取到输入的整数。
> 请按任意键继续．．．

例程分析：在源文件 "CP_GetInteger.cpp" 中所定义的全局函数 gb_getInteger 实现了本例程要求的功能。如**第 7～24 行代码**所示，全局函数 gb_getInteger 通过 do-while 循环来接收整数的输入。如**第 11～12 行代码**所示，如果成功接收到整数的输入，则退出 do-while 循环，然后通过第 25 行代码 "return true;" 返回 true。如**第 15～19 行代码**所示，**如果输入的是 "^Z↙"**，其中 "^Z" 表示输入组合键 Ctrl+z，即输入流结束符，则中止接收整数的输入，并于**第 18 行代码** "return false;" 处返回 false。上面的第 2 个运行结果示例就属于这种情况。

第 21 行代码 "cin.clear();" 将标准输入 cin 的状态重置为合法状态，从而可以继续接收整数的输入。**第 22 行代码** "cin.ignore();" 跳过在当前输入中的第 1 个非法字符，从而可以接收后续的输入。这里不能删除第 21 行和第 22 行的代码。**如果没有第 21 行代码**，则标准输入 cin 的状态为不正常状态，从而无法继续接收整数的输入，也无法保证第 22 行代码 "cin.ignore();" 能够成功运行。因此，也**不能对调第 21 行和第 22 行代码的先后顺序**。**如果没有第 22 行代码**，则非法字符将一直位于输入缓冲区中，从而造成标准输入 cin 不断去处理这个非法字符，标准输入 cin 的状态不断地又变成为不正常状态。

如第 1 个运行结果示例所示，**如果输入的是 "a↙"**，则在运行第 10 行代码 "cin >> result;" 时会让标准输入 cin 的状态变成为不正常状态。这时，需要**第 21 行代码** "cin.clear();" 将标准输入 cin 的状态重置为合法状态，需要**第 22 行代码** "cin.ignore();" 跳过在当前输入中的非法字符'a'。这样，当继续运行到第 10 行代码 "cin >> result;" 时就可以**正确接收所输入的 "114↙"**。输出结果 "输入的整数是：114" 进一步验证了这个结论。

6.1.3　输出流

标准输出系列包括标准输出 cout、标准错误输出 cerr 和标准日志输出 clog。它们的数据类型都是**输出流类 ostream**。输出流类 ostream 是类模板 basic_ostream 实例化的结果：

```
typedef basic_ostream<char, char_traits<char> > ostream;
```

在 ostream 类的所有成员函数和运算符中，最常用的是**运算符<<**，其具体说明如下：

运算符 8　`ostream::operator<<`

声明：　　　`ostream& operator<<(T a);`

说明：　　　在上面的函数声明中，`T` 可以是 `bool`、`short`、`unsigned short`、`int`、`unsigned int`、 long、unsigned long、long long、unsigned long long、float、double 和 long double 等基本数据类型，也可以是由 C++语言支撑平台提供的 string 等复合数据类型。本运算是将函数参数 a 的值写入到当前的输出流对象中。

参数： 函数参数 a 用来存放待输出的数据。

返回值： 当前输出流实例对象的引用。

头文件： #include <iostream>

下面给出调用输出流类 ostream 的输出运算<<的示例代码片断。因为下面代码用到了字符串类 string，所以需要在源文件的头部添加文件包含语句"#include <string>"。

```
char c = 'c';                                        // 1
int n = 10;                                          // 2
double d = 20.5;                                     // 3
string s("string");                                  // 4
                                                     // 5
cout << "c = " << c << endl;      // 输出：c = c✓    // 6
cout << "n = " << n << endl;      // 输出：n = 10✓   // 7
cout << "d = " << d << endl;      // 输出：d = 20.5✓ // 8
cout << "&d = 0x" << &d << endl;  // 输出：&d = 0x0075F738✓ // 9
cout << "s = " << s << endl;      // 输出：s = string✓ // 10
```

输出流类 ostream 的成员函数 put 用来输出字符，其具体说明如下：

函数 48 ostream::put

声明： ostream& put(char c);

说明： 将字符 c 写入到当前的输出流对象中。

参数： 函数参数 c 是待输出的字符。

返回值： 当前输出流实例对象的引用。

头文件： #include <iostream>

下面给出调用输出流类 ostream 的成员函数 put 的示例代码片断。

```
cout.put('a');  // 输出：a                           // 1
cout.put('\n'); // 输出：✓                           // 2
```

上面 2 行代码分别通过输出流类 ostream 的实例对象 cout 调用成员函数 put，从而分别输出字母'a'和换行符。

输出流类 ostream 的成员函数 write 用来输出字符数组，其具体说明如下：

函数 49 ostream::write

声明： ostream& write(const char* s, streamsize n);

说明： 将字符 s[0]、s[1]、…、s[n-1]写入到当前的输出流对象中。本函数要求指针 s 必须指向合法的字符数组，而且该字符数组的元素个数必须不小于 n。

参数： ① s 指定待输出的字符序列。

② n 指定待输出字符的总个数。

返回值： 当前输出流实例对象的引用。

头文件： #include <iostream>

下面给出调用输出流类 ostream 的成员函数 write 的示例代码片断。

```
char s[100] = "ab\ncdef";                                    // 1
cout.write(s, 5); // 输出: ab↙cd                             // 2
```

上面的代码通过输出流类 ostream 的实例对象 cout 调用成员函数 write，输出字符'a'、'b'、'\n'、'c'和'd'，具体显示如下：

```
ab
cd
```

输出流类 ostream 的成员函数 flush 用来强制输出字符，其具体说明如下：

函数 50 `ostream::flush`
声明: `ostream& flush();`
说明: **强制**要求将位于输出流缓冲区当中的数据**立即**写入到当前的输出流对象中。
返回值: 当前输出流实例对象的引用。
头文件: `#include <iostream>`

将数据写入输出流对象过程通常实际上包含 2 个步骤。第 1 步是将数据写入到输出流所对应的缓冲区。第 2 步是等待缓冲区的数据积累到一定程度或者输出条件被触发，从而将在缓冲区中的数据写入输出流对象。调用成员函数 flush 可以触发将位于输出流缓冲区当中的数据立即写入到当前的输出流对象中。下面给出调用输出流类 ostream 的成员函数 flush 的示例代码片断。

```
cout << "abcd"; // 输出: abcd                                // 1
cout.flush();                                                // 2
```

因为上面的第 1 行代码通常就会直接输出字符串"abcd"，所以在运行第 2 行代码之前，在输出缓冲区中实际上已经没有数据了，**成员函数 flush 实际上起不了作用**。因此，上面的第 2 行代码只是展示了如何通过输出流类 ostream 的实例对象 cout 调用成员函数 flush。目前的操作系统越来越复杂，输出流缓冲区和成员函数 flush 的运行机制在具体的实现细节上也越来越复杂。而且在不同的操作系统下，在输出流缓冲区和成员函数 flush 的运行机制中的细节也有可能会有所不同。

下面通过一个例程来区分标准输出 cout、标准错误输出 cerr 和标准日志输出 clog。

例程 6-2 通过重定向区分 cout、cerr 和 clog 的例程。

例程功能描述：编写用来区分标准输出 cout、标准错误输出 cerr 和标准日志输出 clog 的重定向程序。

例程解题思路：首先将 cout、cerr 和 clog 分别重定向到不同的文本文件，并通过 cout、cerr 和 clog 分别输出不同的字符串。然后，恢复 cout、cerr 和 clog 在重定向之前的设置，并通过 cout、cerr 和 clog 分别输出不同的字符串。本例程非常简短，而且仅仅通过重定向来区分 cout、cerr 和 clog，基本上不具有可复用的价值。因此，本例程代码只包含 1 个源程序代码文件 "CP_RedirectionMain.cpp"，具体的程序代码如下。

// 文件名： **CP_RedirectionMain.cpp**；开发者： 雍俊海	行号
| ```cpp
#include <iostream>
#include <fstream>
using namespace std;

void gb_output(const char* tip)
{
   cout << tip << "cout" << endl;
   cerr << tip << "cerr" << endl;
   clog << tip << "clog" << endl;
} // 函数 gb_output 定义结束

void gb_redirection( )
{
   ofstream fileCout("D: \\cout.txt");
   ofstream fileCerr("D: \\cerr.txt");
   ofstream fileClog("D: \\clog.txt");
   streambuf *oldCout = cout.rdbuf(fileCout.rdbuf());
   streambuf *oldCerr = cerr.rdbuf(fileCerr.rdbuf());
   streambuf *oldClog = clog.rdbuf(fileClog.rdbuf());
   gb_output("File: ");
   cout.rdbuf(oldCout);
   cerr.rdbuf(oldCerr);
   clog.rdbuf(oldClog);
   gb_output("Cmd: ");
} // 函数 gb_redirection 定义结束

int main(int argc, char* args[])
{
   gb_redirection();
   system("pause"); // 暂停住控制台窗口
   return 0; // 返回 0 表明程序运行成功
} // main 函数结束
``` | // 1<br>// 2<br>// 3<br>// 4<br>// 5<br>// 6<br>// 7<br>// 8<br>// 9<br>// 10<br>// 11<br>// 12<br>// 13<br>// 14<br>// 15<br>// 16<br>// 17<br>// 18<br>// 19<br>// 20<br>// 21<br>// 22<br>// 23<br>// 24<br>// 25<br>// 26<br>// 27<br>// 28<br>// 29<br>// 30<br>// 31<br>// 32 |

可以对上面的代码进行编译、链接和运行。下面给出一个运行结果示例。

```
Cmd: cout
Cmd: cerr
Cmd: clog
请按任意键继续. . .
```

例程分析：源文件 "CP_RedirectionMain.cpp" 第 14～16 行的代码依次创建类 ofstream 的实例对象并打开文本文件 "cout.txt" "cerr.txt" 和 "clog.txt"。这 3 个文件将存放在硬盘 D 分区的根目录下。类 ofstream 的讲解请见第 6.2.2 小节。

第 17～19 行和第 21～23 行代码调用了**出入流类 ios 的成员函数 rdbuf**。成员函数 rdbuf
```

具有 2 种形式，其中第 1 种形式的具体说明如下：

函数 51　ios::rdbuf	
声明：	streambuf *rdbuf() const;
说明：	获取并返回绑定在当前流对象中的缓冲区地址。
返回值：	绑定在当前流对象中的缓冲区地址。
头文件：	#include <iostream>

出入流类 **ios** 的成员函数 **rdbuf** 的第 2 种形式的具体说明如下：

函数 52　ios::rdbuf	
声明：	streambuf *rdbuf(streambuf* s);
说明：	将缓冲区地址 s 绑定到当前流对象中，并返回在绑定 s 之前在当前流对象中绑定的缓冲区地址。
返回值：	被绑定 s 之前在当前流对象中绑定的缓冲区地址。
头文件：	#include <iostream>

在**第 17 行代码**中，"fileCout.rdbuf()"返回与 fileCout 相绑定的缓冲区地址，"oldCout = cout.rdbuf(fileCout.rdbuf())"将与 cout 相绑定的缓冲区地址**替换为**与 fileCout 相绑定的缓冲区地址，并将替换前的缓冲区地址保存在指针 oldCout 中。这样，当通过 cout 输出数据时，就会输出到与 cout 相绑定的缓冲区，从而输出到与 fileCout 相绑定的缓冲区，进而写入到 fileCout 对应的文件当中。这就称为将标准输出 cout **重定向**为 fileCout 对应的文件，即文件 "cout.txt"。类似地，在**第 18 行代码**中，"cerr.rdbuf(fileCerr.rdbuf())"将标准错误输出 cerr **重定向**为 fileCerr 对应的文件，即文件 "cerr.txt"；在**第 19 行代码**中，"clog.rdbuf(fileClog.rdbuf())"将标准日志输出 clog **重定向**为 fileClog 对应的文件，即文件 "clog.txt"。**第 20 行代码**通过调用函数 gb_output 分别由 cout、cerr 和 clog 输出不同的字符串。于是，通过重定向，这些字符串就会分别保存到文件 "cout.txt""cerr.txt" 和 "clog.txt" 中。在运行完上面的程序之后，我们可以打开这 3 个文件。这时，文件 "D:\cout.txt" 的内容变为：

```
File:  cout
```

文件 "D:\cerr.txt" 的内容变为：

```
File:  cerr
```

文件 "D:\clog.txt" 的内容变为：

```
File:  clog
```

第 21 行代码 "cout.rdbuf(oldCout);"再次通过重定向，将标准输出 cout **重定向回** cout 自己的缓冲区。**第 22 行代码** "cerr.rdbuf(oldCerr);"再次通过重定向，将标准错误输出 cerr **重定向回** cerr 自己的缓冲区。**第 23 行代码** "clog.rdbuf(oldClog);"再次通过重定向，将标准日志输出 clog 重定向回 clog 自己的缓冲区。这样，第 24 行代码通过调用函数 gb_output 分别由 cout、cerr 和 clog 输出不同的字符串，输出的结果就会显示在控制台窗口中，如上面的运行结果示例所示。而且这些内容不会出现在文本文件"cout.txt""cerr.txt"和"clog.txt"中。

对于输入和输出的重定向，还可以在控制台窗口中通过命令行运行程序的方式实现。下面通过一个例程来讲解这种方式。

例程 6-3 通过命令行实现输入和输出的重定向。

例程功能描述：展示如何通过命令行运行程序的方式实现输入和输出的重定向。

例程解题思路：分别通过 cout、cerr 和 clog 输出不同的字符串，通过 cin 接收字符的输入。然后，通过命令行的方式将输入和输出重定向到不同的文件。最后，运行程序并查看输出结果和这些文件的内容，从而体现出重定向功能。本例程非常简短，基本上不具有可复用的价值。因此，本例程代码只包含 1 个源程序代码文件"CP_InOutMain.cpp"，具体的程序代码如下。

```
// 文件名：CP_InOutMain.cpp；开发者：雍俊海                    行号
#include <iostream>                                          // 1
using namespace std;                                         // 2
                                                             // 3
int main(int argc, char* args[])                             // 4
{                                                            // 5
    char c;                                                  // 6
    cout << "请输入一个字符："；                              // 7
    cin >> c;                                                // 8
    cout << "输入的字符是\'" << c << "\'。";                  // 9
    cerr << "cerr";                                          // 10
    clog << "clog";                                          // 11
    system("pause"); // 暂停住控制台窗口                      // 12
    return 0; // 返回 0 表明程序运行成功                       // 13
} // main 函数结束                                            // 14
```

可以对上面的代码进行编译、链接和运行。下面给出一个运行结果示例。

请输入一个字符：*a*↙
输入的字符是'a'。cerrclog请按任意键继续. . .

例程分析：在命令行中带有重定向参数运行程序的命令格式如下：

命令 0<标准输入文件名 1>标准输出文件名 2>标准日志和错误输出文件名

在上面命令格式中，**"0"表示标准输入**，在它之后紧跟着的是小于号（<）和一个文件名，这个文件将成为标准输入重定向的输入文件，标准输入 cin 将从这个文件中读取数据；**"1"表示标准输出**，在它之后紧跟着的大于号（>）和一个文件名，这个文件将成为标准输出重定向的输出文件，通过 cout 输出的内容将会写入到这个文件中；**"2"表示标准**

错误输出和标准日志输出，在它之后紧跟着的是**大于号**（>）和一个文件名，这个文件将成为标准错误输出和标准日志输出重定向的输出文件，通过 cerr 和 clog 输出的内容将会写入到这个文件中。

这里假设程序所在路径为"D:\Examples\CP_InOut\Debug\"，而且在这个路径下存在文本文件"cin.txt"。文件"cin.txt"的内容为

```
a
```

我们可以参照第 1.2.1 小节介绍的方法进入在控制台窗口，然后通过分区和"cd"命令进入到上面程序的可执行文件所在路径，最后按照上面重定向运行程序的命令格式编写程序运行命令，并运行程序，如图 6-2 所示。

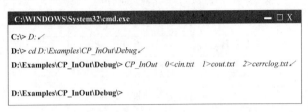

图 6-2　带有重定向参数运行程序示例图

在运行完程序之后，文件"D:\Examples\CP_InOut\Debug\cout.txt"的内容变为：

```
请输入一个字符：　输入的字符是'a'。请按任意键继续...
```

文件"D:\Examples\CP_InOut\Debug\cerrclog.txt"的内容变为：

```
cerrclog
```

从上面的运行结果可以看出，输出的内容分成了两部分，其中通过 cout 输出的内容写入文件"cout.txt"中，通过 cerr 和 clog 输出的内容写入文件"cerrclog.txt"中。

6.2　文　件　流

组成文件的数据可以看作一连串的有序字节或字符。组成文件的数据通常也称为文件的内容。对文件内容进行处理常常也简称为**文件处理**。在文件处理中，处理文件数据的过程像流水作业一样。因此，处理文件数据的类被称为**文件流类**。文件流类又可以分成为**只读文件流类 ifstream**、**只写文件流类 ofstream** 和**读写文件流类 fstream**。使用这些文件流类通常需要添加如下的文件包含语句：

```
#include <fstream>
```

图 6-3 给出了**通过文件流类进行文件处理的一般流程**。首先，创建文件流的实例对象。这时有 2 种选择，其中第一种是在创建实例对象时就打开文件，另一种是在创建实例对象

之后再通过该实例对象打开文件。在打开文件之后，就可以进行文件读写操作，即读取文件数据或在文件中写入数据。在完成文件读写操作之后，可以关闭文件。这时同样有 2 种选择，其中第一种是在析构文件流的实例对象的同时关闭文件，另一种是先关闭文件，再析构文件流的实例对象。在关闭文件之后，还可以通过文件流的实例对象重新打开文件。重新打开的文件可以是当前文件，也可以是其他文件。

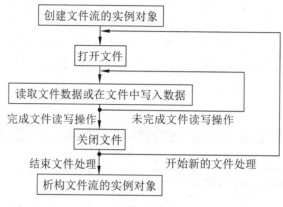

图 6-3　文件处理一般流程

> **▷注意事项▷**：
>
> （1）对于**同一个文件**，在同一个时刻，通常最多只能由一个文件流的实例对象打开。文件处理通常采用**文件加锁的机制**，即文件一旦打开，通常就会加上锁，从而避免在该文件没有关闭之前再次被打开。
>
> （2）对于**同一个文件流实例对象**，在同一个时刻，最多只能打开一个文件。如果一个文件流实例对象已经打开了一个文件，那么**在关闭这个文件之前不允许再打开文件**。

> **📖说明📖**：
>
> （1）将位于文件当中的数据读取到内存的过程称为**读取操作**、**读操作**或**输入操作**。这里所谓的内存就是变量或数组等的内存空间。
>
> （2）将存放在内存空间当中的数据写入文件当中的过程称为**写入操作**、**写操作**或**输出操作**。
>
> （3）读操作与写操作统称为**访问**或**访问操作**。

图 6-4　流的位置示意图

在出入流基础类 ios_base 中定义了表示流位置的如下 3 个常量：

（1）**ios_base::beg** 表示流的开头位置；

（2）**ios_base::cur** 表示流的当前位置；

（3）**ios_base::end** 表示流的末尾位置。

这 3 个流位置的示意图如图 6-4 所示。对于文件流，**当刚打开文件时**，根据文件的模式，文件流的当前位置有可能会在流的开头位置，也有可能在流的末尾位置。当进行读写操作时，文件流的当前位置就会向前移动。当写操作时，如果文件流的当前位置位于流的末尾位置，则文件流的当前位置向前移动，同时流的末尾位置向前延伸，即流的长度变长。

6.2.1　只读文件流类 ifstream

只读文件流类 ifstream 是类模板 basic_ifstream 实例化的结果：

```
typedef basic_ifstream<char, char_traits<char> > ifstream;
```

而类模板 basic_ifstream 是类模板 basic_istream 的子类模板。因此，只读文件流类 ifstream 可以看作是输入流类 istream 的子类。在满足封装性的前提条件下，只读文件流类 ifstream 的实例对象可以使用输入流类 istream 及其父类的成员。

下面首先介绍只读文件流类的 3 个最基本的构造函数。

函数 53　**ifstream::ifstream**	
声明：	`ifstream();`
说明：	构造只读文件流类的实例对象。
头文件：	`#include <fstream>`

函数 54　**ifstream::ifstream**	
声明：	`ifstream(const char* fileName, ios_base::openmode mode =` `ios_base::in);`
说明：	构造只读文件流类的实例对象，同时以 mode 模式打开文件 fileName。
参数：	① 函数参数 fileName 指定所需要打开的文件的名称。 ② 函数参数 mode 指定打开文件的模式，其值只能为"ios_base::in"或"ios_base::in | ios_base::binary"。
头文件：	`#include <fstream>`

函数 55　**ifstream::ifstream**	
声明：	`ifstream(const string& fileName, ios_base::openmode mode =` `ios_base::in);`
说明：	构造只读文件流类的实例对象，同时以 mode 模式打开文件 fileName。
参数：	① 函数参数 fileName 指定所需要打开的文件的名称。 ② 函数参数 mode 指定打开文件的模式，其值只能为"ios_base::in"或"ios_base::in | ios_base::binary"。
头文件：	`#include <fstream>`。因为函数参数 fileName 的数据类型是 string，所以还需要添加"#include <string>"。

只读文件流类的构造函数和成员函数 open 都含有文件打开模式的函数参数 mode。只读文件流的文件打开模式 mode 只能在下面 2 个选项中选择 1 个：

（1）**ios_base::in**。这个选项表示以文本方式打开文件，并且允许读取操作。

（2）**ios_base::in | ios_base::binary**。这个选项表示以二进制方式打开文件，并且允许读取操作。

这里介绍只读文件流类的成员函数 open 的 2 种形式，其中第 1 种的具体说明如下：

函数 56	`ifstream::open`
声明:	`void open(const char* fileName, ios_base::openmode mode =` `ios_base::in);`
说明:	以 mode 模式打开文件 `fileName`。
参数:	① 函数参数 `fileName` 指定所需要打开的文件的名称。
	② 函数参数 mode 指定打开文件的模式，其值只能为"`ios_base::in`"或"`ios_base::` `in	ios_base::binary`"。
头文件:	`#include <fstream>`

只读文件流类的成员函数 **open** 的第 2 种形式的具体说明如下：

函数 57	`ifstream::open`
声明:	`void open(const string& fileName, ios_base::openmode mode =` `ios_base::in);`
说明:	以 mode 模式打开文件 `fileName`。
参数:	① 函数参数 `fileName` 指定所需要打开的文件的名称。
	② 函数参数 mode 指定打开文件的模式，其值只能为"`ios_base::in`"或"`ios_base::` `in	ios_base::binary`"。
头文件:	`#include <fstream>`。因为函数参数 `fileName` 的数据类型是 `string`，所以还需要添 加 "`#include <string>`"。

只读文件流类的成员函数 **close** 的具体说明如下：

函数 58	`ifstream::close`
声明:	`void close();`
说明:	关闭当前处于打开状态的文件。
头文件:	`#include <fstream>`

只读文件流类的析构函数的具体说明如下：

函数 59	`ifstream::~ifstream`
声明:	`~ifstream();`
说明:	析构只读文件流类的实例对象。如果在当前的实例对象中有 1 个文件正处于打开的状态，则 调用成员函数 close 关闭该文件。
头文件:	`#include <fstream>`

这里通过例程来说明如何读取文本文件的内容。

例程 6-4　读取并输出文本文件的内容。

例程功能描述：接收文件名的输入。如果成功打开这个文件，就在控制台窗口中输出这个文件的内容。

例程解题思路：接收文件名的输入可以通过接收输入字符串来实现。然后，尝试将这个字符串当作文件名，采用只读文本文件的模式打开文件。如果无法打开这个文件，就输出打开失败的提示。如果成功打开这个文件，就读取这个文件当中的字符，并通过标准输出 cout 输出读取到的字符。例程代码由 3 个源程序代码文件"CP_FileShow.h""CP_

FileShow.cpp" 和 "CP_FileShowMain.cpp" 组成，具体的程序代码如下。

// 文件名： **CP_FileShow.h**；开发者： 雍俊海	行号
`#ifndef CP_FILESHOW_H`	// 1
`#define CP_FILESHOW_H`	// 2
	// 3
`extern void gb_fileShow();`	// 4
`extern void gb_fileShowContent(const string& fileName);`	// 5
`extern void gb_getFileName(string& fileName);`	// 6
`#endif`	// 7

// 文件名： **CP_FileShow.cpp**；开发者： 雍俊海	行号
`#include <iostream>`	// 1
`#include <fstream>`	// 2
`#include <string>`	// 3
`using namespace std;`	// 4
`#include "CP_FileShow.h"`	// 5
	// 6
`void gb_fileShow()`	// 7
`{`	// 8
`    string fileName;`	// 9
`    gb_getFileName(fileName);`	// 10
`    gb_fileShowContent(fileName);`	// 11
`} // 函数 gb_fileShow 定义结束`	// 12
	// 13
`void gb_fileShowContent(const string& fileName)`	// 14
`{`	// 15
`    ifstream fileObject;`	// 16
`    fileObject.open(fileName);`	// 17
`    if (fileObject.fail())`	// 18
`    {`	// 19
`        cout << "文件\"" << fileName << "\"打开失败。\n";`	// 20
`        return;`	// 21
`    } // if 结束`	// 22
`    cout << "文件\"" << fileName << "\"的内容为：\n";`	// 23
`    int c;`	// 24
`    do`	// 25
`    {`	// 26
`        c = fileObject.get();`	// 27
`        if (fileObject.good())`	// 28
`            cout.put(c);`	// 29
`    } while (!fileObject.eof());`	// 30
`    fileObject.close();`	// 31
`    cout << "\n 文件\"" << fileName << "\"的内容到此结束。\n";`	// 32
`} // 函数 gb_fileShowContent 定义结束`	// 33
	// 34
`void gb_getFileName(string& fileName)`	// 35

```
{                                                              // 36
    cout << "请输入文件名：";                                   // 37
    cin >> fileName;                                          // 38
    cout << "输入的文件名是\"" << fileName << "\"。\n";          // 39
} // 函数 gb_getFileName 定义结束                                // 40
```

// 文件名： **CP_FileShowMain.cpp**；开发者： 雍俊海	行号

```
#include <iostream>                                           // 1
using namespace std;                                          // 2
#include "CP_FileShow.h"                                      // 3
                                                             // 4
int main(int argc, char* args[])                             // 5
{                                                            // 6
    gb_fileShow();                                           // 7
    system("pause"); // 暂停控制台窗口                          // 8
    return 0; // 返回 0 表明程序运行成功                         // 9
} // main 函数结束                                             // 10
```

可以对上面的代码进行编译、连接和运行。下面给出一个运行结果示例。

```
请输入文件名： in.txt↙
输入的文件名是"in.txt"。
文件"in.txt"的内容为：
Pain past is pleasure.

文件"in.txt"的内容到此结束。
请按任意键继续. . .
```

例程分析：源文件"CP_FileShow.cpp"第 35~40 行代码通过函数 gb_getFileName 接收文件名的输入。这个文件名的数据类型是 string。具体的语句是"cin >> fileName;"，位于**第 38 行**。如果输入的文件名不含有路径，则要求这个文件位于当前的工作路径下。为了保险起见，这里也可以输入带有完整路径的文件名，例如，"D：\Examples\CP_FileShow\in.txt"或者"D：\Examples\CP_FileShow\Debug\in.txt"。

源文件"CP_FileShow.cpp"第 14～33 行代码通过函数 gb_fileShowContent 来读取并输出文件的内容。首先，**第 16 行**代码"ifstream fileObject;"创建只读文件流类的实例对象 fileObject。然后，**第 17 行**代码"fileObject.open(fileName);"通过只读文件流类的实例对象 fileObject 采用只读文本文件的模式打开文件。这 2 行代码也可以简化为"ifstream fileObject(fileName);"，即在创建只读文件流实例对象的同时打开文件。

第 18 行代码"fileObject.fail()"实际上是调用了**出入流类 ios 的成员函数 fail**。如果打开文件失败，则成员函数 fail 返回 true；如果成功打开文件，则成员函数 fail 返回 false。

因为出入流类 ios、出入流基础类 ios_base 和输入流类 istream 都是只读文件流类 ifstream 的父类，所以在满足封装性的前提条件下，**只读文件流类的实例对象可以调用 ios、ios_base 和 istream 的成员函数**。因此，**第 27 行**代码"c = fileObject.get();"调用了**输入流类 istream**

的成员函数 get 来获取位于文件中的字符。第 28 行代码 "fileObject.good()" 调用了出入流类 ios 中的成员函数 good 来判断是否正确获取到位于文件中的字符。第 30 行代码 "fileObject.eof()" 调用了出入流类 ios 中的成员函数 eof 来判断是否越过文件的末尾。因为只有越过文件末尾，成员函数 eof 才会为真，所以在读取文件的最后 1 个字符之后，位于第 27 行的成员函数 get 必须再读取 1 次字符才能算是越过文件末尾，而这时读取的字符是无效的字符，即这时位于第 28 行的成员函数 good 会返回 false。因此，第 28 行代码是有必要的。否则，在这时，第 29 行代码 "cout.put(c);" 就会输出这个无效的字符。

在文件处理结束之后，第 31 行代码 "fileObject.close();" 关闭通过第 17 行代码打开的文件。当然，这里也可以删除第 31 行代码，因为只读文件流类实例对象 fileObject 的析构函数也会调用成员函数 close。

输入流类 istream 的成员函数 tellg 用来返回输入流的当前位置，其具体说明如下：

函数 60	`istream::tellg`
声明：	`ifstream::pos_type tellg();`
说明：	如果执行成功，则返回输入流的当前位置；否则，返回 `ifstream::pos_type(-1)`。
返回值：	如果执行成功，则返回输入流的当前位置；否则，返回 `ifstream::pos_type(-1)`。
头文件：	`#include <iostream>` 和 `#include <fstream>`

输入流类 istream 的成员函数 seekg 用来移动输入流的当前位置。它拥有 2 种形式，其中只有 1 个函数参数的函数具体说明如下：

函数 61	`istream::seekg`
声明：	`istream& seekg(ifstream::pos_type pos);`
说明：	将输入流的当前位置移到 pos 的位置。
参数：	pos 指定将要移动到的位置。
返回值：	当前输入流实例对象的引用。
头文件：	`#include <iostream>` 和 `#include <fstream>`

输入流类 istream 的成员函数 seekg 的第 2 种形式的具体说明如下：

函数 62	`istream::seekg`
声明：	`istream& seekg(ifstream::off_type off, ios_base::seekdir base);`
说明：	将输入流的当前位置移到与基准位置 base 的距离为 off 的位置处。
参数：	① off 指定相对于基准位置 base 的距离。如果 off 大于 0，则相对于基准位置 base 向前移动；如果 off 小于 0，则相对于基准位置 base 往回移动；
	② base 指定移动的基准位置。base 的值只能是如下 3 个值之一：
	（1）`ios_base::beg` 表示输入流的开头位置；
	（2）`ios_base::cur` 表示输入流的当前位置；
	（3）`ios_base::end` 表示输入流的末尾位置。
返回值：	当前输入流实例对象的引用。
头文件：	`#include <iostream>` 和 `#include <fstream>`

这里通过例程来说明如何调用输入流类 istream 的成员函数 tellg 和 seekg。

例程 6-5　获取指定文件位置的字符。

例程功能描述：首先，接收文件名的输入。然后，通过循环输出在该文件中位于指定位置的字符。在循环体中，允许选择指定文件位置的方式或者退出循环。指定文件位置的方式包含绝对位置和相对位置共 2 种方式。

例程解题思路：接收文件名的输入可以通过接收输入字符串来实现。在循环体中，设置 3 种命令，其中整数 1 表示采用绝对位置的方式指定文件位置，整数 2 表示采用相对位置的方式指定文件位置，其他整数表示退出循环。通过调用输入流类 istream 的成员函数 seekg 实现移动文件流的当前位置。在输出指定文件位置的字符的前后，分别调用输入流类 istream 的成员函数 tellg 获取文件流的当前位置，并输出文件流的当前位置，从而直观展示移动文件流的当前位置的结果。例程代码由 3 个源程序代码文件 "CP_FilePositionChar.h" "CP_FilePositionChar.cpp" 和 "CP_FilePositionCharMain.cpp" 组成，具体的程序代码如下。

```
// 文件名：CP_FilePositionChar.h; 开发者：雍俊海                    行号
#ifndef CP_FILEPOSITIONCHAR_H                                      // 1
#define CP_FILEPOSITIONCHAR_H                                      // 2
                                                                  // 3
extern void gb_fileShowPositionChar();                            // 4
extern void gb_readFileName(string& fileName);                    // 5
extern void gb_seek(ifstream& fileObject);                        // 6
extern void gb_seekOff(ifstream& fileObject);                     // 7
extern void gb_showPositionAndChar(ifstream& fileObject);         // 8
#endif                                                            // 9
```

```
// 文件名：CP_FilePositionChar.cpp; 开发者：雍俊海                 行号
#include <iostream>                                                // 1
#include <fstream>                                                 // 2
#include <string>                                                  // 3
using namespace std;                                              // 4
#include "CP_FilePositionChar.h"                                  // 5
                                                                  // 6
void gb_fileShowPositionChar()                                    // 7
{                                                                 // 8
    int i = 0;                                                    // 9
    string fileName;                                              // 10
    gb_readFileName(fileName);                                     // 11
                                                                  // 12
    ifstream fileObject(fileName);                                // 13
    if (fileObject.fail())                                         // 14
    {                                                             // 15
        cout << "文件" << fileName << "打开失败。\n";              // 16
        return;                                                   // 17
    } // if 结束                                                   // 18
    do                                                            // 19
    {                                                             // 20
```

```
        cout << "请输入命令[1 表示绝对位置，2 表示相对位置，其他表示退出]： ";   // 21
        cin >> i;                                                           // 22
        if (i == 1)                                                         // 23
            gb_seek(fileObject);                                            // 24
        else if (i == 2)                                                    // 25
            gb_seekOff(fileObject);                                         // 26
        else break;                                                        // 27
    } while (true); // do/while 结束                                        // 28
    fileObject.close();                                                    // 29
} // 函数 gb_fileShowPositionChar 定义结束                                   // 30
                                                                           // 31
void gb_readFileName(string& fileName)                                     // 32
{                                                                          // 33
    cout << "请输入文件名： ";                                              // 34
    cin >> fileName;                                                       // 35
    cout << "输入的文件名是\"" << fileName << "\"。\n";                     // 36
} // 函数 gb_readFileName 定义结束                                          // 37
                                                                           // 38
void gb_seek(ifstream& fileObject)                                         // 39
{                                                                          // 40
    cout << "请输入文件的绝对位置： ";                                      // 41
    int p = 0;                                                             // 42
    cin >> p;                                                              // 43
    cout << "输入的文件绝对位置是" << p << "。" << endl;                    // 44
    fileObject.seekg(p);                                                   // 45
    gb_showPositionAndChar(fileObject);                                    // 46
} // 函数 gb_seek 定义结束                                                  // 47
                                                                           // 48
void gb_seekOff(ifstream& fileObject)                                      // 49
{                                                                          // 50
    cout << "请输入整数 p 和 w，并以空格分隔， " << endl;                   // 51
    cout << "\t 其中 p 表示移动量。" << endl;                              // 52
    cout << "\tw 表示相对的基准位置： 0 开头，1 当前，2 末尾。" << endl;    // 53
    int p = 0;                                                             // 54
    int w = 0;                                                             // 55
    cin >> p >> w;                                                         // 56
    cout << "p = " << p << ", ";                                           // 57
    cout << "w = " << w << "。" << endl;                                   // 58
    if (w==0)                                                              // 59
        fileObject.seekg(p, ios_base::beg);                                // 60
    else if (w == 1)                                                       // 61
        fileObject.seekg(p, ios_base::cur);                                // 62
    else fileObject.seekg(p, ios_base::end);                               // 63
    gb_showPositionAndChar(fileObject);                                    // 64
} // 函数 gb_seekOff 定义结束                                               // 65
                                                                           // 66
void gb_showPositionAndChar(ifstream& fileObject)                          // 67
```

```
{                                                                    // 68
   if (fileObject.fail())                                            // 69
   {                                                                 // 70
      cout << "当前文件处于不正常状态。下面清除不正常状态。" << endl;    // 71
      fileObject.clear();                                            // 72
   } // if 结束                                                       // 73
   ifstream::pos_type p = fileObject.tellg();                        // 74
   cout << "文件的当前位置为" << p;                                   // 75
   int c = 'Z';                                                      // 76
   c = fileObject.get();                                             // 77
   if (fileObject.good())                                            // 78
      cout<<"。此位置的字符为'"<<(char)c<< "'[" << c << "]。" <<endl; // 79
   else                                                              // 80
   {                                                                 // 81
      cout << "。读取此位置的字符失败!" << endl;                      // 82
      fileObject.clear();                                            // 83
   } // if/else 结束                                                  // 84
   p = fileObject.tellg();                                           // 85
   cout << "在读取字符之后，文件的当前位置变为" << p << "。" << endl;   // 86
} // 函数 gb_showPositionAndChar 定义结束                             // 87
```

// 文件名: **CP_FilePositionCharMain.cpp**；开发者: 雍俊海	行号

```
#include <iostream>                                                  // 1
using namespace std;                                                 // 2
#include "CP_FilePositionChar.h"                                     // 3
                                                                     // 4
int main(int argc, char* args[])                                     // 5
{                                                                    // 6
   gb_fileShowPositionChar();                                        // 7
   system("pause"); // 暂停住控制台窗口                              // 8
   return 0; // 返回 0 表明程序运行成功                              // 9
} // main 函数结束                                                    // 10
```

设文本文件"D:\Examples\CP_FilePositionChar\data.txt"的内容为：

```
abcdefgh
```

可以对上面的代码进行编译、连接和运行。下面给出一个运行结果示例。

```
请输入文件名: D:\Examples\CP_FilePositionChar\data.txt↙
输入的文件名是"D:\Examples\CP_FilePositionChar\data.txt"。
请输入命令[1 表示绝对位置，2 表示相对位置，其他表示退出]: 1↙
请输入文件的绝对位置: 0↙
输入的文件绝对位置是 0。
文件的当前位置为 0。此位置的字符为'a'[97]。
在读取字符之后，文件的当前位置变为 1。
请输入命令[1 表示绝对位置，2 表示相对位置，其他表示退出]: 1↙
请输入文件的绝对位置: 3↙
```

输入的文件绝对位置是 3。

文件的当前位置为 3。此位置的字符为 'd' [100]。

在读取字符之后，文件的当前位置变为 4。

请输入命令[1 表示绝对位置，2 表示相对位置，其他表示退出]：　*1↙*

请输入文件的绝对位置：　*7↙*

输入的文件绝对位置是 7。

文件的当前位置为 7。此位置的字符为 'h' [104]。

在读取字符之后，文件的当前位置变为 8。

请输入命令[1 表示绝对位置，2 表示相对位置，其他表示退出]：　*1↙*

请输入文件的绝对位置：　*8↙*

输入的文件绝对位置是 8。

文件的当前位置为 8。读取此位置的字符失败！

在读取字符之后，文件的当前位置变为 8。

请输入命令[1 表示绝对位置，2 表示相对位置，其他表示退出]：　*2↙*

请输入整数 p 和 w，并以空格分隔，

　　　　其中 p 表示移动量。

　　　　w 表示相对的基准位置：　0 开头，1 当前，2 末尾。

2 0↙

p = 2, w = 0。

文件的当前位置为 2。此位置的字符为 'c' [99]。

在读取字符之后，文件的当前位置变为 3。

请输入命令[1 表示绝对位置，2 表示相对位置，其他表示退出]：　*2↙*

请输入整数 p 和 w，并以空格分隔，

　　　　其中 p 表示移动量。

　　　　w 表示相对的基准位置：　0 开头，1 当前，2 末尾。

3 1↙

p = 3, w = 1。

文件的当前位置为 6。此位置的字符为 'g' [103]。

在读取字符之后，文件的当前位置变为 7。

请输入命令[1 表示绝对位置，2 表示相对位置，其他表示退出]：　*2↙*

请输入整数 p 和 w，并以空格分隔，

　　　　其中 p 表示移动量。

　　　　w 表示相对的基准位置：　0 开头，1 当前，2 末尾。

6 1↙

p = 6, w = 1。

文件的当前位置为 13。读取此位置的字符失败！

在读取字符之后，文件的当前位置变为 13。

请输入命令[1 表示绝对位置，2 表示相对位置，其他表示退出]：　*2↙*

请输入整数 p 和 w，并以空格分隔，

　　　　其中 p 表示移动量。

　　　　w 表示相对的基准位置：　0 开头，1 当前，2 末尾。

1 2↙

p = 1, w = 2。

文件的当前位置为 9。读取此位置的字符失败！

在读取字符之后，文件的当前位置变为 9。

请输入命令[1 表示绝对位置，2 表示相对位置，其他表示退出]：　*2↙*

请输入整数 p 和 w，并以空格分隔，

```
        其中 p 表示移动量。
        w 表示相对的基准位置：  0 开头，1 当前，2 末尾。
-1 2↙
p = -1, w = 2。
文件的当前位置为 7。此位置的字符为'h'[104]。
在读取字符之后，文件的当前位置变为 8。
请输入命令[1 表示绝对位置，2 表示相对位置，其他表示退出]：  2↙
请输入整数 p 和 w，并以空格分隔，
        其中 p 表示移动量。
        w 表示相对的基准位置：  0 开头，1 当前，2 末尾。
-3 2↙
p = -3, w = 2。
文件的当前位置为 5。此位置的字符为'f'[102]。
在读取字符之后，文件的当前位置变为 6。
请输入命令[1 表示绝对位置，2 表示相对位置，其他表示退出]：  0
请按任意键继续．．．
```

例程分析：源文件"CP_FilePositionChar.cpp"第 13 行代码"ifstream fileObject(fileName);"在创建只读文件流类 ifstream 的实例对象 fileObject 时就打开文本文件。这时，实例对象 fileObject 的文件流的当前位置位于文件流的开头位置，即这时的输入流是实例对象 fileObject 对应的文件流。

源文件"CP_FilePositionChar.cpp"第 39～47 行代码定义了函数 gb_seek。这个函数采用绝对位置的方式指定文件位置。其中第 43 行代码"cin >> p;"获取输入的整数并保存到整数变量 p 中。第 45 行代码"fileObject.seekg(p);"调用输入流类 istream 的成员函数 seekg 要求将文件流的当前位置移动到位置 p。根据运行结果示例，当整数 p 非负并且小于文件的长度时，文件流的当前位置可以移动到位置 p，并且正确读取位于移动到的位置上的字符。例如，当 p=0 时，读取到文件"D：\Examples\CP_FilePositionChar\data.txt"的第 1 个字符'a'；当 p=3 时，读取到文件"D：\Examples\CP_FilePositionChar\data.txt"的第 4 个字符'd'；当 p=7 时，读取到文件"D：\Examples\CP_FilePositionChar\data.txt"的第 8 个字符'h'。在成功读取 1 个字符之后，文件的当前位置向前移动 1 个字节。如果整数 p 大于或等于文件的长度，则在移动文件流的当前位置之后，无法正确读取位于文件中的字符。例如，当 p=8 时，读取字符失败。

源文件"CP_FilePositionChar.cpp"第 49～65 行代码定义了函数 gb_seekOff。这个函数采用相对位置的方式指定文件位置。其中第 56 行代码"cin >> p >> w;"获取输入的 2 个整数并分别保存到整数变量 p 和 w 中。第 60 行代码"fileObject.seekg(p, ios_base::beg);"调用输入流类 istream 的成员函数 seekg 要求将文件流的当前位置移动到与文件流的开头位置的距离为 p 的位置。这时，p 实际上也是文件流的绝对位置，即"fileObject.seekg(p, ios_base::beg);"等价于"fileObject.seekg(p);"。因此，在运行结果示例中，当 p=2 并且 w=0 时，读取到文件"D：\Examples\CP_FilePositionChar\data.txt"的第 3 个字符'c'。在读取字符'c'之后，文件流的当前位置变为 3。第 62 行代码"fileObject.seekg(p, ios_base::cur);"调用输入流类 istream 的成员函数 seekg 要求将文件流的当前位置移动到与文件流的当前位置的距离为 p 的位置。因此，在运行结果示例中，当 p=3 并且 w=1 并且文件流的当前位置为 3 时，文件流的当前位置将会移动到 6 的位置，读取到文件"D:\Examples\CP_FilePositionChar\data.txt"的第 7 个字符'g'。在读取字符'c'之后，文件流的当前位置变为 7。同样，如果将文件流的当前位置移动到文件的末尾，则无法正确读取位于文件当中的字符。第 63 行代码 "fileObject.seekg(p, ios_base::end);"调用输入流类 istream 的成员函数 seekg 要求将文件流的当前位置移动到与文件流的末尾位置的距离为 p 的位置。因为在文件的末尾是无法正确读取位于文件中的字符，所以在这时，只有 p 为负整数才有可能正确读取位于文件当中的字符。例如，在运行结果示例中，当 p=1 并且 w=2 时，读取位于文件当中的字符失败；当 p=−1 并且 w=2 时，读取到文件"D：\Examples\CP_FilePositionChar\data.txt"的倒数第 1 个字符 'h'；当 p=−3 且 w=2 时，读取到文件"D：\Examples\CP_FilePositionChar\data.txt"的倒数第 3 个字符'f'。

　　第 74 行和第 85 行代码 "p = fileObject.tellg();"调用输入流类 istream 的成员函数 tellg 来获取文件流的当前位置。在调用成员函数 tellg 之前，一定要确保文件流处于正常状态；否则，成员函数 tellg 有可能无法获取到文件流的当前位置，并且会返回 ifstream::pos_type (-1)。这里通过例程来说明如何借助于输入流类 istream 的成员函数 tellg 和 seekg 来获取文件的长度。

　　例程 6-6　获取并输出文件的长度。

　　例程功能描述：首先，接收文件名的输入，然后，获取并输出该文件的长度。

　　例程解题思路：接收文件名的输入可以通过接收输入字符串来实现。然后，通过只读文件流类 ifstream 打开该文件。接着，通过输入流类 istream 的成员函数 seekg 将文件流的当前位置移动到末尾位置。这样，通过输入流类 istream 的成员函数 tellg 获取到的文件流的当前位置在数值上就等于该文件的长度。例程代码由 3 个源程序代码文件"CP_FileLength.h""CP_FileLength.cpp"和"CP_FileLengthMain.cpp"组成，具体的程序代码如下。

// 文件名：**CP_FileLength.h**；开发者：雍俊海	行号
`#ifndef CP_FILELENGTH_H`	// 1
`#define CP_FILELENGTH_H`	// 2
	// 3
`extern void gb_readFileName(string& fileName);`	// 4
`extern void gb_showFileLength();`	// 5
`#endif`	// 6

// 文件名：**CP_FileLength.cpp**；开发者：雍俊海	行号
`#include <iostream>`	// 1
`#include <fstream>`	// 2
`#include <string>`	// 3
`using namespace std;`	// 4
`#include "CP_FileLength.h"`	// 5
	// 6
`void gb_readFileName(string& fileName)`	// 7

```
{                                                               // 8
    cout << "请输入文件名：";                                   // 9
    cin >> fileName;                                            // 10
    cout << "输入的文件名是\"" << fileName << "\"。\n";          // 11
} // 函数 gb_readFileName 定义结束                               // 12
                                                                // 13
void gb_showFileLength()                                        // 14
{                                                               // 15
    int n = 0;                                                  // 16
    string fileName;                                           // 17
    gb_readFileName(fileName);                                  // 18
                                                                // 19
    ifstream fileObject(fileName);                              // 20
    if (fileObject.fail())                                      // 21
    {                                                           // 22
        cout << "文件" << fileName << "打开失败。\n";            // 23
        return;                                                 // 24
    } // if 结束                                                 // 25
    fileObject.seekg(0, ios_base::end);                         // 26
    ifstream::pos_type p = fileObject.tellg();                  // 27
    cout << "文件长度为" << p << "。" << endl;                   // 28
    fileObject.close();                                         // 29
} // 函数 gb_showFileLength 定义结束                             // 30
```

// 文件名： **CP_FileLengthMain.cpp**；开发者： 雍俊海	行号

```
#include <iostream>                                             // 1
using namespace std;                                            // 2
#include "CP_FileLength.h"                                      // 3
                                                                // 4
int main(int argc, char* args[])                                // 5
{                                                               // 6
    gb_showFileLength();                                        // 7
    system("pause"); // 暂停住控制台窗口                         // 8
    return 0; // 返回 0 表明程序运行成功                         // 9
} // main 函数结束                                               // 10
```

设文本文件 "D:\Examples\CP_FileLength\data.txt" 的内容为：

```
abcdefgh
```

可以对上面的代码进行编译、链接和运行。下面给出一个运行结果示例。

```
请输入文件名： D:\Examples\CP_FileLength\data.txt↙
输入的文件名是"D:\Examples\CP_FileLength\data.txt"。
文件长度为 8。
请按任意键继续. . .
```

例程分析：源文件 "CP_FileLength.cpp" 第 **20** 行代码 "ifstream fileObject(fileName);"

在创建只读文件流类 ifstream 的实例对象 fileObject 时就打开文本文件。这时，实例对象 fileObject 的文件流的当前位置位于文件流的开头位置。

源文件 "CP_FileLength.cpp" 第 26 行代码 "fileObject.seekg(0, ios_base::end);" 调用输入流类 istream 的成员函数 seekg 将文件流的当前位置移动到文件流的末尾位置。第 27 行代码 "ifstream::pos_type p = fileObject.tellg();" 调用输入流类 istream 的成员函数 tellg 获取文件流的当前位置。这个当前位置在数值上就等于该文件的长度。最后，第 29 行代码 "fileObject.close();" 关闭所打开的文本文件。

6.2.2　只写文件流类 ofstream

只写文件流类 ofstream 是类模板 basic_ofstream 实例化的结果：

```
typedef basic_ofstream<char, char_traits<char> > ofstream;
```

而类模板 basic_ofstream 是类模板 basic_ostream 的子类模板。因此，只写文件流类 ofstream 可以看作是输出流类 ostream 的子类。在满足封装性的前提条件下，只写文件流类 ofstream 的实例对象可以使用输出流类 ostream 及其父类的成员。

下面首先介绍只写文件流类的 3 个最基本的构造函数。

函数 63　`ofstream::ofstream`	
声明：	`ofstream();`
说明：	构造只写文件流类的实例对象。
头文件：	`#include <fstream>`

函数 64　`ofstream::ofstream`	
声明：	`ofstream(const char* fileName, ios_base::openmode mode = ios_base::out);`
说明：	构造只写文件流类的实例对象，同时以 `mode` 模式打开文件 `fileName`。
参数：	① 函数参数 `fileName` 指定所需要打开的文件的名称。 ② 函数参数 `mode` 指定打开文件的模式。
头文件：	`#include <fstream>`

函数 65　`ofstream::ofstream`	
声明：	`ofstream(const string& fileName, ios_base::openmode mode = ios_base::out);`
说明：	构造只写文件流类的实例对象，同时以 `mode` 模式打开文件 `fileName`。
参数：	① 函数参数 `fileName` 指定所需要打开的文件的名称。 ② 函数参数 `mode` 指定打开文件的模式。
头文件：	`#include <fstream>`。因为函数参数 `fileName` 的数据类型是 string，所以还需要添加 "`#include <string>`"。

只写文件流类的构造函数和成员函数 open 都含有文件打开模式的函数参数 mode。只写文件流的文件打开模式 mode 必须含有 ios_base::out，其中 ios_base::out 表示允许写入操作。因此，文件打开模式 mode 可以是 ios_base::out，也可以是 ios_base::out 按位或 "|" 下

面的若干个选项：

（1）**ios_base::ate** 表示在打开文件之后，立即将文件的当前位置移动到文件尾。

（2）**ios_base::app** 表示在文件末尾写数据。

（3）**ios_base::trunc** 表示在打开文件时，删除文件原有的内容。

（4）**ios_base::binary** 表示以二进制方式打开文件。如果不添加此选项，则表示以文本方式打开文件。

这里介绍只写文件流类的成员函数 open 的 2 种形式，其中第 1 种的具体说明如下：

函数 66 ofstream::open	
声明：	void open(const char* fileName, ios_base::openmode mode = ios_base::out);
说明：	以 mode 模式打开文件 fileName。
参数：	① 函数参数 fileName 指定所需要打开的文件的名称。 ② 函数参数 mode 指定打开文件的模式。
头文件：	#include <fstream>

只写文件流类的成员函数 open 的第 2 种形式的具体说明如下：

函数 67 ofstream::open	
声明：	void open(const string& fileName, ios_base::openmode mode = ios_base::out);
说明：	以 mode 模式打开文件 fileName。
参数：	① 函数参数 fileName 指定所需要打开的文件的名称。 ② 函数参数 mode 指定打开文件的模式。
头文件：	#include <fstream>。因为函数参数 fileName 的数据类型是 string，所以还需要添加 "#include <string>"。

只写文件流类的成员函数 close 的具体说明如下：

函数 68 ofstream::close	
声明：	void close();
说明：	关闭当前处于打开状态的文件 fileName。
头文件：	#include <fstream>

只写文件流类的析构函数的具体说明如下：

函数 69 ofstream::~ofstream	
声明：	~ofstream();
说明：	析构只写文件流类的实例对象。如果在当前的实例对象中有 1 个文件正处于打开的状态，则调用成员函数 close 关闭该文件。
头文件：	#include <fstream>

这里通过例程来说明如何创建文本文件并在文本文件中写入字符序列。

例程 6-7 创建文本文件并写入内容。

例程功能描述：首先，接收文件名的输入，然后，创建以这个文件名命名的文件。如果成功创建这个文件，就将在控制台窗口中输入的字符写入这个文件中，直到遇到字符'#'或输入流结束符或其他非法字符。

　　例程解题思路：接收文件名的输入可以通过接收输入字符串来实现。然后，尝试将这个字符串当作文件名，采用只写文本文件的模式打开文件。如果无法打开这个文件，就输出打开失败的提示。如果成功打开这个文件，就通过标准输入 cin 接收输入的字符，并将输入的字符保存到这个文件中，直到遇到字符'#'或输入流结束符或其他非法字符。如果输入的字符会让**出入流类 ios 的成员函数 good** 返回 false，就认为输入的字符是输入流结束符或其他非法字符。例程代码由 3 个源程序代码文件 "CP_FileWrite.h" "CP_FileWrite.cpp" 和 "CP_FileWriteMain.cpp" 组成，具体的程序代码如下。

// 文件名：　**CP_FileWrite.h**；开发者：　雍俊海	行号
```#ifndef CP_FILEWRITE_H```	// 1
```#define CP_FILEWRITE_H```	// 2
	// 3
```extern void gb_fileWrite();```	// 4
```extern void gb_fileWriteContent(const string& fileName);```	// 5
```extern void gb_getFileName(string& fileName);```	// 6
```#endif```	// 7

// 文件名：　**CP_FileWrite.cpp**；开发者：　雍俊海	行号
```#include <iostream>```	// 1
```#include <fstream>```	// 2
```#include <string>```	// 3
```using namespace std;```	// 4
```#include "CP_FileWrite.h"```	// 5
	// 6
```void gb_fileWrite()```	// 7
```{```	// 8
``` string fileName;```	// 9
``` gb_getFileName(fileName);```	// 10
``` gb_fileWriteContent(fileName);```	// 11
```} // 函数 gb_fileWrite 定义结束```	// 12
	// 13
```void gb_fileWriteContent(const string& fileName)```	// 14
```{```	// 15
``` ofstream fileObject; // ofstream fileObject(fileName);```	// 16
``` fileObject.open(fileName);```	// 17
``` if (fileObject.fail())```	// 18
``` {```	// 19
``` cout << "文件\"" << fileName << "\"创建失败。\n";```	// 20
``` return;```	// 21
``` } // if 结束```	// 22
``` cout << "请给文件\"" << fileName << "\"输入内容：\n";```	// 23
``` int c;```	// 24
``` while(true)```	// 25

```
      {                                                           // 26
         c = cin.get();                                           // 27
         if (cin.good())                                          // 28
         {                                                        // 29
            if (c != (int)'#')                                    // 30
               fileObject.put(c);                                 // 31
            else break;                                           // 32
         }                                                        // 33
         else                                                     // 34
         {                                                        // 35
            cin.clear();                                          // 36
            break;                                                // 37
         } // if/else 结束                                        // 38
      }                                                           // 39
      fileObject.close();                                         // 40
      cout << "文件\"" << fileName << "\"输入的内容到此结束。\n"; // 41
} // 函数 gb_fileWriteContent 定义结束                            // 42
                                                                  // 43
void gb_getFileName(string& fileName)                            // 44
{                                                                 // 45
   cout << "请输入文件名：";                                      // 46
   cin >> fileName;                                               // 47
   cout << "输入的文件名是\"" << fileName << "\"。\n";           // 48
} // 函数 gb_getFileName 定义结束                                 // 49
```

// 文件名：**CP_FileWriteMain.cpp**；开发者：雍俊海	行号
```
#include <iostream>                          // 1
using namespace std;                         // 2
#include "CP_FileWrite.h"                     // 3
                                             // 4
int main(int argc, char* args[])             // 5
{                                            // 6
   gb_fileWrite();                           // 7
   system("pause"); // 暂停控制台窗口         // 8
   return 0; // 返回 0 表明程序运行成功        // 9
} // main 函数结束                           // 10
```

可以对上面的代码进行编译、链接和运行。下面给出一个运行结果示例。

```
请输入文件名：out.txt↙
输入的文件名是"out.txt"。
请给文件"out.txt"输入内容：
Storms make trees take deeper roots. ↙
#↙
文件"out.txt"输入的内容到此结束。
请按任意键继续...
```

在程序运行结束之后，文件"cout.txt"的内容变为：

```
Storms make trees take deeper roots.
```

例程分析：源文件"CP_FileWrite.cpp"第 44～49 行代码通过函数 gb_getFileName 接收文件名的输入。这个文件名的数据类型是 string。具体的语句是"cin >> fileName;"，位于**第 47 行**。如果输入的文件名不含有路径，则这个文件将会保存在当前的工作路径下。为了保险起见，这里也可以输入带有完整路径的文件名，例如，"D：\Examples\CP_FileWrite\in.txt"或者"D：\Examples\CP_FileWrite\Debug\in.txt"。

源文件"CP_FileWrite.cpp"第 14～42 行代码通过函数 gb_fileWriteContent 来创建文件并在该文件中写入字符序列。首先，**第 16 行**代码"ofstream fileObject;"创建只写文件流类的实例对象 fileObject。然后，**第 17 行**代码"fileObject.open(fileName);"通过只写文件流类的实例对象 fileObject 采用只写文本文件的模式创建文件。这 2 行代码也可以简化为"ofstream fileObject(fileName);"，即在创建只写文件流实例对象的同时创建文件。如果这个文件已经存在，则**位于该文件中原有的内容将会被删除**。

如果把第 17 行代码"fileObject.open(fileName);"替换为

```
        fileObject.open(fileName,                                    // 17
                    ios_base::out | ios_base::ate | ios_base::app);  // 18
```

则在这个文件已经存在的前提条件下，只会在文件的末尾添加新的字符序列，而**不会删除位于该文件中原来的内容**。这说明**在不同的文件打开模式下**，有可能会产生不同的结果。

第 18 行代码"fileObject.fail()"实际上是调用了**出入流类 ios 的成员函数 fail**。如果创建文件失败，则成员函数 fail 返回 true；如果成功创建文件，则成员函数 fail 返回 false。

因为出入流类 ios、出入流基础类 ios_base 和输出流类 ostream 都是只写文件流类 ofstream 的父类，所以在满足封装性的前提条件下，**只写文件流类的实例对象可以调用 ios、ios_base 和 ostream 的成员函数**。因此，**第 31 行**代码"fileObject.put(c);"调用了**输出流类 ostream 的成员函数 put** 将输入的字符保存到文件中。

在文件处理结束之后，**第 40 行**代码"fileObject.close();"关闭通过第 17 行代码打开的文件。当然，这里也可以删除第 40 行代码，因为只写文件流类实例对象 fileObject 的析构函数也会调用成员函数 close。

输出流类 ostream 的成员函数 tellp 用来返回输出流的当前位置，其具体说明如下：

函数 70　`ostream::tellp`
声明：　　`ofstream::pos_type tellp();`
说明：　　如果执行成功，则返回输出流的当前位置；否则，返回 `ofstream::pos_type(-1)`。
返回值：　如果执行成功，则返回输出流的当前位置；否则，返回 `ofstream::pos_type(-1)`。
头文件：　`#include <iostream>`和`#include <fstream>`

设文本文件"D：\Examples\data.txt"的内容为：

```
abcdefgh
```

下面给出调用输出流类 ostream 的成员函数 tellp 的示例代码片断。

```
ofstream fileObject("D: \\Examples\\data.txt",              // 1
    ios_base::out | ios_base::ate | ios_base::app);         // 2
ofstream::pos_type p = fileObject.tellp();                  // 3
cout << "文件长度为" << p << "。" << endl; // 输出: 文件长度为8。✓  // 4
fileObject.close();                                         // 5
```

上面前 2 行代码在创建只写文件流类的实例对象 fileObject 时就打开文本文件 "D:\Examples\data.txt"。文件打开模式为允许写的模式，在打开文件之后立即将文件的当前位置移动到文件尾，并且将在文件中写数据的位置设置为文件末尾。第 3 行代码 "p = fileObject.tellp();" 调用输出流类 ostream 的成员函数 tellp 获取文件流的当前位置，即文件流的末尾位置。因此，这个当前位置在数值上就等于该文件的长度。第 4 行代码 "cout << "文件长度为" << p << "。" << endl;" 输出文件长度。最后，第 5 行代码 "fileObject.close();" 关闭所打开的文本文件。

6.2.3　读写文件流类 fstream

读写文件流类 fstream 是类模板 basic_fstream 实例化的结果。

```
typedef basic_fstream<char, char_traits<char> > fstream;
```

而类模板 basic_fstream 是类模板 basic_iostream 的子类模板，类模板 basic_iostream 同时是类模板 basic_istream 和类模板 basic_ostream 的子类模板。因此，读写文件流类 fstream 既可以看作是输入流类 istream 的子类，也可以看作输出流类 ostream 的子类。在满足封装性的前提条件下，读写文件流类 fstream 的实例对象既可以使用输入流类 istream 及其父类的成员，也可以使用输出流类 ostream 及其父类的成员。

下面首先介绍读写文件流类的 3 个最基本的构造函数。

函数 71　`fstream::fstream`
声明：　　`fstream();`
说明：　　构造读写文件流类的实例对象。
头文件：　`#include <fstream>`

函数 72　`fstream::fstream`
声明：　　`fstream(const char* fileName, ios_base::openmode mode = ios_base::in | ios_base::out);`
说明：　　构造读写文件流类的实例对象，同时以 `mode` 模式打开文件 `fileName`。
参数：　　① 函数参数 `fileName` 指定所需要打开的文件的名称。
② 函数参数 `mode` 指定打开文件的模式。
头文件：　`#include <fstream>`

函数 73	**fstream::fstream**
声明：	fstream(const string& fileName, ios_base::openmode mode = ios_base::in | ios_base::out);
说明：	构造读写文件流类的实例对象，同时以 mode 模式打开文件 fileName。
参数：	① 函数参数 fileName 指定所需要打开的文件的名称。 ② 函数参数 mode 指定打开文件的模式。
头文件：	#include <fstream>。因为函数参数 fileName 的数据类型是 string，所以还需要添加 "#include <string>"。

　　读写文件流类的**构造函数**和**成员函数 open** 都含有文件打开模式的函数参数 mode。读写文件流的**文件打开模式 mode** 必须含有 ios_base::in 和 ios_base::out，其中 **ios_base::in** 表示允许读取操作，**ios_base::out** 表示允许写入操作。因此，文件打开模式 mode 可以是 ios_base::in | ios_base::out，也可以是 ios_base::in | ios_base::out 按位或 "|" 下面的若干选项：

　　（1）**ios_base::ate** 表示在打开文件之后，立即将文件的当前位置移动到文件末尾。

　　（2）**ios_base::app** 表示在文件末尾写数据。

　　（3）**ios_base::trunc** 表示在打开文件时，删除文件原有的内容。

　　（4）**ios_base::binary** 表示以二进制方式打开文件。如果**不添加此选项**，则表示以文本方式打开文件。

　　这里介绍**读写文件流类的成员函数 open 的 2 种形式**，其中**第 1 种**的具体说明如下：

函数 74	**fstream::open**
声明：	void open(const char* fileName, ios_base::openmode mode = ios_base::in | ios_base::out);
说明：	以 mode 模式打开文件 fileName。
参数：	① 函数参数 fileName 指定所需要打开的文件的名称。 ② 函数参数 mode 指定打开文件的模式。
头文件：	#include <fstream>

　　读写文件流类的成员函数 open 的**第 2 种形式**的具体说明如下：

函数 75	**fstream::open**
声明：	void open(const string& fileName, ios_base::openmode mode = ios_base::in | ios_base::out);
说明：	以 mode 模式打开文件 fileName。
参数：	① 函数参数 fileName 指定所需要打开的文件的名称。 ② 函数参数 mode 指定打开文件的模式。
头文件：	#include <fstream>。因为函数参数 fileName 的数据类型是 string，所以还需要添加 "#include <string>"。

　　读写文件流类的成员函数 close 的具体说明如下：

函数 76	**fstream::close**
声明：	void close();
说明：	关闭当前处于打开状态的文件 fileName。
头文件：	#include <fstream>

读写文件流类的析构函数的具体说明如下：

函数 77 **fstream::~fstream**
声明： `~fstream();`
说明： 析构读写文件流类的实例对象。如果在当前的实例对象中有 1 个文件正处于打开的状态，则调用成员函数 close 关闭该文件。
头文件： `#include <fstream>`

输出流类 ostream 的成员函数 seekp 用来移动输出流的当前位置。它拥有 2 种形式，其中只有 1 个函数参数的函数具体说明如下：

函数 78 **ostream::seekp**
声明： `ostream& seekp(ofstream::pos_type pos);`
说明： 将输出流的当前位置移到 pos 的位置。
参数： pos 指定将要移动到的位置。
返回值： 当前输出流实例对象的引用。
头文件： `#include <iostream>`和`#include <fstream>`

下面给出调用输出流类 ostream 的成员函数 seekp 的示例代码片断。

```
void gb_writeFile(const char *filename,ofstream::pos_type p,char c)  // 1
{                                                                     // 2
   fstream fileObject(filename, ios_base::in | ios_base::out);        // 3
   if (fileObject.fail())                                             // 4
   {                                                                  // 5
     cout << "文件" << filename << "打开失败。\n";                     // 6
     return;                                                          // 7
   } // if 结束                                                        // 8
   fileObject.seekp(p);                                              // 9
   fileObject.put(c);                                                // 10
   if (fileObject.good())                                            // 11
     cout << "写入成功!" << endl;                                     // 12
   else cout << "写入失败!" << endl;                                  // 13
   fileObject.close();                                               // 14
} // 函数 gb_writeFile 结束                                           // 15
```

上面的代码定义了全局函数 gb_writeFile。其中**第 3 行代码**在创建读写文件流类 fstream 的实例对象 fileObject 时就打开文本文件。文件打开模式为同时允许读和写的模式。**第 9 行代码** "fileObject.seekp(p);" 调用输出流类 ostream 的成员函数 seekp 将文件流的当前位置移动到位置 p。因为文件流类 fstream 是输出流类 ostream 的子类，所以文件流类 fstream 的实例对象 fileObject 可以调用输出流类 ostream 的成员函数 seekp。同时，这里的输出流实际上允许读和写的文件流。最后，**第 14 行代码** "fileObject.close();" 关闭所打开的文本文件。

设文本文件 "D:data.txt" 的内容为：

```
abcd
```

下面给出一些调用全局函数 gb_writeFile 的运行结果说明。

（1）对于函数调用"gb_writeFile("D:\data.txt", 0, '1');"，当运行到上面第 9 行代码处时，文件流的当前位置移动到文件流的开头位置。当运行到上面第 10 行代码处时，所写入的字符'1'将替代在文本文件"D:data.txt"中的第 1 个字符'a'，从而将文本文件"D:data.txt"的内容从"abcd"变为"1bcd"。

（2）对于函数调用"gb_writeFile("D:\data.txt", 2, '3');"，当运行到上面第 9 行代码处时，文件流的当前位置移动到文件流的第 2 个位置。当运行到上面第 10 行代码处时，所写入的字符'3'将替代在文本文件"D:data.txt"中的第 3 个字符'c'，从而将文本文件"D:data.txt"的内容从"abcd"变为"ab3d"。

（3）对于函数调用"gb_writeFile("D:\data.txt", 3, '4');"，当运行到上面第 9 行代码处时，文件流的当前位置移动到文件流的第 3 个位置。当运行到上面第 10 行代码处时，所写入的字符'4'将替代在文本文件"D: \data.txt"中的第 4 个字符'd'，从而将文本文件"D: \data.txt"的内容从"abcd"变为"abc4"。

（4）对于函数调用"gb_writeFile("D:\data.txt", 4, '5');"，当运行到上面第 9 行代码处时，文件流的当前位置移动到文件流的末尾位置。当运行到上面第 10 行代码处时，将在文本文件"D:\data.txt"的末尾添加字符'5'，从而将文本文件"D:\data.txt"的内容从"abcd"变为"abcd5"。

> ⫸注意事项⫷：
>
> （1）为了产生上面介绍的效果，应当通过读写文件流类 fstream 的实例对象来调用输出流类 ostream 的成员函数 seekp，而且要求文件打开模式为同时允许读和写的模式。
>
> （2）如果采用只写文件流类 ofstream 的实例对象来调用输出流类 ostream 的成员函数 seekp，则很有可能无法得到上面的结果。例如，如果将上面第 3 行代码替换为"ofstream fileObject(filename, ios_base::out);"，则函数调用"gb_writeFile("D:\\data.txt", 0, '1');"有可能无法将文本文件"D:\data.txt"的内容从"abcd"变为"1bcd"，而有可能变成为"1"。

输出流类 ostream 的成员函数 seekp 的第 2 种形式的具体说明如下：

函数 79　ostream::seekp

声明：	`ostream& seekp(ofstream::off_type off, ios_base::seekdir base);`
说明：	将输出流的当前位置移到与基准位置 base 的距离为 off 的位置处。
参数：	① off 指定相对于基准位置 base 的距离。如果 off 大于 0，则相对于基准位置 base 向前移动；如果 off 小于 0，则相对于基准位置 base 往回移动； ② base 指定移动的基准位置。base 的值只能是如下 3 个值之一： ● ios_base::beg 表示输出流的开头位置； ● ios_base::cur 表示输出流的当前位置； ● ios_base::end 表示输出流的末尾位置。
返回值：	当前输出流实例对象的引用。
头文件：	`#include <iostream>`和`#include <fstream>`

下面给出调用输出流类 ostream 的成员函数 seekp 的示例代码片断。

```
void gb_writeFile(const char *filename, int off, int base, char c)   // 1
{                                                                     // 2
   fstream fileObject(filename, ios_base::in | ios_base::out);        // 3
   if (fileObject.fail())                                             // 4
   {                                                                  // 5
      cout << "文件" << filename << "打开失败。\n";                    // 6
      return;                                                         // 7
   } // if 结束                                                       // 8
   fileObject.seekp(off, base);                                       // 9
   fileObject.put(c);                                                 // 10
   if (fileObject.good())                                             // 11
      cout << "写入成功!" << endl;                                    // 12
   else cout << "写入失败!" << endl;                                  // 13
   fileObject.close();                                                // 14
} // 函数 gb_writeFile 结束                                           // 15
```

上面的代码定义了全局函数 gb_writeFile。其中**第 3 行代码**在创建读写文件流类 fstream 的实例对象 fileObject 时就打开文本文件。文件打开模式为同时允许读和写的模式。**第 9 行代码** "fileObject.seekp(off, base);" 调用输出流类 ostream 的成员函数 seekp 将文件流的当前位置移动到与基准位置 base 的距离为 off 的位置。因为文件流类 fstream 是输出流类 ostream 的子类，所以文件流类 fstream 的实例对象 fileObject 可以调用输出流类 ostream 的成员函数 seekp。同时，这里的输出流实际上是允许读和写的文件流。最后，**第 14 行代码** "fileObject.close();" 关闭所打开的文本文件。

设文本文件 "D：\data.txt" 的内容为：

```
abcd
```

下面给出一些调用全局函数 gb_writeFile 的运行结果说明。

（1）对于函数调用 "gb_writeFile("D:\\data.txt", 0, ios_base::beg, '1');"，当运行到上面**第 9 行代码**处时，文件流的当前位置移动到文件流的开头位置。当运行到上面**第 10 行代码**处时，所写入的字符'1'将替代在文本文件 "D:\data.txt" 中的第 1 个字符'a'，从而将文本文件 "D:\data.txt" 的内容从 "abcd" 变为 "1bcd"。

（2）对于函数调用 "gb_writeFile("D:\\data.txt", 2, ios_base::cur, '3');"，当运行到第 3 行代码创建读写文件流类 fstream 的实例对象 fileObject 并打开文本文件时，文件流的当前位置位于文件流的开头位置。当运行到上面**第 9 行代码**处时，文件流的当前位置向前移动 2 个位置，即移动到文件流的第 2 个位置。当运行到上面**第 10 行代码**处时，所写入的字符'3'将替代在文本文件 "D:\data.txt" 中的第 3 个字符'c'，从而将文本文件 "D:\data.txt" 的内容从 "abcd" 变为 "ab3d"。

（3）对于函数调用 "gb_writeFile("D:\\data.txt", -1, ios_base::end, '4');"，当运行到上面**第 9 行代码**处时，文件流的当前位置移动到文件流的第 3 个位置，即从文件流的末尾位置往

回移动 1 个位置。当运行到上面第 10 行代码处时，所写入的字符'4'将替代在文本文件
"D:\data.txt"中的第 4 个字符'd'，从而将文本文件"D:\data.txt"的内容从"abcd"变为"abc4"。

（4）对于函数调用 "gb_writeFile("D:\\data.txt", 0, ios_base::end, '5');"，当运行到上面第
9 行代码处时，文件流的当前位置移动文件流的末尾位置。当运行到上面第10行代码处时，
将在文本文件"D:\data.txt"的末尾添加字符'5'，从而将文本文件"D:\data.txt"的内容从"abcd"
变为"abcd5"。

> ⌖注意事项⌖：
>
> （1）为了产生上面介绍的效果，应当通过读写文件流类 fstream 的实例对象来调用输出流类 ostream
> 的成员函数 seekp，而且要求文件打开模式为同时允许读和写的模式。
>
> （2）如果采用只写文件流类 ofstream 的实例对象来调用输出流类 ostream 的成员函数 seekp，则
> 很有可能无法得到上面的结果，甚至有可能出现移动失败的现象。例如，如果将上面第 3 行代码替换
> 为"ofstream fileObject(filename, ios_base::out);"，则函数调用"gb_writeFile("D:\\data.txt", -1, ios_base::end,
> '4');"就有可能无法成功移动文件流的当前位置，从而使得实例对象 fileObject 处于不正常的状态。这
> 将导致第 10 行代码 "fileObject.put(c);"无法运行成功，同时将文本文件 "D:\data.txt" 的内容从 "abcd"
> 变为不含字符的空文件。

这里给出了一个综合应用只读文件流类 ifstream 和只写文件流类 ofstream 的例程。

例程 6-8　对在文本文件中的所有整数进行排序。

例程功能描述：本例程的功能描述如下。

（1）接收文件名的输入。不妨称该文件为 fileIn。

（2）读取在文件 fileIn 中的所有的整数，并忽略在该文件中与整数无关的字符。

（3）对读入的整数进行排序。

（4）接收另外一个文件名的输入。不妨称该文件为 fileOut。

（5）将排好序的整数全部写入到文件 fileOut 中。

例程解题思路：首先，定义类 CP_IntVector。它拥有整数向量类型的成员变量 m_data。
这样，类 CP_IntVector 的实例对象的成员变量 m_data 就可以用来保存从文件中读取到的所
有整数。在类 CP_IntVector 中定义 3 个成员函数。其中成员函数 mb_readFile 用来从文件中
读取整数并保存到成员变量 m_data 当中。类 CP_IntVector 的成员函数 mb_sort 对保存到成
员变量 m_data 当中的整数进行排序。类 CP_IntVector 的成员函数 mb_writeFile 将保存到成
员变量 m_data 当中的整数写入到由函数参数指定的文件中。接下来，利用类 CP_IntVector，
按照上面的功能描述实现全局函数 gb_sortIntFile，实现本例程要求的功能。例程代码由 5
个源程序代码文件 "CP_IntVector.h" "CP_IntVector.cpp" "CP_IntVectorSortFile.h" "CP_
IntVectorSortFile.cpp" 和 "CP_IntVectorSortFileMain.cpp" 组成，具体的程序代码如下。

```
// 文件名: CP_IntVector.h; 开发者: 雍俊海                    行号
#ifndef CP_INTVECTOR_H                                        // 1
#define CP_INTVECTOR_H                                        // 2
#include <vector>                                             // 3
#include <string>                                             // 4
```

```
                                                                    // 5
class CP_IntVector                                                  // 6
{                                                                   // 7
private:                                                            // 8
    vector<int> m_data;                                             // 9
public:                                                             // 10
    bool mb_readFile(const string& fileName);                      // 11
    void mb_sort();                                                 // 12
    void mb_writeFile(const string& fileName);                     // 13
}; // 类 CP_IntVector 定义结束                                       // 14
#endif                                                             // 15
```

// 文件名： **CP_IntVector.cpp**；开发者： 雍俊海	行号

```
#include <iostream>                                                 // 1
#include <fstream>                                                  // 2
#include <algorithm>                                                // 3
using namespace std;                                                // 4
#include "CP_IntVector.h"                                           // 5
                                                                    // 6
bool CP_IntVector::mb_readFile(const string& fileName)              // 7
{                                                                   // 8
    ifstream fileObject(fileName);                                  // 9
    if (fileObject.fail())                                          // 10
    {                                                               // 11
        cout << "输入文件" << fileName << "打开失败。\n";            // 12
        return false;                                               // 13
    } // if 结束                                                    // 14
    int i = 0;                                                      // 15
    do                                                              // 16
    {                                                               // 17
        fileObject >> i;                                            // 18
        if (fileObject.good())                                      // 19
            m_data.push_back(i);                                    // 20
        else                                                        // 21
        {                                                           // 22
            fileObject.clear();                                     // 23
            fileObject.get();                                       // 24
        } // if/else 结束                                           // 25
    } while (!fileObject.eof());                                    // 26
    fileObject.close();                                             // 27
    if (m_data.size() <= 0)                                         // 28
    {                                                               // 29
        cout << "输入文件" << fileName << "为空。\n";                // 30
        return false;                                               // 31
    } // if 结束                                                    // 32
    return true;                                                    // 33
} // 类 CP_IntVector 的成员函数 mb_readFile 结束                     // 34
```

```
                                                                    // 35
void CP_IntVector::mb_sort()                                        // 36
{                                                                   // 37
   if (m_data.size()>1)                                             // 38
      sort(m_data.begin(), m_data.end());                           // 39
} // 类CP_IntVector的成员函数mb_sort结束                             // 40
                                                                    // 41
void CP_IntVector::mb_writeFile(const string& fileName)             // 42
{                                                                   // 43
   ofstream fileObject(fileName);                                   // 44
   if (fileObject.fail())                                           // 45
   {                                                                // 46
      cout << "输出文件" << fileName << "打开失败。\n";              // 47
      return;                                                       // 48
   } // if结束                                                      // 49
   vector<int>::iterator r = m_data.begin();                        // 50
   vector<int>::iterator e = m_data.end();                          // 51
   for (; r != e; r++)                                              // 52
      fileObject << *r << endl;                                     // 53
   fileObject.close();                                              // 54
} // 类CP_IntVector的成员函数mb_writeFile结束                        // 55
```

// 文件名： **CP_IntVectorSortFile.h**；开发者： 雍俊海	行号
`#ifndef CP_INTVECTORSORTFILE_H`	// 1
`#define CP_INTVECTORSORTFILE_H`	// 2
	// 3
`extern void gb_sortIntFile();`	// 4
`#endif`	// 5

// 文件名： **CP_IntVectorSortFile.cpp**；开发者： 雍俊海	行号
`#include <iostream>`	// 1
`#include <fstream>`	// 2
`using namespace std;`	// 3
`#include "CP_IntVector.h"`	// 4
`#include "CP_IntVectorSortFile.h"`	// 5
	// 6
`void gb_sortIntFile()`	// 7
`{`	// 8
`   string fileIn, fileOut;`	// 9
`   cout << "请输入待读取整数数据的文件名：";`	// 10
`   cin >> fileIn;`	// 11
`   cout << "输入的文件名是\"" << fileIn << "\"。\n";`	// 12
`   CP_IntVector v;`	// 13
`   if (!v.mb_readFile(fileIn))`	// 14
`      return;`	// 15
`   v.mb_sort();`	// 16
`   cout << "请输入待保存整数数据的文件名：";`	// 17

```
        cin >> fileOut;                                    // 18
        cout << "输入的文件名是\"" << fileOut << "\"。\n";      // 19
        v.mb_writeFile(fileOut);                           // 20
    } // 函数 gb_sortIntFile 定义结束                         // 21
```

```
// 文件名：  CP_IntVectorSortFileMain.cpp；开发者：  雍俊海           行号
#include <iostream>                                        // 1
using namespace std;                                       // 2
#include "CP_IntVectorSortFile.h"                          // 3
                                                           // 4
int main(int argc, char* args[])                           // 5
{                                                          // 6
    gb_sortIntFile();                                      // 7
    system("pause"); // 暂停住控制台窗口                      // 8
    return 0; // 返回 0 表明程序运行成功                       // 9
} // main 函数结束                                           // 10
```

可以对上面的代码进行编译、链接和运行。下面给出一个运行结果示例。

```
请输入待读取整数数据的文件名：  in.txt↙
输入的文件名是"in.txt"。
请输入待保存整数数据的文件名：  out.txt↙
输入的文件名是"out.txt"。
请按任意键继续．．．
```

设文本文件"in.txt"的内容为：

```
1I want -90to bring -1out --19the secrets134 of nature and apply them for the
3happiness of ---100man.
```

在程序运行结束之后，文件"cout.txt"的内容变为：

```
-100
-90
-1
1
3
19
134
```

例程分析：源文件"CP_IntVector.cpp" 第 7～34 行代码所实现的类 CP_IntVector 的成员函数 mb_readFile 按照读取文件数据的标准流程来读取位于文件当中的整数。首先，第 9 行代码"ifstream fileObject(fileName);"在创建只读文件流类的实例对象 fileObject 的同时打开文件。第 10～14 行代码判断文件是否打开成功。如果打开文件失败，则返回。如果成功打开文件，则第 15～26 行代码读取位于文件当中的整数并保存到成员变量 m_data 当中。第 23 行代码"fileObject.clear();"用来消除与整数无关的字符所带来的影响，第 24 行代码

"fileObject.get();"用来跳过与整数无关的字符。最后，第 27 行代码 "fileObject.close();"
关闭所打开的文件。

源文件 "CP_IntVector.cpp" 第 36~40 行代码所实现的类 CP_IntVector 的成员函数
mb_sort 调用了位于算法库<algorithm>中的全局函数 sort 实现了对保存在成员变量 m_data
当中的整数进行排序。

源文件 "CP_IntVector.cpp" 第 42~55 行代码所实现的类 CP_IntVector 的成员函数
mb_readFile 按照将数据写入文件的标准流程将保存在成员变量 m_data 中的整数写入到文
件中。首先，第 44 行代码 "ofstream fileObject(fileName);" 在创建只写文件流类的实例对
象 fileObject 的同时打开文件。第 45~49 行代码判断文件是否打开成功。如果打开文件失
败，则返回。如果成功打开文件，则第 50~53 行代码将保存在成员变量 m_data 中的整数
写入到文件中。最后，第 54 行代码 "fileObject.close();"关闭所打开的文件。

从程序的运行结果来看，这个程序确实实现了例程所描述的各项功能。

6.3　本 章 小 结

标准输入输出与文件处理都是计算机程序的重要组成部分，而且都可以用来直观展示
程序的运行情况，从而方便调试。在程序设计和编写代码时，通常在已定义类的成员变量
和全局变量之后，就可以编写文件处理的代码。这样，我们就可以随时保存"工作现场"，
方便程序的调试，提高程序调试与代码编写的效率。

6.4　习　　题

6.4.1　复习练习题

习题 6.1　判断正误。

（1）文件处理不仅大大延长了计算机程序的生命周期，而且使得数据文件也变成为计
算机程序的一个重要组成部分。

（2）可以借助于文件处理提高程序调试的方便性。

（3）标准输入 cin 和标准输出 cout 都隶属于标准命名空间 stdio。

（4）C++标准提供的流类也难以完全消除 C++语言支撑平台之间在输入输出处理上的
差异性。

（5）正常的文件处理方法是在打开文件之后一定要关闭文件。

习题 6.2　什么是流？

习题 6.3　什么是流对象？

习题 6.4　请简述输入和输出的缓冲区机制。

习题 6.5　如何判断流对象是否处在合法状态?

习题 6.6　如果流对象处在不合法状态，如何让它回到合法状态?

习题 6.7 如何判断流是否越过末尾?

习题 6.8 使用出入流类 ios 的成员函数 eof 应当注意什么? 请给出代码示例,并结合代码示例进行说明。

习题 6.9 如何跳过 1 字节的输入流数据?

习题 6.10 请简述对文件内容进行处理的基本步骤。

习题 6.11 请通过案例简述在本章中介绍的打开文件的各种模式。

习题 6.12 在打开并处理完文件之后,应关闭文件。请举例说明什么时候不需要显式调用函数 close( )就可以关闭文件。

习题 6.13 请画出在本章中介绍的各种流类和流模板的继承关系图。

习题 6.14 请简述流模板与流类的区别是什么?

习题 6.15 本章介绍了在 C++标准中定义的 4 个标准输入输出实例对象。它们分别是什么? 请简述它们的作用。

习题 6.16 请简述采用 cin 接收数据输入时出现格式错误的现象,并给出一种可行的解决方案。

习题 6.17 在采用 cin 接收数据输入时,如何输入"输入流结束符"?

习题 6.18 请简述输入流类 istream 的成员函数 read 的功能及其注意事项。

习题 6.19 请简述输入流类 istream 的成员函数 peek 的功能及其注意事项。

习题 6.20 请简述 cout、cerr、clog 的区别。

习题 6.21 请简述输出流类 ostream 的成员函数 flush 的功能。

习题 6.22 请简述输出重定向的方法。

习题 6.23 本章介绍的文件流类有哪些? 请分别简述它们的功能。

习题 6.24 如何关闭文件?

习题 6.25 比较移动输入流的位置与移动输出流的位置两者之间的区别。

习题 6.26 请总结有哪些移动流的当前位置的方法。

习题 6.27 如何获取输入流的当前位置和输出流的当前位置? 请简述这两者之间的区别。

习题 6.28 请编写程序,要求采用 3 种不同的方法读取单个字符。

习题 6.29 请编写程序,要求采用 3 种不同的方法输出单个字符。

习题 6.30 请编写程序。首先,接收一个整数的输入,然后,分别输出这个整数的十进制、十六进制和八进制形式的数值。

习题 6.31 请编写程序。首先,接收一个正整数的输入,然后,输出这个正整数。在输出这个正整数时要求采用十进制,而且必须至少占用 20 位。如果在这个正整数的实际位数不够 20 位时,要求在这个正整数的左侧补足 0。

习题 6.32 请编写程序,接收一行字符的输入,要求能够读入在这一行中的所有字符,包括空白符。

习题 6.33 请编写程序。首先准备一个超过 2000 字节的文本文件"out.txt",然后,要求通过程序在文本文件"out.txt"的第 1024 个字节后插入字符'A',并在文件末尾添加字符'Z'。

习题 **6.34** 假设你是项目研发团队的负责人。编程规范非常重要，对代码审查、测试和维护效率等具有重要影响。然而，团队的个别成员总是有意无意地不按规范进行编程。这耗费了你和团队成员大量的时间与精力。因此，你决定研发编程规范的辅助软件系统。请编写程序，接收从控制台窗口输入的源程序代码文件名。对于在该文件中的每个分号，如果该分号之后不是回车或换行符，则自动在该分号之后添加回车或换行符。统计出现这种情况的分号个数，并在控制台窗口中输出统计结果，同时将统计结果保存到日志文件"log.txt"中。

习题 **6.35** 请编写程序，实现一个学生成绩表单的编辑与存储管理系统。成绩表单由多位学生的学号与成绩组成。设初始状态的成绩表单为空。这个管理系统的各个指令号与对应功能如下：

指令 1：接收文件名的输入，并从该文件中读取成绩表单，并添加到当前成绩表单中。

指令 2：接收学号和成绩的输入，并将其添加到当前成绩表单中。

指令 3：接收学号的输入，并从当前成绩表单中删除该学号及其成绩。

指令 4：删除在当前成绩表单中的所有学号及其成绩。

指令 5：接收学号和成绩的输入，并在当前成绩表单中将该学号对应的成绩改为新输入的成绩。

指令 6：接收学号的输入，并输出该学号对应的成绩。

指令 7：显示所有的学号及其对应的成绩。

指令 8：接收文件名的输入，并将当前成绩表单保存到该文件中。

指令-1：退出。

请自行设计成绩表单在文件中的数据格式，要求对于通过指令 8 保存的成绩表单，能够通过指令 1 正确读取其中所有学号及其成绩并添加到当前成绩表单中。要求程序能够正确处理各种不合法的输入，并设计相对完备的测试案例进行验证。

6.4.2 思考题

思考题 **6.36** 请总结通过 cin 接收输入时的注意事项，并思考相应的编程解决方案。

思考题 **6.37** 请总结创建流类的实例对象、打开文件以及读写操作的注意事项，并形成在进行这些操作时的错误处理的统一解决方案。

思考题 **6.38** 请在不同品牌的计算机以及不同的操作系统运行流创建实例对象、打开文件以及读写操作的程序，比较它们的不同效果，并写出总结报告。

思考题 **6.39** 请编写程序。首先，接收从控制台窗口输入的源程序代码文件名，然后，对该源程序代码文件自动进行排版，使其符合编程规范，最后，将符合编程规范的代码保存起来，替换原来的源程序代码文件。

第7章 编 程 规 范

在有效的前提下尽可能简单是编写程序的最基本原则。有效是要求程序可以解决实际问题；简单是为了方便程序的理解与维护。编程规范非常重要，可以发挥重要的辅助作用。编程规范为人们交流、共享和传承程序代码提供了必要的准则，也为提高程序的可理解性、正确性、健壮性、可维护性、编写效率和运行效率提供了基本原则。良好的编程规范会大幅度降低程序测试、调试和维护的时间，从而大幅度降低总的时间代价。在现今高速运转的社会中，不符合编程规范的程序代码几乎是没有办法得到实际应用和维护的。

7.1 命 名 空 间

随着程序规模的增大，C++代码的增多，名称冲突会成为越来越严重的问题，甚至很难避免。命名空间为减少命名冲突提供了一种可行的机制。命名空间主要有如下2个功能：

（1）减少命名冲突功能：使用命名空间相当于给在命名空间当中定义的各种名称添加一个前缀，从而可以在一定程度减少命名冲突。

（2）代码管理功能：可以对 C++代码进行归类，并将每类代码封装到不同的命名空间之中，从而方便查找和管理 C++代码。

可以按照如下的格式定义命名空间。

```
namespace 命名空间的名称
{
    变量、函数、模板以及类等数据类型的声明或定义。
}
```

其中，命名空间的名称要求是一个合法的标识符，上面第 1 行"namespace 命名空间的名称"称为命名空间的头部，剩余部分称为命名空间体。

上面命名空间的定义可以多次出现在同一个源程序代码文件中，也可以出现在多个源程序代码文件之中，而且允许多次出现的命名空间定义拥有相同的命名空间名称，即允许多次为同一个命名空间添加内容。

可以对程序代码进行归类划分，可以自行制定归类划分的规则，划分出来的每部分代码都可以归并一个命名空间中，不同部分的代码归到不同的命名空间中。这样，命名空间为代码管理提供了一种组织框架。另外，命名空间也给位于命名空间当中的各种名称提供了前缀。下面给出代码示例。

```
#include <iostream>                                              // 1
using namespace std;                                            // 2
                                                                // 3
```

```
namespace X                                                              // 4
{                                                                        // 5
    void fun() { cout << "我的全名是X::fun。" << endl; }                 // 6
} // 命名空间 X 定义结束                                                   // 7
                                                                         // 8
int main(int argc, char* args[ ])                                        // 9
{                                                                        // 10
    X::fun();                                                            // 11
    system("pause");                                                     // 12
    return 0;                                                            // 13
} // main 函数结束                                                        // 14
```

可以对上面的代码进行编译、链接和运行。下面给出一个运行结果示例。

```
我的全名是X::fun。
请按任意键继续. . .
```

上面第 4～7 行代码定义了命名空间 X，在 X 中定义函数 fun。这样，函数 fun 的完整名称是"X::fun"。在第 11 行中，主函数也正是用全称"X::fun"调用该函数。如果将第 11 行处的"X::fun"改为"fun"，则在编译时将出现未定义"fun"的错误。因此，可以看出命名空间实际上是通过给各种名称添加前缀的方式减少命名冲突。

在命名空间内部使用在该命名空间中定义的各种名称，不必加上命名空间的名称及"::"运算符。如果在命名空间外部，在使用在命名空间中定义的各种名称时，最常规的用法是在这些需要使用的名称之前加上前缀"命名空间的名称::"。这样，可以非常方便地减少位于命名空间内外以及不同命名空间之间的命名冲突。在确保不会出现命名冲突的前提条件下，还可以使用下面两种方式来省略前缀"命名空间的名称::"。

第一种方法是通过下面的语句：

```
using namespace 命名空间的名称;
```

引入位于该命名空间当中定义的所有名称。这样，在使用这些名称时都不需要加前缀"命名空间的名称::"。它实际上是在上面"using namespace"语句之后的代码区域中废除了命名空间减少命名冲突的功能。因此，使用这种方式，一定要谨慎。

第二种方法是通过下面的语句：

```
using 命名空间的名称::在该命名空间当中定义的特定名称;
```

引入位于该命名空间当中定义的特定名称。这样，在使用这个特定名称时都不需要加前缀"命名空间的名称::"。只要在上面"using"语句之后的代码区域中不出现这个特定名称的命名冲突，则可以使用这种方式。下面给出 3 个程序代码进一步进行说明，每个程序代码占用一列。

// 最常规的用法	// 引入整个命名空间的名称	// 只引入特定的名称　　　行号
#include <iostream>	#include <iostream>	#include <iostream> // 1

`int main( )`
`{`
    `std::cout<<"好。";`
    `std::cout<<std::endl;`
    `system("pause");`
    `return 0;`
`} // main 函数结束`
	`using namespace std;`
	`int main( )`
	`{`
	    `cout << "好。";`
	    `cout << endl;`
	    `system("pause");`
	    `return 0;`
	`} // main 函数结束`
		`using std::cout;    // 2`
		`using std::endl;    // 3`
		`                    // 4`
		`int main( )         // 5`
		`{                   // 6`
		    `cout << "好。";    // 7`
		    `cout << endl;     // 8`
		`                    // 9`
		`system("pause");    // 10`
		    `return 0;       // 11`
		`} // main 函数结束`

可以对上面的 3 个程序分别进行编译、链接和运行。这 3 个程序的运行结果均相同，如下所示。

```
好。
请按任意键继续...
```

如果没有出现命名冲突，则上面 3 种方法都是可行的。如果采用最常规的方法，则由于有前缀使得完整的名称比在另外两种方法中不带前缀的名称相对长一些。不过，这是命名空间机制的本义，可以有效减少命名冲突。在上面代码中，最常规的写法"std::cout"比后两种方法的写法"cout"代码要长，不过在程序当中分别少了语句"using namespace std;"和"using std::cout;"。

> ⌐注意事项⌐：
> 在使用命名空间时，一定不能滥用"using namespace"语句和"using"语句。如果滥用这两种语句，则有可能造成命名冲突，失去使用命名空间的意义。

7.2 代码组织规范

这里从整体上介绍代码的组织规范，包括文件组织规范、头文件内容规范和源文件内容规范。

7.2.1 文件组织规范

C++语言源程序代码文件通常分成为头文件（Header file）和源文件（Source code file）两类。模板的声明、定义和实现通常都放在头文件中。对于类，类的定义通常放在头文件中，类的实现部分通常放在源文件中。枚举等数据类型的定义通常放在头文件中。对于全局变量和全局函数，全局变量和全局函数的声明通常放在头文件中，全局变量和全局函数的定义通常放在源文件中。主函数 main 通常放在源文件中，而且通常独占一个源文件。因为 C++语言规定每个程序只能拥有一个主函数 main，所以与主函数 main 在同一个源文件中的程序代码都无法被其他程序直接复用。

> ❀小甜点❀：
>
> 除了主函数 main 所在的源文件之外，每个源文件通常都配有一个与该源文件具有相同基本名的头文件。反过来，头文件可以没有配对的源文件，例如，保存模板定义的头文件。

命名空间的定义既可以出现在头文件中，也可以出现在源文件中。除了主函数之外，其他各种声明与定义都可以根据需要被包含在某个命名空间当中。主函数不能被包含在任何命名空间当中。

当源程序代码文件的个数较多时，可以考虑采用文件的目录结构对源程序代码文件进行分类组织。目录结构的设置应当尽可能合理，从而方便查找相关的源程序代码文件。在 C++语言源程序代码中可以嵌入注释。注释的编写应当简洁、规范和有效。下面总结了注释编写的整体原则：

> 📖说明📖：
>
> （1）在程序代码中的注释并不是越多越好。因为阅读注释是有时间代价的，所以没有必要的注释通常都不要出现在程序代码文件之中。
>
> （2）在程序代码中，注释的位置通常应当与被其描述的代码相邻，而且通常位于相应代码的上方或右方，一般不要放在相应代码的下方，也不要放在一行代码的中间位置。如果注释位于相应代码的上方，则位于上方的注释应当与相应代码左对齐。
>
> （3）在编写代码的同时，应当同时写上重要的注释，或者先写必要的注释，再写代码。对于比较复杂或比较容易出错的代码，一定要附加注释，尽量将代码解释清楚或给出相关文档的具体位置。
>
> （4）在修改代码的时候，应当同时检查并修改相应的注释，即程序代码及其相应的注释应当保持一致。
>
> （5）应当尽量保证注释的正确性和无歧义性。错误的或者有二义性的注释通常是有害的。

如果 C++语言程序所包含的代码文件超过 5 个，应当写一个程序的自述文件对程序进行整体说明。这个自述文件的文件名通常是 ReadMe.txt。该文件的内容如下，或者从下面选取部分条目作为该文件的内容：

（1）程序名称和程序版本号。程序名称可以列出程序全称和简称。

（2）程序编写的目的及其功能简介。

（3）运行程序所需要的软件和硬件环境以及其他注意事项。

（4）程序版权说明以及著作权人或作者等信息。

（5）如果程序较大，已将代码文件归类为若干个模块，则列出所包含的模块名、模块之间的关系简介以及各个模块的功能简介。也可以列出各个模块所包含的代码文件名。

（6）代码文件列表以及各个代码文件的简介。

（7）如何编译、链接和运行的说明。

（8）开发日期和发布日期。

（9）修订及修订原因以及曾经出现过的各种老版本号及其必要说明。

（10）主要参考文献列表。

上面的内容不必写成注释的形式，因为自述文件通常不是代码文件。因此，自述文件的格式相对会宽松一些。只要结构清晰，条理清楚，容易让人看懂就可以了。

7.2.2　头文件内容规范

C++语言头文件通常由避开头文件嵌套包含的条件编译命令及其宏定义、头部注释、文件包含语句、宏定义、数据结构定义、外部变量声明语句和函数声明等七部分组成。除了避开头文件嵌套包含的条件编译命令及其宏定义之外，其余各个部分都不是必需的。可以根据需要，选择其中部分加入到 C++语言头文件之中。在最后五个部分当中，至少应当选取一个部分加入到 C++语言头文件之中，而且它们出现的顺序通常是按照前面所列的顺序。如果最后五个部分都不存在，那么这个头文件应当是没有必要存在的。下面给出 C++语言头文件组织结构的示意：

```
#ifndef CP_XXXX_H
#define CP_XXXX_H
C++语言头文件的头部注释


若干条文件包含语句

若干条宏定义

若干个模板、枚举类型和类等数据结构的定义

若干个外部变量声明

若干个函数声明
#endif
```

如上面的 C++语言头文件组织结构所示，避开头文件嵌套包含的机制通常是由条件编译命令"#ifndef CP_XXXX_H"…"#endif"和宏定义"#define CP_XXXX_H"实现的，其中宏定义标识符 CP_XXXX_H 在不同的头文件中应当替换为不同的标识符，即应当具有唯一性。

头文件的头部注释主要是用简洁精练的语言说明该头文件包含哪些内容，从而方便程序员快速决定是否需要包含该头文件。头文件的头部注释通常可以包含文件名、文件本身内容的简要描述、使用该头文件的注意事项、与其他头文件或源文件的关系说明、作者、版本信息、发布日期和版权说明等。这些内容都不是必需的。如果头文件的名称已经可以很清晰地表达该头文件所包含的内容或者该头文件本身已经非常简短，则该头文件可以不含头部注释。如果需要，可以自行决定头文件的头部注释的具体内容。

下面给出一种采用块注释实现头文件头部注释的示意性范例：

```
/* ***********************************************************************
 * 文件名：  XXX.h
```

```
*  内容简述：...
*  注意事项：...
*  与其他头文件或源文件的关系说明：...
*  主要文献列表：...
*
*  作者：xxx
*  版本信息：...
*  发布日期：xxxx 年 xx 月 xx 日
*
*  版权说明：...
*  ***********************************************************/
```

下面给出一种采用行注释实现头文件头部注释的示意性范例：

```
// /////////////////////////////////////////////////////////
// 文件名：xxx.h
// 内容简述：...
// 注意事项：...
// 与其他头文件或源文件的关系说明：...
// 主要文献列表：...
//
// 作者：xxx
// 版本信息：...
// 发布日期：xxxx 年 xx 月 xx 日
//
// 版权说明：...
// /////////////////////////////////////////////////////////
```

不管是采用块注释，还是采用行注释，这两种形式都是可以接受的。但对于同一个程序，应当尽量选用同一种形式，而不是两者混用。

在简要介绍头文件所包含的内容时，应当同时阐明该头文件的外部变量和函数声明等的排序方式，从而方便查找这些外部变量和函数声明。根据查找复杂度的分析，查找有序内容的时间代价远远低于查找无序内容的时间代价。

头文件的内容最好具有自足特性（self-contained），即头文件本身最好拥有刚刚够用的文件包含语句，使得在使用该头文件时不再需要引入其他头文件。在头文件中的文件包含语句不宜过多。头文件的变化通常会引起任何直接或间接包含该头文件的源文件重新编译。因此，在头文件中的文件包含语句应当尽量少；否则，会增加编译的时间代价。在头文件中的文件包含语句不宜过少，至少需要满足自足特性；否则，在使用该头文件时每次都需要编程人员去查找该头文件所依赖的所有其他头文件，这将浪费大量的编程时间。如果同时需要包含系统提供的头文件和自定义的头文件，则通常将包含系统提供的头文件的语句放在前面，将包含自定义头文件的语句放在后面。对于同种类型的头文件，则首先按照它们之间的依赖关系排序；如果它们之间没有依赖关系，则通常建议按照文件名的字母顺序排列。

除了避开头文件嵌套包含问题的宏定义之外，通常建议慎重使用宏定义，尤其是语法规则比较复杂的宏定义。一旦使用宏定义，则只有在进行宏替换之后才能真正理解程序代码的含义。这会提高程序代码阅读的难度，并增加程序代码阅读的时间代价，不利于程序代码维护。如果计划使用宏定义，可以试着与采用只读变量或内联函数的方案进行比较。然后，采用较优的方案。

再往后，通常是若干个模板、枚举类型和类等数据结构的定义，如果需要在该头文件中定义新的数据结构。在这些数据结构内部，通常建议按照下面的顺序声明或定义各种成员：

（1）通常将具有静态属性的成员放在前面，将不具有静态属性的成员放在后面。

（2）对于具有相同有静态属性的成员，通常建议按照封装性 public、protected、private 的顺序进行排列。一般说来，查找具有 public 封装性的成员的频率会远远高于 private 成员。因此，这种排列顺序通常会具有较高的代码编写与维护效率。

接下来，通常是若干条外部变量声明语句，如果需要在头文件中声明外部变量。因为 C++语言要求每个变量的定义必须具有唯一性，所以在头文件中通常不会定义全局变量；否则该头文件在每个程序中基本上只能使用一次。如果需要，在外部变量声明语句的上方或右侧还可以添加一些注释，对外部变量进行适当说明或解释。例如：

```
extern double g_height; // 单位是米。
```

在注释中说明高度 g_height 的单位是米，为变量 g_height 补充了非常有益的信息。这个信息是从变量 g_height 的名称中无法得到的。

在 C++语言头文件的最后通常是若干条函数声明。如果需要，可以在每个函数声明的上方或右侧添加该函数声明的说明性注释。该注释通常包含函数名、函数功能说明、函数调用注意事项、参数说明、返回值说明、作者、版本信息、发布日期和版权说明等。这些内容都不是必需的。函数声明的说明性注释主要是为了方便程序员了解该函数的功能以及如何调用该函数。通常希望在不阅读函数定义的前提下就能判断出是否需要该函数，并且掌握正确调用该函数的方法。函数声明本身的写法及其说明性注释应当能够促成这一目标。如果函数声明本身就足以表达这些内容，则可能就不需要编写该函数声明的说明性注释。这是非常理想的函数声明，通常称为具有自描述特点的函数声明。如果有可能，应当尽量编写具有自描述特点或接近于自描述特点的函数声明。不过，现在有些编程辅助性的软件可以自动将这些说明性注释及程序代码转化成为程序开发的在线帮助文档。这时，这些说明性注释就显得非常有必要。无论如何，可以根据需要，选择其中若干项或全部添加到该函数声明的说明性注释中。在头文件函数声明的说明性注释中不必说明函数内部是如何实现的，那是源文件的事情。

下面给出一种采用块注释编写的函数声明及其说明性注释的示意性示例：

```
/* ***********************************************************
 * 函数名： gb_function
 * 函数功能： ...
 * 函数调用注意事项： ...
```

```
* 参数说明:
*    a: ...
*    b: ...
* 返回值: ...
*
* 作者: xxx
* 版本信息: ...
* 发布日期: xxxx 年 xx 月 xx 日
*
* 版权说明: ...
* ********************************************************************/
extern int gb_function(int a, int b);
```

同样,可以模仿前面头文件头部注释将上面的块注释修改为行注释编写函数声明的说明性注释。在参数说明中,应当写明每个参数变量是输入参数、输出参数,或者同时是输入和输出参数。在函数调用注意事项中,可以写明调用该函数所依赖的前提条件、在调用后应当进行的操作以及在调用时应当注意的其他问题。

如果存在多条函数声明,则这些函数声明应当按照某种方式进行排序,而且应当将函数声明的排序方式在头文件的头部注释中阐述清楚。常用的函数声明排序方式是按照函数名的字母顺序。

将函数声明放入头文件当中是有条件的。如果某个函数只是在一个源文件内部使用,而且未来也不会提供给其他源文件调用,则可以不将这个函数的声明放入头文件当中。

7.2.3 源文件内容规范

C++语言源文件通常由头部注释、文件包含语句、变量定义语句和函数定义等四部分组成。这四个部分都不是必须的。可以根据需要,自行选择若干个部分加入到 C++语言源文件之中。而且这些部分在 C++语言源文件中的顺序与前面介绍的前后顺序通常应当一致。在文件包含语句之后,还可以是"using"语句和"using namespace"语句。不过,通常建议慎用这两种语句。变量和函数定义还可以嵌入到命名空间的定义当中。

> ❀小甜点❀:
> 在头文件与源文件当中的注释是有差别的。在头文件中的注释最主要的目的是给计划使用代码的人员看的,例如,计划用类定义实例对象,或者计划进行函数调用。因此,在头文件中的注释重点在于描述功能以及阐述如何使用。在源文件中的注释最主要的目的是给计划实现代码,尤其是维护代码的人员看的。因此,在源文件中的注释重点在于描述如何实现功能及其注意事项。

源文件的头部注释主要用来说明该源文件所包含的内容、实现的思路、代码维护的注意事项以及相关的作者和维护者。在源文件的头部注释中注明相关的作者和维护者是非常有必要的。这通常很有可能是在遇到代码维护困难时的救命稻草。当无法理解代码及其注释时,如果能找到当事人,这通常有可能是解决问题效率比较高的途径。当然,允许在代码中写上作者和维护者,也是表示对他们工作成果的认可,从而更容易让编程和维护人员拥有成就感。源文件的头部注释通常可以包含文件名、文件本身内容的描述、使用该源文件的注意事项、与其他头文件或源文件的关系说明、实现该源文件所参考的文献列表、作者、版本信息、实现日期、维护者、维护原因以及代码变动说明、维护日期、版权说明等。在这些内容中，通常只有文件本身内容的描述、作者、版本信息和实现日期是必需的。对于其他内容，可以根据需要，自行选择加入到源文件的头部注释之中。如果出现多次代码维护和修改，则可以添加多套文字说明，列出每次的维护者和维护日期，说明维护原因以及代码变动情况。

下面给出一种采用块注释实现源文件头部注释的示意：

```
/*  ******************************************************************
 *  文件名： XXX.cpp
 *  整体功能描述： ...
 *  注意事项： ...
 *  与其他头文件或源文件的关系说明： ...
 *  主要文献列表： ...
 *
 *  作者： XXX
 *  版本信息： ...
 *  实现日期： XXXX 年 XX 月 XX 日 (或者从 XXXX 年 XX 月 XX 日到 XXXX 年 XX 月 XX 日)
 *
 *  维护者：
 *  维护原因以及代码变动说明：
 *  维护日期： XXXX 年 XX 月 XX 日 (或者从 XXXX 年 XX 月 XX 日到 XXXX 年 XX 月 XX 日)
 *
 *  版权说明： ...
 *  ****************************************************************** */
```

下面给出一种采用行注释实现源文件头部注释的示意：

```
// //////////////////////////////////////////////////////////////////
// 文件名： XXX.cpp
// 整体功能描述： ...
// 注意事项： ...
// 与其他头文件或源文件的关系说明： ...
// 主要文献列表： ...
//
// 作者： XXX
// 版本信息： ...
// 实现日期： XXXX 年 XX 月 XX 日 (或者从 XXXX 年 XX 月 XX 日到 XXXX 年 XX 月 XX 日)
//
// 维护者：
// 维护原因以及代码变动说明：
// 维护日期： XXXX 年 XX 月 XX 日 (或者从 XXXX 年 XX 月 XX 日到 XXXX 年 XX 月 XX 日)
//
// 版权说明： ...
// //////////////////////////////////////////////////////////////////
```

不管是采用块注释，还是采用行注释，这两种形式都是可以接受的。但对于同一个程序，应当尽量选用同一种形式，而不是两者混用。

与头文件一样，在说明源文件所包含的内容时，应当同时阐明在该源文件中的全局变量定义和函数定义的排序方式，从而方便查找这些全局变量和函数定义，缩短查找的时间代价。

在头部注释之后通常是若干条文件包含语句。例如：

```
#include <iostream>
```

如果同时需要包含系统提供的头文件和自定义的头文件，则通常将包含系统提供的头文件的语句放在前面，将包含自定义头文件的语句放在后面。

一般建议尽量避免使用全局变量。如果需要全局变量，则接下来通常是若干条**全局变量的定义语句**。再接下来通常是若干条**静态成员变量的定义语句**，如果存在。如果有可能，通常建议在定义全局变量或静态成员变量时尽量同时给它赋初值。另外，在每条全局变量或静态成员变量定义语句的上方或右侧，还可以添加一些注释，说明变量的用途、应用范围以及使用的注意事项等。

在 C++ 语言源文件的最后通常是若干个函数定义。这里函数可以是全局函数，也可以是成员函数。每个函数定义通常由函数的头部注释、函数头部和函数体三部分组成。函数的头部注释不是必需的。如果需要，函数的头部注释通常包含函数名、函数功能说明、参数说明、返回值说明、函数实现思路、注意事项、主要文献列表、作者、版本信息、实现日期、维护者、维护原因以及代码变动说明、维护日期和版权说明等。这些内容都不是必须的。可以根据需要，选择其中若干项或全部添加到函数的头部注释中。下面给出一种采用块注释编写函数的头部注释并且定义函数的示意性示例：

```
/* ****************************************************************
 * 函数名： gb_function
 * 函数功能： ...
 * 参数说明：
 *      a： ...
 *      b： ...
 * 返回值： ...
 * 函数实现思路： ...
 * 注意事项： ...
 * 主要文献列表： ...
 *
 * 作者： xxx
 * 版本信息： ...
 * 实现日期： xxxx 年 xx 月 xx 日 (或者从 xxxx 年 xx 月 xx 日到 xxxx 年 xx 月 xx 日)
 *
 * 维护者： xxx
 * 维护原因以及代码变动说明： ...
 * 维护日期： xxxx 年 xx 月 xx 日 (或者从 xxxx 年 xx 月 xx 日到 xxxx 年 xx 月 xx 日)
```

```
 *
 * 版权说明：...
 * **********************************************************************/
int gb_function(int a, int b)
{
    // ...
} // 函数 gb_function 定义结束
```

同样，可以模仿前面源文件头部注释将上面的块注释修改为行注释编写函数的头部注释。与在头文件中的函数注释说明不同，在 C++语言源文件中的函数头部注释主要是为了解释函数是如何实现的，在实现的过程中应当注意哪些问题，曾经发现过哪些问题以及如何处理这些问题的，作者和维护者有哪些，从而方便函数实现代码的维护或扩展。如果函数的实现本身很简单，就不需要编写这些内容。

如果存在多个函数定义，则这些函数定义应当按照某种方式进行排序，而且应当将函数定义的排序方式在源文件的头部注释中阐述清楚。如果同时存在成员函数与全局函数，则通常是成员函数的定义在前，全局函数的定义在后。对于同种类型的函数，常用的函数定义排序方式是按照函数名的字母顺序。

如果在源文件中含有主函数 main 的函数定义，则通常在该源文件中就不会再含有其他函数的定义。因为每个 C++语言程序通常有且仅有一个主函数 main，所以如果在含有主函数的源文件中定义其他函数，那么就意味着这些其他函数实际上是无法被其他 C++语言程序直接复用的。

7.3　命　名　规　范

命名规范的总体目标通常是尽量让整个开发团队都容易理解程序代码。最理想的命名是让程序代码尽量接近于自描述的特点。所谓自描述就是不需要阅读注释就可以做到一目了然，理解代码含义。下面给出一些具体的命名总体原则：

（1）各个名称应当尽量简单好记。因此，在命名时应当尽量采用简单的单词，并且尽量采用在编程时常用的单词。

（2）使用缩写词通常会让程序代码变得晦涩难懂，而且相同的缩写词常常会对应多个全称，容易产生歧义。因此，在命名时，除了局部变量，通常不使用缩写词，除非该缩写词被广泛使用而且其全称反而不为人们所熟悉，如 HTML 等。在早期的 C++语言标准中，因为组成每个名称的字符总个数非常有限，所以在命名时出现了大量的缩写。现在所允许的字符总个数已经比较大，因此，现在可以尽量不使用缩写词。如果使用缩写词，则缩写词按普通单词看待，其大小写采用与普通单词相同的规则，即组成缩写词的字母不必全部采用大写，例如，gb_openHtmlFile。

（3）在命名时，名称不仅要有含义，而且应当与内容相匹配，同时应当努力做到采用最少的单词表达最详细的信息，即组成名称的单词数量在表达清楚含义的基础上应当尽量少，选用的单词或词组应当准确并有意义，而且方便记忆。尽量争取做到"望文知意"。因此，尽量不用含义过于笼统的单词。另外，尽量不用含有歧义或容易混淆的单词或词组，从而尽可能避免出现误解或混淆的情况。在选用单词时，可以考虑所命名对象的功能、特性和类型等有用的信息，并从中选择最重要的若干部分进行组合。

（4）在采用词组进行命名时，可以选择按照英文语法形成自然的单词顺序，也可以选择按单词对命名对象含义的贡献大小排序。对于后者，可以不严格按照英文语法。例如，位于 C++语言标准函数库"ctype.h"中的函数名 isdigit 是按照英文语法的自然单词顺序，而位于 C++语言标准函数库"stdio.h"中的宏定义标识符 SEEK_END 和 SEEK_SET 则是按单词对命名对象含义的贡献大小排序。

（5）最好不要使用汉语拼音来命名，而应当采用英语单词或词组。在选用英语单词或词组时，应当尽量避免采用生僻的单词或词组，而应当尽量采用常用的单词或词组。表 7-1 给出在程序代码中部分常用的单词。另外，应当尽量考虑英语语法的正确性，例如，不要将 currentValue 写成 nowValue。

表 7-1　在程序代码中部分常用的单词（按字母排序）

add/remove	after/before	append/insert	back/front	begin/end
buffer	clear	close/open	column/row	copy/cut/paste
create/destroy	decimal/hex/octal	decrement/increment	delete/insert/new	destination/source
do/redo/undo	down/up	drag/move	empty/full	enter/exit
equal	erase/insert	find/replace	first/last	from/to
get/set	hash	height/length/width	hide/show	in/on/out
index	init	is	leaf/root	left/right
load/unload	lock/unlock	max/min	new/old	next/previous
notify/wait	pop/push	print/save	read/write	receive/send
resize/setSize	resume/suspend	run	start/stop	swap

（6）在命名时，最好不要出现仅仅大小写不同的标识符。这很容易引起混淆，有可能会将阅读程序的人和编辑器搞糊涂，从而引发一些错误或麻烦。

（7）如果命名不是充分自描述的，则应当考虑在定义或声明处加上必要的注释，说明其含义或用途。

（8）各种名称都可以含有前缀，也可以不含前缀。名称前缀通常由若干个字符或者单词组成，用来代表所隶属的类型、公司、产品、程序库或者模块等。例如，应用非常广泛的 OpenGL（Open Graphics Library，开放图形函数库）核心库的函数名称通常以"gl"开头。这里给出 3 个示例：glClearColor、glEnable 和 glLoadIdentity。

（9）在命名时，在任何代码区域都应当尽量避免出现同名。换一句话说，如果出现同名，则它们的作用域范围一定不重叠。这里的同名甚至应当包括不区分大小写意义上的同名，因为有些程序代码编辑器具有自动更正的功能，它有时会将其中一个名称自动更正为另一个仅与其大小写不同的名称，从而造成一些不易觉察或不易调试的错误，或者需要我们反复去更正相同的错误。

（10）目前存在很多不同的命名规范。对于同一个程序，应当尽量选用同一种命名规范，而不是混用多种命名规范。

一个名称可以包含多个单词。由多个单词组成的名称的常见写法如下：

（1）每个单词的首字母大写，其他字母均小写。例如 ImageSprite（图版精灵）。

（2）中间单词的首字母大写，其他字母小写。例如 getBackground。

（3）全部小写，单词之间用下画线分隔。例如 basic_ostream。

（4）全部大写，单词之间用下画线分隔。例如 MIN_WIDTH。

在命名时，不同类型的名称可以选用不同的写法。相同类型的名称通常选用同一种写法。

对于 C++语言程序来说，命名规范主要包括文件、命名空间、模板、类、枚举、类型别名、函数、变量、宏定义标识符和只读变量的命名规范。下面分别来介绍这些命名规范，而且在介绍时不再重复说明上面总结的命名总体原则。

7.3.1　文件名

计算机文件名通常含有"基本名"和"扩展名"两个主体部分，它们之间用句点"."隔开。扩展名通常是由文件类型决定的。因此，给文件命名主要就是给文件基本名命名。文件基本名可以含有前缀，也可以不含前缀。文件基本名的前缀通常由若干个字符或者单词组成，用来代表文件类型、公司、产品、隶属的程序库或者模块等。除去前缀部分的文件基本名通常由若干个单词组成，可以是名词或名词性词组，表示该文件所包含的核心内容；也可以是动词或动词性词组，表示该文件所实现的主要功能。例如，在本书中，文件名"CP_StudentList.h"的前缀部分是"CP_"，表示这个文件是采用 C++语言编写的源程序代码文件；"StudentList"表明这个文件将实现一个学生链表。扩展名 h 表明这是一个头文件。

C++语言源程序代码文件通常可以分成为头文件和源文件。如果用一个头文件来定义一个类，用一个源文件来实现这个类的成员函数，则这两个文件通常采用相同的基本名，而且通常就是这个类的类名。这两个文件通常成对出现，称为配对的头文件和源文件。头文件的扩展名通常是"h"，C++语言源文件的扩展名通常是"cpp"，C 语言源文件的扩展名通常是"c"。

有时需要将类型定义和类型成员的实现都编写在同一个头文件中。例如，用来定义类模板和实现类模板成员的头文件。这时，该头文件的扩展名通常仍然是"h"。不过，有些开源项目或有些公司将该头文件的扩展名命名为"hpp"。

不同的文件应当具有不同的基本名或者不同的扩展名，而且给自己编写的文件命名，不要与现存的系统文件同名。因为有些操作系统或 C++语言程序编译器对文件名不区别大小写，所以最好不要出现两个文件名，它们仅仅拥有大小写的区别。

7.3.2　命名空间、类型命名和关键字 typedef

命名空间的名称通常是给其他名称当前缀的，通常用来代表公司、产品、程序库或者模块等。例如，标准库的命名空间名称为 std。

组成类和模板等各种类型名称的单词或词组通常是名词或者名词性词组。例如，vector 是向量类模板的名称，basic_istream 是基本输入流类模板的名称、basic_ostream 是基本输出流类模板的名称。**任何一种类型都可以通过关键字 typedef 定义别名**。合理利用**类型别名**可以略微简化程序代码并提高代码的易读性。**类型别名定义的格式**大体上如下：

```
typedef 数据类型 类型别名
```

其中，数据类型是已经定义或正在定义的数据类型，类型别名必须是合法的标识符。

通过类型别名定义可以略微简化程序代码。例如，在下面类型别名定义之后，可以直接用 ifstream 代替 basic_ifstream<char>，这样代码变短了。

```
typedef basic_ifstream<char> ifstream;                              // 1
typedef basic_ofstream<char> ofstream;                              // 2
typedef basic_fstream<char> fstream;                               // 3
```

通过类型别名定义还可以提高程序代码的通用性或可移植性。在 C++语言中，数据类型占用内存的情况与 C++语言的支撑平台密切相关，即与操作系统甚至 C++语言编译器密切相关。例如，int 类型的每个存储单元究竟占用 4 字节，还是 8 字节，依赖于具体的平台。这时，如果需要一种 4 字节的整数类型，可以增加一个别名 CD_Int32，并保证 CD_Int32 是 4 字节整数类型。在不同的平台下，我们选用不同的类型别名定义语句。在 4 字节 int 类型的平台下，可以直接采用类型别名定义 "typedef int CD_Int32;"。在 8 字节 int 类型的平台下，如果每个 short int 存储单元占用 4 字节，那么可以采用类型别名定义 "typedef short int CD_Int32;"。这样，不管在什么平台下，每个 CD_Int32 类型的存储单元均占用 4 字节。在程序代码当中，直接使用 CD_Int32 类型，而不使用 int 或 short int 数据类型，从而尽量减小程序代码对具体平台的依赖性。

不过，**不要滥用类型别名**。采用类型别名毕竟会增加类型名称的个数，从而使得需要记住类型名称变得更多。另外，在阅读、维护或调试程序代码时，通常需要找到类型别名所代表的原始名称及其定义，才能精确理解程序代码。这也增加了时间代价。

7.3.3　函数、函数模板和变量的命名

组成函数名和函数模板名称的单词或词组通常是动词/动词词组，表达了所要实现的功能。例如，来自标准算法库<algorithm>的函数 sort 和 find_first_of。另外，还可以用函数名和函数模板名称的前缀部分来表示全局或成员等属性。例如，在本书中，全局非静态函数的前缀是 "gb_"，成员非静态函数的前缀是 "mb_"。

组成**变量名**的单词或词组通常建议采用名词或者名词性词组。另外，还可以用变量名的前缀部分来表示全局或成员等属性。例如，在本书中，全局变量名的前缀是 "g_"，成员变量名的前缀是 "m_"。对于**非静态的局部变量**，可以具有如下四种形式，其中第（1）和（2）种形式可以同时在同一个程序中存在。第（3）和（4）种形式最好只选用其中一种。

（1）直接采用若干个字符表达。这通常适用于其作用域范围相对较小的情形。例如，标识符 i、j 和 k 常常用来作为循环的计算器，标识符 m 和 n 常常用来表达数量，x、y 和 z

常常用来表示点的坐标。

（2）采用缩写词或词组，其中第一个缩写词或单词的首字母小写，其他缩写词或单词的首字母大写，其余字母均小写。如果出现缩写词，则应当在该变量的定义或声明处通过注释给出缩写词的全称或含义说明。

（3）采用全称的单词或词组，其中首个单词的首字母小写，其余单词的首字母大写，剩下的各个字母均小写。例如 boxWidth。

（4）采用全称的单词或词组。各个单词均采用小写，相邻单词之间采用下画线隔开。例如 table_name。

> ⊱注意事项⊰ ：
>
> 　无论如何，不要用小写字母"l"、大写字母"O"或小写字母"o"作为变量名。因为小写字母"l"容易与数字"1"混淆，大写字母"O"和小写字母"o"容易与数字"0"混淆。

对于变量的命名，还曾经流行一种匈牙利命名法。在该命名规则中，每个变量名由三部分组成。这三部分分别是属性、类型和描述变量含义的单词或词组。除去属性部分，后续第一个单词的首字母小写，其他单词的首字母大写，其余字母小写。属性部分的命名规则为：

（1）对于全局变量，属性部分是"g_"。

（2）对于静态变量，属性部分是"s_"。

（3）对于类或类模板等类型的成员变量，属性部分是"m_"。

（4）枚举类型成员的属性部分是"em_"或"EM"。

（5）对于只读变量，属性部分是"c_"。

（6）对于局部变量，属性部分为空。

匈牙利命名法的优点是变量名含有比较丰富的信息；缺点是变量名往往很长，而且重点不突出。目前很少有编程规范强制要求采用匈牙利命名法。

7.3.4　枚举成员、宏和只读变量的命名

常用的枚举类型成员的名称有如下两种形式：

（1）在本书中，枚举类型成员的名称通常以"em_"开头，后续各个单词的首字母大写，其余字母小写。例如 em_Saturday。

（2）枚举类型成员的名称以"EM"或"EM_"开头，后续各个单词均采用大写，相邻单词之间采用下画线隔开。例如 EM_MONDAY。

如果宏定义标识符是用在头文件中用来避免嵌套包含同一个头文件，那么可以采用如下的 3 种方案：

（1）比较简单的方案是将该头文件的"基本名"和"扩展名"全部转换为相应的大写字母，并用下画线"_"连接，从而形成了相应的宏定义标识符。例如，头文件"CP_Hanoi.h"所对应的避免嵌套包含的宏定义标识符是 CP_HANOI_H。

（2）采用"项目名称"+"文件名"的方案，即在上一种方案的前面加上项目名称和下

画线，其中项目名称全部转换为大写字母。例如，在 Game 项目中的头文件"CP_Hanoi.h"所对应的避免嵌套包含的宏定义标识符是 GAME_CP_HANOI_H。

（3）采用"项目名称"＋"部分路径"＋"文件名"的方案，即在上一种方案的中间再插入部分路径名称及下画线，其中路径名称是该头文件所在的路径名称，同样将其转换为大写字母。对于在路径名称中不宜作为宏定义标识符的字符，采用下画线进行替换。对于路径名称，可以采纳全部路径名称，也可以只选用其中比较有区分度的部分。例如，假设在 Game 项目中的头文件"CP_Hanoi.h"位于"D:\Root\Lib\Common\Algorithm"路径下，则所对应的避免嵌套包含的宏定义标识符可以选用 GAME_COMMON_ALGORITHM_CP_HANOI_H。

上面 3 种方案的核心思路是找到一种非常简便易记的且保证全局唯一性的宏定义标识符。对于实际的编程项目，可以根据需要，选用或自行制订可行的方案。

对于其他宏定义标识符，可以通过前缀或者全部采用大写字母的方式来区分其他类型的标识符。本书表示宏名称的方案是以"D_"开头，后续各个单词的首字母大写，其余字母小写，例如 D_MaxWidth。

具有常量属性的变量是只读变量，它是通过关键字 const 进行定义的。组成只读变量的单词或词组通常也是名词或名词性词组。它通常有如下两种命名规则：

一种命名规则是，如本书所用的，以"DC_"开头，后续各个单词的首字母大写，其余字母小写，例如 DC_MinWidth。这里"DC_"是表示只读变量的前缀。有些开源项目用字母"k"作为前缀代替这里的"DC_"，表示只读变量。

另一种命名规则是，所有单词全部采用大写字母，单词之间用下画线"_"分隔，例如 MIN_WIDTH。

7.3.5　本书所用的命名规范

基于以上的命名规范，本书自定义一套命名规范，如表 7-2 所示。

表 7-2　本书程序所用的命名规范

序号	类型	命名规则
1.	C 语言源程序代码文件基本名	以"C_"开头，后续单词的首字母大写，其余字母小写，包括如 Html 之类的词（下同）。例如，头文件"C_StudentList.h"。
2.	C++语言源程序代码文件基本名	以"CP_"开头，后续单词的首字母大写，其余字母小写。
3.	工程文件的基本名	各个单词的首字母大写，其余字母小写。
4.	命名空间	以"CNS_"开头，后续单词的首字母大写，其余字母小写。
5.	类	同 C++语言文件名基本名。
6.	类模板	以"CT_"开头，后续单词的首字母大写，其余字母小写。
7.	重命名的类型名	如果重命名的类型是类，则由 typedef 定义的相应类型名以"CQ_"开头；如果重命名的类型是枚举类型，则由 typedef 定义的相应类型名以"CE_"开头；对于其他类型，由 typedef 定义的相应类型名以"CD_"开头。在这之后，后续各个单词的首字母大写，其余字母小写。例如，CD_Count。

序号	类型	命名规则

8.	枚举类型名	由 typedef 定义的则以 "CE_" 开头，后续单词的首字母大写，其余字母小写。
		枚举类型本身以 "E_" 开头，后续单词的首字母大写，其余字母小写。例如：
		typedef enum E_NumberStatus
		{
		    em_Zero, // 0
		    em_NormalPositive, // 正常的正数
		    em_NormalNegative, // 正常的负数
		    em_InfinityPositive, // 正无穷大
		    em_InfinityNegative, // 负无穷大
		    em_Invalid // 非数
		} CE_NumberStatus;

9.	枚举类型成员	以 "em_" 开头，后续单词的首字母大写，其余字母小写。
10.	全局非静态函数	以 "gb_" 开头，后续首个单词的首字母小写，其余单词的首字母大写，剩下的各个字母均小写。
11.	全局静态函数	以 "gbs_" 开头，后续首个单词的首字母小写，其余单词的首字母大写，剩下的各个字母均小写。
12.	全局的函数模板	以 "gt_" 开头，后续首个单词的首字母小写，其余单词的首字母大写，剩下的各个字母均小写。
13.	类或类模板的非静态成员函数	以 "mb_" 开头，后续首个单词的首字母小写，其余单词的首字母大写，剩下的各个字母均小写。
14.	类或类模板的静态成员函数	以 "mbs_" 开头，后续首个单词的首字母小写，其余单词的首字母大写，剩下的各个字母均小写。
15.	非静态的全局变量	以 "g_" 开头，后续首个单词的首字母小写，其余单词的首字母大写，剩下的各个字母均小写。
16.	类或类模板的非静态成员变量	以 "m_" 开头，后续首个单词的首字母小写，其余单词的首字母大写，剩下的各个字母均小写。例如，m_name。
17.	类或类模板的静态成员变量	以 "ms_" 开头，后续首个单词的首字母小写，其余单词的首字母大写，剩下的各个字母均小写。例如，ms_name。
18.	函数内部的非静态局部变量	（1）如果作用域范围较小，可以直接采用若干个字符表达，例如，标识符 i、j、k、m 和 n。 （2）可以采用缩写词或词组，其中第一个缩写词或单词的首字母小写，其他缩写词或单词的首字母大写，其余字母均小写。如果采用不常用的缩写词，应当通过注释给出缩写词的全称或含义说明。 （3）可以采用全称的单词或词组，其中首个单词的首字母小写，其余单词的首字母大写，剩下的各个字母均小写。
19.	静态变量	静态变量是具有 static 属性的变量。如果是全局静态变量，则以 "gs_" 开头；否则，以 "s_" 开头。后续首个单词的首字母小写，其余单词的首字母大写，剩下的各个字母均小写。

续表

序号	类型	命名规则
20.	宏定义标识符	如果该宏定义标识符是用在头文件中用来避免嵌套包含同一个头文件,那么将该头文件的"基本名"和"扩展名"全部转换为相应的大写字母,并用下画线"_"连接,从而形成了相应的宏定义标识符。例如,头文件"CP_EightQueen.h"所对应的避免嵌套包含的宏定义标识符是 CP_EIGHTQUEEN_H。
		对于其他宏定义标识符,则以"D_"开头,后续各个单词的首字母大写,其余字母小写。例如,D_SizeOfBuffer。
21.	只读变量	只读变量是具有常量属性的变量,通过关键字 const 进行定义。其命名规则是以"DC_"开头,后续各个单词的首字母大写,其余字母小写。

7.4　排　版　规　范

良好的排版方式可以为程序建立起合理的层次划分,从而增强程序的可读性。本节介绍的排版规范包括制表符、空白行、缩进方式、缩排方式、空格以及代码长度等内容。下面分别介绍这些内容。

7.4.1　制表符与缩进

在编辑程序代码时,通常建议禁止使用制表符(Tab)。在不同计算机、不同操作系统或者不同编辑器或者不同设置下,制表符的实际应用效果有可能不同。如果程序代码含有制表符,就很难使得程序代码在不同编辑环境下保持预期的对齐模式。

> 📖说明📖:
>
> (1)程序代码是否拥有良好的对齐模式,这是衡量程序代码可读性的指标之一。
>
> (2)在编辑程序代码时应当时刻记住:程序代码还可能由其他程序员或维护人员阅读,而且计算机、操作系统和编辑器等也会不断升级。因此,应当尽量使得程序代码在不同的编辑环境下仍然保持良好的对齐模式。
>
> (3)通常建议将制表符自动或手动转换成为 4 个空格。目前很多编辑器都提供将制表符自动转换成为若干个空格的功能。

在程序代码的缩进方式上,现在通常都是采用阶梯层次方式组织程序代码。例如,在 if 语句中,if 分支语句会比 if 语句头部多缩进 4 个空格。相应的代码示例如下:

```
if (studentScore>90)                              // 1
    cout << "成绩优秀!" << endl; // 比上一行多缩进了 4 个空格。  // 2
```

对于函数体、条件语句和循环语句等引导的语句块,语句块的分界符"{"和"}"应当单独占用一行,并且与引导该语句块的函数、条件语句或循环语句的头部左对齐。在语句块内部的各行语句一般均比分界符"{"和"}"多缩进 4 个空格。如果在语句块中还包括有内部语句块，则在内部语句块中的语句进一步再多缩进 4 个空格。例如：

```
while (i<=n)                                              // 1
{ // 分界符"{"与上一行左对齐。                             // 2
    i *= 10; // 这一行比上一行多缩进 4 个空格。             // 3
    if ((i % 100) == 0)                                  // 4
    { // 分界符"{"与上一行左对齐。                          // 5
        i -= (i / 100); // 这一行比上一行多缩进 4 个空格。   // 6
        cout << "i=" << i << endl;                       // 7
    } // if 结束 // 分界符"}"与其配套的分界符"{"(即第 5 行代码)左对齐。  // 8
} // while 结束 // 分界符"}"与其配套的分界符"{"(即第 2 行代码)左对齐。  // 9
```

采用这种方式，程序结构清晰，便于阅读。界定语句块的左括号"{"与右括号"}"上下对齐，位于同一列。因此，非常容易检查左右括号是否匹配。对于 do/while 语句，通常让末尾的 while 部分紧跟在右括号"}"后面，表明这里的 while 部分是 do/while 语句的组成部分，从而与 while 语句明显区分开。下面给出三个计算从 1 到 100 之和的代码示例。其中每个示例都包含一个语句块，分别是 for 语句、while 语句和 do/while 语句的语句块。它们的计算结果都是使得变量 sum 等于 5050。

```
// 语句块示例 1：for 语句                // 语句块示例 2：while 语句
int i;                                 int counter=1;
int sum=0;                             int sum=0;
for (i=1; i<=100; i++)                 while (counter<=100)
{                                      {
    sum += i;                              sum += counter;
} // for 循环结束                           counter++;
                                       } // while 循环结束
```

```
// 语句块示例 3：do/while 语句
int counter=1;
int sum=0;
do
{
    sum += counter;
    counter++;
} while (counter<=100); // do/while 循环结束
```

另外，一种常用的语句块写法是将左括号"{"上移了一行，并放在引导该语句块的函数、条件语句或循环语句的头部的末尾，示例如下：

```
// 语句块示例 1：for 语句                // 语句块示例 2：while 语句
int i;                                 int counter=1;
int sum=0;                             int sum=0;
for (i=1; i<=100; i++) {               while (counter<=100) {
    sum += i;                              sum += counter;
} // for 循环结束                           counter++;
                                       } // while 循环结束
```

```
// 语句块示例 3:  do/while 语句
int counter=1;
int sum=0;
do {
    sum += counter;
    counter++;
} while (counter<=100); // do/while 循环结束
```

在上面示例中，界定语句块的左括号"{"位于行的末尾，减少了行数。但是，检查左右括号是否匹配需要多花费时间。一般来说，这种减少行数的优势并没有阅读代码的时间代价重要。虽然有些 C++语言程序代码编辑器支持这种模式，甚至有些 C++语言程序集成平台的默认方式就是采用这种模式，但是，大部分软件公司并不推荐这种模式，甚至在其编程规范中抵制这种方式。

在语句块结束行的右方加上注释，表明是什么语句块结束了。这样可以使得代码更加清晰，提高阅读代码的速度，尤其对于行数较多的语句块和对于具有多重嵌套的语句块。例如，上面代码示例中的"for 循环结束"和"while 循环结束"和"do/while 循环结束"等。对于多重嵌套的语句块，还可以在相应的注释中加上"外部"和"内部"等表明嵌套层次的注释。

7.4.2 空白行与空格

在程序代码中还可以插入适当的空白行，而且应当只在切实必要之处才加上空白行。空白行可以从宏观上体现出程序的整体布局或层次结构。这有点类似于文章的章节划分，可以用来增强程序的可读性。通常在相邻两个类定义之间、相邻两个模板定义之间、头文件包含语句与函数定义之间、相邻的函数定义之间等不同部分之间插入单行空白行。如果函数体的行数较大，还可以将整个函数体划分成为若干节。在节与节之间，插入单行空白行。

在语句中，加入适当的空格有可能会方便语句代码的阅读。例如，在关键字 if、switch、for 和 while 等关键字与其后面的圆括号之间通常含有空格。但是，在函数调用时，函数名与其后面的圆括号之间通常不含空格。如果在代码中含有逗号，且该逗号不是这一行代码的最后一个字符，则该逗号的后面通常有 1 个空格。在 for 语句头部的两个分号之后，通常也都会分别有 1 个空格。下面 for 语句头部的代码示例：

```
for␣(i=1;␣i<=100;␣i++)
```

在表达式中，加入适当的空格也有可能会增加表达式的可读性。其目的是让表达式的层次结构显得更加清晰。例如：

```
a␣+=␣(c+d);                                              // 1
a␣=␣(a+b)␣/␣(c*d);                                       // 2
```

再如：假设 p 是整数类型的指针变量，b 是整数变量，下面语句

```
b ⊔=⊔ 200 ⊔/⊔*p;
```

不能改写成

```
b=200/*p;
```

在改写之后，"/*"会被编译器认为是形式为"/*　*/"的注释的引导部分。上面语句可以改写为

```
b ⊔=⊔ 200 ⊔/⊔(*p);
```

这样可能会更加清晰一些，更好理解。

> 📖说明📖：
>
> （1）空格也不是越多越好，应当只在切实需要之处才加上空格。不要在行末尾加入空格，更不要在空白行中添加空格。
> （2）添加空格的总原则通常是为了使得语句或表达式的结构更加清晰或者使得程序代码呈现出更好的对齐方式。

7.4.3　行数与每行字符数

在通常情况下，每行代码最多只写一条语句，而且每行代码的字符个数通常建议不要超过 80。随着显示屏越来越大，每行字符数的上限阈值可以放宽。不过，在具体的编程规范中最好设置一个上限阈值。其实，虽然显示屏可以很大，但通常人在阅读代码时的最佳视野范围仍然非常有限。80 个字符对大多数人而言很有可能就是一个最佳的选择。如果当前行代码的字符数超过上限阈值，则应当考虑将当前行的代码划分成为若干行。要进行分行，首先要对当前行的代码进行代码语义层次分析，建立代码语义的层次结构。然后，在需要分行的代码处，优先考虑在相对较高语义层次的代码上分行，再考虑在相对较低语义层次的代码上分行。而且断行应当在逗号和运算符等各种分隔符之后分行，其目标是在分行后尽量体现代码的语义结构，方便语句或表达式阅读和理解，尽可能提高代码理解的速度。新划分出来的行应当采用缩排方式进行书写。分行缩排通常在行首添加适当的空格来达到层次或结构划分的目的，其方式主要有两种。

第一种缩排方式是采用层次对齐的缩排方式，即同层次的代码在相邻行之间上下对齐。下面给出三阶行列式求值表达式按层次对齐缩排方式的示例。

```
double matrix[3][3]={{1, 2, 3}, {4, 0, 6}, {7, 8, 9}};        // 1
double value = matrix[0][0]*matrix[1][1]*matrix[2][2]+        // 2
               matrix[0][1]*matrix[1][2]*matrix[2][0]+        // 3
               matrix[0][2]*matrix[1][0]*matrix[2][1]-        // 4
               matrix[0][2]*matrix[1][1]*matrix[2][0]-        // 5
               matrix[0][1]*matrix[1][0]*matrix[2][2]-        // 6
               matrix[0][0]*matrix[2][1]*matrix[1][2];        // 7
```

在上面代码示例中，第 2 条语句最高层次的语义层次结构是赋值结构，接下来是 6 个加数之和，每个加数又分别是由三个数相乘得到。我们发现在第 2 个加数中 matrix[1][2]的末尾已经超出 80 个字符，需要在这里分行。因为代码语义层次级别高优先的原则，所以最终在第 2 个加数的开头处分行，而且与第 1 个加数上下对齐。这个过程继续下去，我们最终就得到如上面代码所示的缩排结果。采用这种缩排方式，代码结构非常清晰，非常容易阅读和理解。

下面给出一个不按代码语义层次结构的分行示例：

```
longName1 =  longName2 * (longName3 + longName4 -          // 1
             longName5) + 4 * longName6; // 应避免这种分行方式    // 2
```

采用这种断行方式，将代码语义层次结构与断行割裂开来，有可能会造成误解。较好的分行方式可以采用如下的方式：

```
longName1 =  longName2 * (longName3 + longName4 - longName5) +   // 1
             4 * longName6; // 推荐这种分行方式                    // 2
```

在修改之后，代码表达式的结构非常清晰。它是 2 个数相加的表达式，每个加数又分别由 2 个数相乘而得。

对于字符串，也可以采用同样的分行规则。下面给出相应的示例：

```
char *address = "http://www.longaddress.com/content/20060901/
082899009/12/11843090_310449873.shtml";                    // 1
```

上面代码实际上只有一行，但它超过了 80 个字符，其中在等号右侧的网址的字符个数就超过 80。此时可以对它进行分行。改写之后的语句如下：

```
char *address = "http: //www.longaddress.com/content/20060901/"  // 1
                "082899009/12/11843090_310449873.shtml";         // 2
```

改写前后，两条语句是等价的。

第二种缩排方式是采用 4 个空格的缩排方式，即新划分出来的各行的开头部分的空格数均比当前行开头部分多了 4 个。对于同样的三阶行列式求值代码，采用 4 个空格缩排方式的结果如下：

```
double matrix[3][3]={{1, 2, 3}, {4, 0, 6}, {7, 8, 9}};      // 1
double value = matrix[0][0]*matrix[1][1]*matrix[2][2]+      // 2
    matrix[0][1]*matrix[1][2]*matrix[2][0]+                 // 3
    matrix[0][2]*matrix[1][0]*matrix[2][1]-                 // 4
    matrix[0][2]*matrix[1][1]*matrix[2][0]-                 // 5
    matrix[0][1]*matrix[1][0]*matrix[2][2]-                 // 6
    matrix[0][0]*matrix[2][1]*matrix[1][2];                 // 7
```

在上面代码示例中，第 3~7 行代码的开头部分比第 2 行代码的开头部分多个四个空格。采用这种方式，代码也比较清晰，但没有按照层次对齐缩排方式的结果清晰。

每个源程序文件的长度一般建议不要超过 2000 行。如果源程序文件的长度超过 2000 行，则可以考虑对在该文件中的函数进行适当分类。然后，为每类函数建立一个新的源程序文件，每个新建的源程序文件的长度应当不超过 2000 行。

每个函数实现的功能不宜过多，最理想的函数是实现相对单一的功能，从而方便函数的复用。**每个函数体的长度**一般建议不要超过 200 行。如果某个函数体超过 200 行，则可以考虑将这个函数划分成为若干个子函数，而且每个子函数的函数体不超过 200 行。

7.5 语 句 规 范

语句规范是编程规范的重要组成部分。在编写 C++语言程序代码时，首先应当**保证 C++语言程序能够解决问题**，符合实际的需求。在此基础上，应当**设法使得语句简单或简洁**。下面从整体上介绍一些基本的语句规范。

（1）**避免出现容易出错的代码或类似于容易出错的代码**。简单通常意味着容易被理解，简洁明了的代码通常比较容易维护。如果出现了容易出错的代码或类似于容易出错的代码，则往往会增加调试代码的时间，因为在调试时，通常需要分析清楚这些代码是否真的含有错误。

（2）应当编写并修改程序代码**使得最终代码不会产生任何编译警告信息**。通常建议不要通过降低警告级别来消除警告。应当重视含有编译警告的语句，这些语句很有可能含有某些潜在的错误，有时也有可能具有歧义性。通过消除警告可以发现并且避开这些问题。另外，如果不消除警告，则每次编译产生的错误将会被隐藏在警告当中，查找编译错误就会需要较大的时间代价，这些时间累计起来也会相当可观。因此，消除编译警告非常有必要。**每个编译警告都是可以消除的**。消除编译警告的过程也有助于检验和提升我们对 C++语法规则以及程序设计方法的掌握程度。

（3）现在的程序代码通常都**不再使用 goto 语句**。

（4）如果可以不使用全局变量，就尽量不要用全局变量。同样，如果可以不使用静态变量，就尽量不要用静态变量。

（5）如果**在程序中需要使用超过一千个字节的单个数组或类的实例对象数据**，则应当考虑采用指针，并通过 new 运算申请内存，通过 delete 运算释放内存。这样，减小了函数栈的内存压力。采用指针方式，首先应当注意不要出现内存越界的现象，其次一定要保证申请与释放内存的匹配，尤其是在程序中出现选择结构的时候。在选择结构中，每个分支都应当保证**申请与释放内存的匹配**。

（6）通常建议**尽量使用关键字 const**，尤其是引用类型和指针类型的函数参数。

（7）一般建议**每行最多只有一条语句**。例如：

```
i++; // 好的语句：一行只有一条语句                              // 1
k++; // 好的语句：一行只有一条语句                              // 2
```

通常建议不要将上面的两条语句写成：

```
i++; k++; // 应当避免：因为这一行有两条语句                              // 1
```

（8）**每条语句应当尽量简单，即尽量避免出现复合语句**。所谓复合语句，就是在一条语句中还包含有语句。例如：

```
if ((file = openFile(fileName, "r")) != NULL) // 应当避免出现复合语句   // 1
{                                                                       // 2
    // 这里省略了部分程序代码                                            // 3
} // if 结构结束                                                         // 4
```

上面的语句是复合语句的示例，它将赋值语句嵌入到 if 语句之中，应当避免出现。可以把上面的语句修改成如下的语句：

```
file = openFile(fileName, "r");                                         // 1
if (file != NULL)                                                       // 2
{                                                                       // 3
    // 这里省略了部分程序代码                                            // 4
} // if 结构结束                                                         // 5
```

这样，虽然程序代码的行数增加了，但阅读更容易了，可以提高理解程序代码的速度。

下面分别介绍与函数相关的语句规范、类型与变量相关的语句规范、简洁且无歧义的表达式、循环语句与空语句以及给语句添加注释。

7.5.1　函数相关的语句规范

构造函数和析构函数的语句规范如下：

（1）在构造函数中，通常建议**尽量通过初始化列表来初始化成员变量**，而不是在构造函数的函数体内初始化成员变量。这样，可以提高程序的运行效率。

（2）**通常建议一定要确保构造函数和析构函数能够执行成功**。否则，很难控制程序的行为，甚至会引起程序崩溃。

（3）**通常建议不要在构造函数或析构函数中抛出异常**。否则，程序有可能会失控。

编写函数应当**尽量使用已有的函数**。尽量使用 C++语言标准的函数，可以提高代码的可移植性。如果重复出现的代码超过了 5 行，则可以考虑将这些代码封装成为函数。然后，将重复的代码替换成为相应的函数调用。这不仅可以缩短阅读代码的时间，而且非常有利于程序代码的维护。

每个函数的参数个数一般也不宜过多，通常建议不要超过 **20** 个。如果需要**给函数传递较多的参数**，则可以考虑定义类等来存储这些函数参数。如果函数的某个或某些参数会占用较大的存储空间，则可以考虑**用引用类型或指针类型的参数代替该函数参数**。这样不仅可以减少函数参数传递占用堆栈的空间，而且可以提高程序的运行效率。

如果函数的参数变量是引用类型或指针类型，而且在函数体内部该引用类型或指针参数变量所指向的数据不会被修改，则应当给该引用类型或指针参数变量添加上常量属性 const。**带有常量属性 const 的引用类型或指针类型参数变量**不仅可以保证该引用类型参数变量或指针类型参数变量所指向的数据在函数体内部不会被误修改，而且显式地表明了该引用类型或指针类型参数是输入参数，从而方便用户正确理解并使用该函数。C++语言的大量库函数采用了这种技巧，例如：

```
size_t strlen(const char *s);
```

在给函数参数命名时，通常建议给函数参数变量取有意义的名称，从而方便理解该函数及其调用方式。例如，对于计算圆柱体积的函数 gb_getCylinderVolume

```
extern double gb_getCylinderVolume(double a, double b);
```

从上面函数声明的函数名或者参数变量名中无法得出参数 a 和 b 是圆柱的什么参数。如果将上面的函数声明改为

```
extern double gb_getCylinderVolume(double radius, double height);
```

则我们根据变量名和函数名的意义很容易就可以推知函数 gb_getCylinderVolume 是根据圆柱的半径 radius 和高 height 计算并返回圆柱的体积。

如果在函数的参数中同时存在输入参数和输出参数，则通常建议输出参数在先，输入参数在后。这样，方便给输入参数提供默认值。

7.5.2　类型与变量相关的语句规范

通常建议慎重使用自动推断类型 auto，尤其是对需要进行审查或者走读的代码。在进行代码审查或者走读代码时，通常需要人工推断出 auto 对应的实际类型才能判断出程序代码是否正确，尤其在逻辑或者运算上是否正确。编译器通常只负责语法正确，而不负责逻辑正确和运算正确。这样，在进行代码调试时，这些自动推断类型通常有可能就变成为不得不进行的人工推断，从而增大调试难度。总之，自动推断类型 auto 减少了代码编写的时间，但很有可能会增大阅读难度，甚至引入一些不易觉察的错误。因此，自动推断类型 auto 通常建议只用在一些无关紧要的类型上。如果一定要用自动推断类型 auto，通常建议将自动推断类型 auto 只用于定义局部变量，而且其作用域范围不能太长，例如不要超过 10 行代码。

在每种类型定义的上方，最好都加上注释，说明该类型的作用和使用条件，除非这些内容相当明显。

对于在函数体内的局部变量定义，通常在循环体的外部定义局部变量，从而提高程序的运行效率。其次，通常建议让局部变量的作用域尽可能小，即只在有必要时才开始定义局部变量。同时，建议尽量将局部变量的定义和初始化操作在同一条语句中完成。下面给出相应的对照代码示例。

```
// 应当避免的代码示例            // 更正后，推荐的代码示例
int sum;                       int sum=0;
sum=0;
```

如果采用含有初始化操作的变量定义语句，则通常每条语句只定义一个变量。这样，

如果需要，也方便给该变量添加注释。下面给出相应的代码示例：

```
int matrix[2][2]={{1, 2}, {3, 4}}, value; // 应当避免的代码示例
```

上面的代码最好改为：

```
int matrix[2][2]={{1, 2}, {3, 4}}; // 更正后，推荐的代码示例        // 1
int value;                                                    // 2
```

在更正之后，代码显得更加清晰。

对于多维数组的初始化通常建议采用层次嵌套的方式，而不要采用将全部元素展开的方式。例如，通常建议不要采用如下将全部元素展开的多维数组初始化方式。

```
int matrix[2][2]={1, 2, 3, 4}; // 应当避免的代码示例
```

上面的代码最好改为如下采用层次嵌套的多维数组初始化方式：

```
int matrix[2][2]={{1, 2}, {3, 4}}; // 更正后，推荐的代码示例
```

在定义指针变量时，通常每条语句只定义一个指针变量，并且在星号与变量名之间不要含有空格。下面给出相应的代码示例：

```
int ⊔ a ⊔=⊔ 10;                                                // 1
int ⊔ *pa ⊔=⊔ &a;                                             // 2
```

在上面示例的 2 行代码中，所有的空格都通过符号"⊔"显示标出。上面的代码示例同时也展示出在取地址运算符与变量名之间通常也不含空格。

7.5.3 简洁且无歧义的表达式

不要编写有歧义的语句。下面给出相应的代码示例。

```
int a[ ]= {1, 2, 3, 4, 5};                                    // 1
int i = 2;                                                    // 2
a[i++] = i;                                                   // 3
i = ++i + 1;                                                  // 4
```

上面第 3 行和第 4 行代码均不符合 C++语言标准。其中，第 3 行代码在等号的左侧改变了变量 i 的值，而在等号的右侧又用了变量 i 的值。这时，等号右侧变量 i 的值在 C++语言标准中是不确定的，在不同的 C++语言支撑平台中很有可能会出现不相同的结果。同样，第 4 行代码的赋值运算和自增运算（++）均会改变变量 i 的值。在这种情况下，最终变量 i 的值在 C++语言标准中是没有定义的，即在不同的 C++语言支撑平台中很有可能会出现不相同的结果。下面的语句是 C++语言标准所允许的语句。

```
a[i] = i+1;
```

不要在同一个表达式中多次改变同一个变量的值。C++标准不指定这种行为的运行效

果，允许不同的编译器产生不同的结果。下面是 C++标准给出的案例：

```
int a[] = { 10, 20, 30, 40, 50 };                              // 1
int i = 1;                                                      // 2
i = a[i++]; // 行为未定义的语句                                  // 3
cout << "i=" << i << endl; // 结果依赖于编译器，一种可能结果是"i=21"  // 4
```

下面是 C++标准给出的另一个案例：

```
int gb_sum(int a, int b)                                       // 1
{                                                              // 2
    int c = a + b;                                            // 3
    return c;                                                 // 4
} // 函数 gb_sum 结束                                          // 5
                                                              // 6
void gb_test()                                                 // 7
{                                                             // 8
    int i = 1;                                                // 9
    int k = 2;                                                // 10
    k = gb_sum(i=-1, i=-1);                                   // 11
    cout << "i=" << i << endl; // 结果依赖于编译器，一种可能结果是"i=-1"  // 12
    cout << "k=" << k << endl; // 结果依赖于编译器，一种可能结果是"k=-2"  // 13
} // 函数 gb_test 结束                                         // 14
```

在上面案例第 11 行中，虽然对变量 i 两次赋的值均相同，但 C++标准指出当前计算机的并行运行机制将会使得这两次赋值操作变得很复杂，最终变量 i 的值依赖于具体的编译器。

下面对上面的案例稍做修改，看其运行结果。

```
int gb_sum(int a, int b)                                       // 1
{                                                              // 2
    int c = a + b;                                            // 3
    return c;                                                 // 4
} // 函数 gb_sum 结束                                          // 5
                                                              // 6
void gb_test()                                                 // 7
{                                                             // 8
    int i = 1;                                                // 9
    int k = 2;                                                // 10
    k = gb_sum(i=-3, i=-30);                                  // 11
    cout << "i=" << i << endl; // 结果依赖于编译器，一种可能结果是"i=-3"  // 12
    cout << "k=" << k << endl; // 结果依赖于编译器，一种可能结果是"k=-6"  // 13
} // 函数 gb_test 结束                                         // 14
```

对于上面案例第 11 行，C++标准没有规定对变量 i 两次赋值的运行先后顺序。因此，C++标准明确指出这条语句的运行结果依赖于具体的编译器，是一种未定义的行为。我们在编写程序时不应当出现这种行为未定义的语句。

下面给出另外一个示例：

```
int a = 10;                                                  // 1
a = (a++) + 10; // C++语言标准不允许出现这种表达式。          // 2
```

C++语言标准认为上面第 2 行语句的表达式的结果是不确定的，最终变量 a 的值取决于具体的 C++语言支撑平台。在这条语句中，"a++"与赋值运算均会改变变量 a 的值。哪个在先，哪个在后？答案是不确定的。

在编写表达式时，一般建议避免出现过于复杂的表达式。上面给出单个变量的情况。多个变量也是类似。不要在一个表达式中改变两个或更多个变量的值。例如，不要在同一个表达式中出现两个赋值类运算符，具体的代码示例如下：

```
// 应当避免的代码示例：  出现了两处赋值。    // 修改后，推荐的代码示例：
d = (a = b + c) + r;                       a = b + c;
                                           d = a + r;
```

再如，下面左侧代码示例的表达式改变了变量 a 和 b 的值，可以考虑将其更改为两条语句，如下面右侧代码示例所示：

```
// 应当避免的代码示例：                     // 修改后，推荐的代码示例：
b = (a++) + 10;                            b = a + 10;
                                           a++;
```

在上面的两组对照示例中，修改之后的语句明显比修改之前更容易理解。

还应当注意数学表达式与 C++语言表达式之间的区别。例如：

```
int a = 10;                                                  // 1
int b = 20;                                                  // 2
int c = 3;                                                   // 3
int d = a<b<c;   // 此语句可以通过编译和运行。               // 4
```

在数学表达式中，"a<b<c"要求"a<b"与"b<c"同时成立。如果按照数学表达式来展开计算，则在上面第 4 行代码中，"a<b"即"10<20"是成立的，"b<c"对应"20<3"是不成立的。因此，整个表达式"a<b<c"在数学上是不成立的，即结果变量 d 的值在数学上应当为 0。

然而，在 C++语言程序中，其结果与数学运算结果不同。在 C++语言程序中，"a<b<c"等价于"(a<b) < c"。在上面代码中，"a<b"即"10<20"是成立的，其结果是 1。因此，接下的运算"(a<b) < c"对应"1 < 3"，其结果仍然是 1。这样，最终变量 d 的值等于 1，而不是 0。

如果要表达在数学意义上的"a<b<c"，则上面第 4 行代码应当改为：

```
 int d = (a<b) && (b<c);                                     // 4
```

在数学表达式中，加法与乘法具有交换律。然而，在 C++语言表达式中，交换加法或乘法的顺序却有可能会得到不同的结果。例如：

```
double a = 1.2;                                              // 1
double b = 1.2;                                              // 2
double c = 1.5;                                              // 3
double d = a * b*c - 2.16;                                   // 4
double e = a * c*b - 2.16;                                   // 5
cout << "d=" << d << endl; // 结果输出 d=0。                  // 6
cout << "e=" << e << endl; // 结果输出 e=-4.44089e-016。      // 7
```

📖说明📖：

应当注意浮点数运算的截断误差。如果浮点数运算结果所需的位数超出单个浮点数占用的位数，那么就会产生截断误差。在上面代码中，a*b 与 a*c 所产生的截断误差是不相等的；以此为基础，a*b*c 与 a*c*b 所产生的截断误差也是不相等的。这就是上面运算结果 d 和 e 具有不同的值的原因。同样，a+b+c 与 a+c+b 也有可能会产生不同的结果。例如，如果将第 4 行的代码换为"double d = a+b+c-3.9;"，将第 5 行的代码换为"double e = a+c+b-3.9;"，我们将通过第 6 行和第 7 行代码得到类似的输出结果。

为了使语句或表达式更好理解，可以适当地增加圆括号"()"。一方面，它可以使得语句或表达式的层次关系更为明显；另一方面，它还可以避开运算符的优先级问题。例如：

```
// 理解表达式依赖于是否掌握运算优先顺序     // 修改后，推荐的代码示例
if (a == b && c == d)                   if ((a == b) && (c == d))
```

在修改之后，增加了圆括号，表达式的层次结构清晰，非常容易理解。

当需要采用运算符"=="判断一个变量是否等于某个表达式时，可以考虑将该变量的名称写在运算符"=="的右侧。例如：

```
// 不推荐的代码示例               // 修改后，推荐的代码示例
if (sum==i*j)                    if (i*j==sum)
```

在上面代码中，左侧的代码是不推荐的代码，因为表达式"sum==i*j"常常容易被错误地写成"sum=i*j"，而且仍然可以通过编译和运行。右侧的代码是推荐的代码，因为如果将表达式"i*j==sum"错误地写成"i*j=sum"，则无法通过编译。

对于容易混淆的运算符，在编写程序的过程中，要多做检查。在编写完程序之后，还应当从头至尾至少检查一遍这些运算符，以防止出现拼写错误。比较容易出现混淆误用的运算符有"="与"=="""|"与"||"以及"&"与"&&"等。在混淆误用这些运算符时，表达式可能仍然符合 C++语言语法。因此，编译器不一定能够检查出来这种混淆误用。多做代码检查是比较有效的手段。

在运用表达式时，应当注意表达式是否会出现溢出。例如：

```
unsigned int counter;                                       // 1
int sum=0;                                                  // 2
for (counter=8; counter>=0; counter--)                      // 3
    sum +=counter;                                          // 4
```

上面的 for 循环实际上是一个死循环。因为变量 counter 的数据类型是 unsigned int，所

以变量 counter 的值总是大于或等于 0。即使在 counter 等于 0 时进行的运算 "counter--" 也不会将变量 counter 的值变为 -1，从而造成上面的 for 循环无法正常终止。可以将上面的第 3 行代码更改为：

```
for (counter=8; counter>0; counter--)                              // 3
```

或者将变量 counter 的数据类型更改为 int。这两种更正都将使得 for 循环能够正常终止，而且运行结果变量 sum 的值均为 36。

另外，应当注意表达式在理解上的歧义性。例如，在编写以数字 "0" 开头的八进制数时，应当加上注释进行强调，提醒注意。

编写程序的最后一步一定要做程序代码的检查和优化，去掉不必要的代码，修改错误的注释，增加必要的注释，简化语句，或设法提高代码的内存空间利用效率和运行效率等。例如，由于受思考过程的影响，有可能出现如下的语句：

```
int value = (a/b)*(b/a); // 应当避免
```

上面的语句是应当避免的，因为它有可能出现除数为 0，而且很烦琐，效率较低。正确的语句可能应当如下：

```
int value = 1; // 注：这个表达式与上面的表达式不一定等价
```

这里需要注意的是表达式 "(a/b)*(b/a)" 与 "1" 不一定等价。前者可能出现除数为 0 的情况，而后者不存在这种情况。如果 a 和 b 是在数值上互不相等的整数变量，并且它们均不等于 0，则表达式 "(a/b)*(b/a)" 的值是 0，而不是 1。

检查和优化语句可以从程序代码的健壮性、安全性、可读性、易测性、可维护性、所占用的内存大小、运行效率、简单性、可重用性和可移植性等软件质量的评价指标的角度展开。对于容易出错的地方还应当重点检查。有些公司把在完成代码编写之后的检查和优化语句过程称为代码复查（Code Review）。在有些文献中，Code Review 也翻译作代码走读。有些公司规定在编写程序代码的人自己进行代码复查之后，还必须由其他程序员至少再进行一遍代码复查。这对提升程序代码的质量应当会很有帮助，而且通过走读其他团队成员的程序代码也可以互相学习，比较容易保持整个团队代码风格的一致性。

7.5.4　循环语句与空语句

对于循环语句，没有必要在循环内的运算一定要移出循环体，从而提高整个循环语句的效率。对于多重循环，如果有可能，可以考虑将步骤较多的循环放在内层，步骤较少的循环放在外层，从而减少赋初值或者切换计算模式的次数，提高多重循环的运行效率。例如：

```
// 相对效率相对较低的代码        // 相对效率相对较高的代码        // 1
for (i=0; i<100; i++)         for (i=0; i<5; i++)            // 2
{                             {                              // 3
    for (j=0; j<5; j++)           for (j=0; j<100; j++)      // 4
```

```
        {                              {                          // 5
            sum += m[i][j];                sum += m[j][i];        // 6
        } // 内部 for 循环结束         } // 内部 for 循环结束      // 7
    } // 外部 for 循环结束          } // 外部 for 循环结束         // 8
```

左侧的代码需要对变量 i 赋 1 次初值 0，对变量 j 赋 100 次初值 0；右侧的代码需要对变量 i 赋 1 次初值 0，对变量 j 赋 5 次初值 0。因此，右侧代码的运行效率高。

如果需要 编写一条空语句，则应当格外小心。因为在编写程序的过程中，偶尔会出现敲错字符而造成的空语句现象，所以应当设法避免混淆手误与特意编写空语句这两种情况。特意编写空语句的范例示意如下：

```
for (初始化表达式; 条件表达式; 更新表达式)                        // 1
    ;                                                             // 2
```

这种编写方式一方面可以使得空语句非常明显，另一方面还可以与手误区分开。出现这样的手误是很难的，因为需要在分号 ";" 之前键入回车以及四个空格。

另外一种空语句写法的示意如下：

```
for (初始化表达式; 条件表达式; 更新表达式)                        // 1
{ // 空语句：循环体为空。                                         // 2
}                                                                // 3
```

它是通过不含任何语句的语句块来表示空语句，而且在语句块中通过注释强调这是空语句，从而使得空语句也表现得非常明显。

7.5.5 给语句添加注释

在必要的时候，可以 给语句添加注释，其内容通常是从总体上介绍代码的功能，详细介绍约束条件或者注意事项，以及其他必要的信息。在给语句添加注释的时候，不要写语句在语法上的基本含义。例如：

```
i++; // i自增1      // 应当避免这样的注释，除非是为了讲解 C++语言的语法
```

应当注意阅读注释也是需要时间的，而这样的注释基本上不含任何信息量，是应当避免的，除非是为了讲解计算机语言的语法。

> 〔注意事项〕：
>
> 在采用行注释时应当注意，这一行注释的末尾通常 不要以字符 "\" 结束；否则，下一行代码也会被认为是行注释的一部分。

下面给出一个误用行注释的续行的具体示例。

```
char ch = '\141'; // 请注意 141 是八进制整数，对应字母'a'，其引导符是\   // 1
ch++;                                                                    // 2
cout << "ch=" << ch; // 结果输出：ch=a。                                  // 3
```

在上面示例中，第 2 行代码"ch++;"也是注释的一部分。结果变量 ch 的值仍然是'a'。我们可以将上面的代码更正为：

```
char ch = '\141'; // 请注意 141 是八进制整数，'\141'对应字母'a'      // 1
ch++;                                                            // 2
cout << "ch=" << ch; // 结果输出：ch=b。                          // 3
```

在更正之后，第 2 行代码"ch++;"不再是注释，使得变量 ch 的值从'a'变成为'b'。结果第 3 行代码输出"ch=b。"。

7.6　本 章 小 结

C++语言非常强大，适用范围非常广，兼容了众多计算机语言的强大优势。但事物总是有其两方面性。C++语言越强大在一定程度上就意味着它可能越复杂。如果没有编程规范，就有可能出现程序设计思路的混乱，使得程序代码难以阅读和维护，甚至容易出错。例如，C++语言引入命名空间的目标之一是为减少命名冲突，但引入的"using namespace"语句又削弱了命名空间的这一功能。C++语言引入"using namespace"语句的目标是缩短程序代码。这两个目标是互相矛盾，有冲突的。再如，C++语言的关键字 auto 使得 C++语言兼具了在 MATLAB 语言中自动推断变量类型的功能，但提高了相应程序代码阅读和维护代价，因为在阅读和维护时需要人工自行推断变量类型才能确切断定相应的程序代码是否正确。编程规范是 C++语言语法规则的有益补充，从而更好地驾驭 C++语言的复杂性，发挥C++语言的强大效能。面对不同的需求，可以制定不同的编程规范，衡量 C++语言的各种功能和性能矛盾，从而发挥出尽量大的 C++语言效能。例如，面对 ACM 程序设计竞赛等要求快速编程且程序不会长期使用的实际需求，可以多使用关键字 auto 并采用"using namespace"语句。再如，如果编写的程序代码需要长期维护，则应当慎重使用关键字 auto，并有限度采用"using namespace"语句。

7.7　习　　题

7.7.1　复习练习题

习题 7.1　判断正误。

（1）命名空间可以在一定程度减少命名冲突。

（2）命名空间的定义可以是不连续的，即命名空间的定义具有累加性。

（3）命名空间的定义既可以出现在头文件中，也可以出现在源文件中。

（4）如果函数的参数变量是指针类型，而且在函数体内部该指针参数变量所指向的数据不会被修改，则应当给该指针参数变量添加上常量属性 const。

（5）为了让程序代码读起来显得更加生动有趣，对于具有相同含义的变量，应当尽量采用多种不同的单词来表达，尤其是在不同的函数或模块之中。

（6）早期的匈牙利命名法定义了很多缩写词。

（7）编程规范根本就没有必要，尤其是缩排规则，编译器自动会忽略多余的空格和制表符。

（8）对于编译器而言，在程序代码中，空格是可有可无的。

（9）可以不处理在编译或链接过程中产生的警告信息。

（10）给程序代码添加注释，通常不要写语句在语法上的含义。

（11）在采用行注释时应当注意，行注释的末尾通常不要以字符"\"结束。

（12）编程规范是一成不变的。

（13）对于不同的项目，可以制订不同的编程规范。

习题 7.2　请简述编程规范的必要性。

习题 7.3　请简述编程规范的作用。

习题 7.4　简述编程规范通常所包含的主要内容。

习题 7.5　命名空间的主要功能是什么?

习题 7.6　请写出命名空间的定义格式。

习题 7.7　请总结应用命名空间的方法，并分别说明这些方法各自的优缺点。

习题 7.8　请简述源程序代码文件通常采用的组织顺序。

习题 7.9　简述源程序代码文件内部代码的组织规范。

习题 7.10　为什么通常让主函数 main 独占一个源文件?

习题 7.11　什么是程序的自述文件? 它通常包含哪些内容?

习题 7.12　请简述文件头部的注释通常应当包含的内容。

习题 7.13　请简述头文件通常包含哪些内容?

习题 7.14　请简述源文件通常包含哪些内容?

习题 7.15　请简述类定义的组织顺序，以及在类定义中的注释通常应当包含的内容。

习题 7.16　请简述函数定义的注释通常应当包含的内容。

习题 7.17　什么是具有自描述特点的函数声明。

习题 7.18　命名规范的目的是什么?

习题 7.19　命名规范的总原则是什么?

习题 7.20　命名规范包含哪些内容?

习题 7.21　请分别简述命名空间、文件、类、模板、函数、变量和只读变量的命名规范。

习题 7.22　请简述类型别名的主要作用。

习题 7.23　请简述匈牙利命名法所包含的主要内容。

习题 7.24　请简述代码编辑排版规范。

习题 7.25　请简述排版规范的作用。

习题 7.26　请简述排版规范所包含的主要内容。

习题 7.27　请简述制表符在代码文件中可能存在的问题。

习题 7.28　语句书写规范的目标是什么?

习题 7.29　在编程规范中，语句优化的目标是什么?

习题 **7.30**　请简述编写构造函数与析构函数的编程规范。

习题 **7.31**　请总结编写函数的编程规范。

习题 **7.32**　请简述编写表达式的注意事项。

习题 **7.33**　请简述程序代码注释的作用。

习题 **7.34**　请编写程序，可以接收文件路径的输入。并且对于该路径及其子路径下的所有文件，能够自动去除在各个文件的文件名中的空格。如果在去空格的过程中出现文件名的重名冲突问题，请自行设计有效的解决方案。要求程序严格按照本章的编程规范进行编写。

习题 **7.35**　请编写程序，检查在给定的程序代码中动态数组内存申请与释放是否匹配。要求程序严格按照本章的编程规范进行编写。

习题 **7.36**　请编写程序，可以接收源程序代码文件名的输入。然后，自动检查在该文件中是否存在以字符"\"结束的行注释。如果存在，则输出该行注释位于文件的第几行。要求程序严格按照本章的编程规范进行编写。

习题 **7.37**　简述在书写语句时应当注意的问题。

7.7.2　思考题

思考题 **7.38**　请比较代码优化在程序设计中与在编程规范中的作用。

思考题 **7.39**　思考并调查在文件名中含有空格有可能会引起哪些问题？

思考题 **7.40**　思考空格在程序代码当中的作用。

思考题 **7.41**　思考源程序文件长度超过 2000 行的弊端是什么？

思考题 **7.42**　在程序代码中使用 goto 语句的弊端是什么？

思考题 **7.43**　请总结提高程序运行效率的语句书写技巧。

思考题 **7.44**　为什么在写空语句时需要让空语句体现得非常明显？

思考题 **7.45**　请总结在源程序代码文件中应当包含哪些部分的注释？这些注释的主要内容分别是什么？

第8章 程序测试

程序测试是验证程序有效性的重要手段。如果要降低软件维护成本，就必须做好程序测试的工作。一旦软件发布，当用户发现在程序中的错误时，软件维护的代价通常会比较大。例如，如何去更新其他用户的软件；甚至，可能会因此使得用户觉得软件的体验不好，从而失去用户。在实际应用中出现程序错误甚至有可能会是致命性的。例如，直升飞机控制程序出错有可能会引发直升飞机坠毁事故。因此，编写程序必须十分重视程序测试。按照目标分类，程序测试主要可以分为功能测试和性能测试。功能测试主要是验证程序在功能上的正确性。通过程序测试还有可能得到程序的有效使用范围，这通常也是功能测试的重要组成部分，而且也非常重要的。性能测试主要是验证程序在内存空间、硬盘空间、网络带宽和时间代价等方面的指标。在发布程序之前，应当尽量消除程序错误，这对降低程序维护成本非常有帮助。本章首先介绍程序测试的一些基本概念，然后介绍穷举测试、黑盒测试和白盒测试等 3 种常用的测试方法。

8.1 程序测试基本概念

正确的程序测试通常并不是在程序代码编写完成之后才开始。开始编写程序之前，在程序设计时就应当考虑函数/类/模板等的可测试性。在程序设计的同时也可以进行程序测试的设计。甚至在程序设计的阶段就可以开始设计程序测试案例或者提出程序测试应当满足的基本要求。不好的程序设计有可能会使得程序测试变得非常艰难。对于较大规模的程序，最好能有一个整体的程序测试方案。该方案阐明程序测试计划、内容及其要求。这样可以提高程序测试的系统性，减小在程序测试方面出现遗漏的概率，并提高程序测试的效率。对于较大规模的程序，在程序测试方案中可以设计程序代码编写与程序测试交替进行或者同时进行。对于底层的基础性程序代码，可以先安排测试。这样也可以验证程序设计本身是否存在问题，从而尽可能降低程序研发风险。另外，越早发现底层基础性程序代码的错误，对于上层程序的编写与测试也是越有利的。一旦底层程序代码发生变更，上层程序代码就有可能不得不发生相应的变化。这不仅增加了工作量，而且容易引发各种不一致性，从而导致一些非预期的错误。

按照被测试对象的粒度分，程序测试可以分为单元测试和集成测试。C++语言可以分为类 C 部分与面向对象部分。对于 C++类 C 部分，编写程序的基本单位主要是函数，最小可测试单元主要是函数。因此，对于这部分的单元测试主要就是对函数的测试。对于 C++面向对象部分，编写程序的基本单位主要是类和模板。因为测试模板也只能通过类进行，所以 C++面向对象部分的最小可测试单元主要是类。因此，对于这部分的单元测试主要就是对类的测试。

　　集成测试则同时对多个互相关联的函数或类或模板或共合体或模块或程序进行测试，测试功能是否正确，配合是否符合预期，同时能否满足预期的性能指标。这里给出两个集成测试的示例。例如，保存的文件能否被正确打开，在网络上的客户端程序与服务器端程序能否按照预先设定的协议进行通讯。

　　在集成测试中，还包含**系统测试**。系统测试是对整个软件产品进行全面的测试。软件产品可以是一个完整的程序，也可以是若干个程序的集合。系统测试通常对照软件需求说明书进行测试，验证软件产品的功能和性能是否满足预期的目标，判断产品的各个功能能否成为一个有机的整体，考验功能组合使用是否稳定，评价软件产品的健壮性、安全性和可维护性等。

　　通常，**单元测试在前，集成测试在后**。这不仅可以降低集成测试的难度，而且可以降低调试与更正程序错误的难度。单元测试和集成测试的基本思路与方法比较类似，只是集成测试更加复杂，难度更大。**测试的目标首先是发现错误，而且主要目的通常是要消除错误**，而不仅仅是去记录曾经发生或发现的错误。

　　另外，必须清楚**有限性是正常计算机程序的基本特点**，以及**扩展需求是有可能需要额外的代价**。因此，通常**在测试时不要超出用户需求**。在当前的计算机构架下，不可能实现**能够解决所有问题的程序**。这是已经得到了证明的结论。

8.2　穷举测试

　　穷举测试是一种非常理想的程序测试方法。它穷举所有可能出现的案例，并用这些案例对程序一一进行测试。这是验证程序正确性最保险的方法。如果时间和空间代价允许，这通常是首选的程序测试方法。在穷举测试中，最理想的情况是我们能够预先知道所有的输入，并且对每个输入都准确知道答案。这时，我们可以**穷举所有的案例并与答案一一比对**，从而确定程序的正确性。下面给出相应的例程。

　　例程 8-1　10 以内求和器穷举测试例程。

　　例程功能描述：编写一个类，计算从 1 到 n 所有整数之和，其中 $0 \leqslant n \leqslant 10$。然后，通过穷举测试验证求和计算的正确性。

　　例程解题思路：对于求和运算，可以通过循环实现。对于测试，10 以内的所有非负整数是 0、1、……、10。而且可以计算得出它们对应的和分别为 0、1、3、6、10、15、21、28、36、45、55。我们把这些数据保存在数据文件"D:\TestCases\TestSumFrom0ToNUnder10.txt"当中。这样，在测试时，我们可以从该数据文件中分别读取输入与标准答案，并将标准答案与计算结果进行比对。

　　下面按照上面思路编写例程。例程代码由 6 个源程序代码文件组成。"CP_SumFrom0ToNByLoop.h"和"CP_SumFrom0ToNByLoop.cpp""CP_FileRecord.h""CP_FileRecord.cpp""CP_SumFrom0ToNTestEnum.h"和"CP_SumFrom0ToNTestEnumMain.cpp"的程序代码如下。

```
// 文件名：CP_SumFrom0ToNByLoop.h；开发者：雍俊海          行号
#ifndef CP_SUMFROM0TONBYLOOP_H                          // 1
#define CP_SUMFROM0TONBYLOOP_H                          // 2
                                                        // 3
class CP_SumFrom0ToNByLoop                              // 4
{                                                       // 5
public:                                                 // 6
    int m_n;                                            // 7
public:                                                 // 8
    CP_SumFrom0ToNByLoop(int n = 0): m_n(n) { }         // 9
    virtual ~CP_SumFrom0ToNByLoop() {}                  // 10
    virtual int mb_getSum();                            // 11
}; // 类 CP_SumFrom0ToNByLoop 定义结束                   // 12
#endif                                                  // 13
```

```
// 文件名：CP_SumFrom0ToNByLoop.cpp；开发者：雍俊海        行号
#include <iostream>                                     // 1
using namespace std;                                    // 2
#include "CP_SumFrom0ToNByLoop.h"                        // 3
                                                        // 4
int CP_SumFrom0ToNByLoop::mb_getSum()                   // 5
{                                                       // 6
    int i = 1;                                          // 7
    int sum = 0;                                        // 8
    for (; i <= m_n; i++)                               // 9
        sum += i;                                       // 10
    return sum;                                         // 11
} // 类 CP_SumFrom0ToNByLoop 的函数 mb_getSum 定义结束     // 12
```

```
// 文件名：CP_FileRecord.h；开发者：雍俊海                  行号
#ifndef CP_FILERECORD_H                                 // 1
#define CP_FILERECORD_H                                 // 2
#include <string>                                       // 3
#include <fstream>                                      // 4
                                                        // 5
class CP_FileRecord                                     // 6
{                                                       // 7
public:                                                 // 8
    string m_fileName;                                  // 9
public:                                                 // 10
    CP_FileRecord();                                    // 11
    CP_FileRecord(const char* fileName);                // 12
    ~CP_FileRecord() { }                                // 13
                                                        // 14
    void mb_clear();                                    // 15
}; // 类 CP_FileRecord 定义结束                           // 16
                                                        // 17
template <typename T>                                   // 18
const CP_FileRecord& operator <<                        // 19
```

```
(const CP_FileRecord& file, const T& data)                      // 20
{                                                               // 21
    ofstream outFile(file.m_fileName, ios::out | ios::app);     // 22
    if (outFile.fail())                                         // 23
        cout << "文件" << file.m_fileName << "打开失败。\n";     // 24
    else outFile << data;                                       // 25
    outFile.close(); // 这条语句即使不写,也会被调用               // 26
    return file;                                                // 27
} // operator <<定义结束                                        // 28
#endif                                                          // 29
```

// 文件名: **CP_FileRecord.cpp**；开发者: 雍俊海	行号

```
#include <iostream>                                             // 1
using namespace std;                                            // 2
#include "CP_FileRecord.h"                                      // 3
                                                                // 4
CP_FileRecord::CP_FileRecord()                                  // 5
    : m_fileName("D:\\TestCases\\TestFileDefault.txt")          // 6
{                                                               // 7
} // 类 CP_FileRecord 的构造函数定义结束                         // 8
                                                                // 9
CP_FileRecord::CP_FileRecord(const char* fileName)              // 10
    : m_fileName(fileName)                                      // 11
{                                                               // 12
} // 类 CP_FileRecord 的构造函数定义结束                         // 13
                                                                // 14
void CP_FileRecord::mb_clear()                                  // 15
{                                                               // 16
    ofstream outFile(m_fileName, ios::out);                     // 17
    outFile.close(); // 这条语句即使不写,也会被调用               // 18
} // 类 CP_FileRecord 的成员函数 mb_clear 结束                   // 19
```

// 文件名: **CP_SumFrom0ToNTestEnum.h**；开发者: 雍俊海	行号

```
#ifndef CP_SUMFROM0TONTESTENUM_H                                // 1
#define CP_SUMFROM0TONTESTENUM_H                                // 2
#include "CP_FileRecord.h"                                      // 3
                                                                // 4
template <typename T>                                           // 5
class CP_SumFrom0ToNTestEnum                                    // 6
{                                                               // 7
public:                                                         // 8
    CP_SumFrom0ToNTestEnum()                                    // 9
        : m_fileCase                                            // 10
        ("D:\\TestCases\\TestSumFrom0ToNUnder10.txt")           // 11
        , m_fileRecord                                          // 12
        ("D:\\TestCases\\TestSumFrom0ToNResult.txt")            // 13
        , m_caseTotal(0), m_caseFail(0)                         // 14
```

```
    {}                                                          // 15
    CP_SumFrom0ToNTestEnum                                      // 16
    (const char *fileIn, const char *fileOut)                   // 17
        : m_fileCase(fileIn), m_fileRecord(fileOut)             // 18
        , m_caseTotal(0), m_caseFail(0)                         // 19
    {}                                                          // 20
    virtual ~CP_SumFrom0ToNTestEnum() {}                        // 21
                                                                // 22
    virtual void mb_run();                                      // 23
private:                                                        // 24
    virtual void mb_showStatistics();                           // 25
    virtual void mb_testFromConstruction();                     // 26
                                                                // 27
    string m_fileCase;                                          // 28
    CP_FileRecord m_fileRecord;                                 // 29
    int m_caseTotal; // 测过的案例个次数                         // 30
    int m_caseFail;  // 失败的案例个次数                         // 31
}; // 类 CP_SumFrom0ToNTestEnum 定义结束                         // 32
                                                                // 33
template <typename T>                                           // 34
void CP_SumFrom0ToNTestEnum<T>::mb_run()                        // 35
{                                                               // 36
    m_fileRecord.mb_clear();                                    // 37
    mb_testFromConstruction();                                  // 38
    mb_showStatistics();                                        // 39
} // CP_SumFrom0ToNTestEnum 的成员函数 mb_run 定义结束           // 40
                                                                // 41
template <typename T>                                           // 42
void CP_SumFrom0ToNTestEnum<T>::mb_showStatistics()             // 43
{                                                               // 44
    m_fileRecord << "总共测试了" << m_caseTotal;                 // 45
    m_fileRecord << "个次的案例。\n";                           // 46
    if (m_caseFail <= 0)                                        // 47
        m_fileRecord << "全部通过。\n";                         // 48
    else m_fileRecord << m_caseFail << "个次案例失败。\n";      // 49
    if (m_caseTotal <= 0)                                       // 50
        cout << "没有案例?\n";                                  // 51
    else if (m_caseFail <= 0)                                   // 52
        cout << "成功通过测试。\n";                             // 53
    else cout << m_caseFail << "个次案例失败。\n";              // 54
} // CP_SumFrom0ToNTestEnum 的成员函数 mb_showStatistics 定义结束 // 55
                                                                // 56
template <typename T>                                           // 57
void CP_SumFrom0ToNTestEnum<T>::mb_testFromConstruction()       // 58
{                                                               // 59
    int n, s, sc; // 后缀 c 表示计算所得值，不加后缀为预期值      // 60
    char c;                                                     // 61
```

```
    char buffer[100];                                              // 62
    ifstream fileObject(m_fileCase);                               // 63
    if (fileObject.fail())                                         // 64
    {                                                              // 65
        cout << "无法打开测试案例文件: " << m_fileCase << endl;    // 66
        return;                                                    // 67
    } // if 结束                                                   // 68
    do                                                             // 69
    {                                                              // 70
        c = '*';                                                   // 71
        c = fileObject.peek();                                     // 72
        if (c != '#')                                              // 73
        {// 当前行不是数据行                                       // 74
            fileObject.getline(buffer, 100);                       // 75
            continue;                                              // 76
        } // if 结束                                               // 77
        c = fileObject.get();                                      // 78
        n = -1;                                                    // 79
        s = -1;                                                    // 80
        fileObject >> n >> s;                                      // 81
        if ((fileObject.fail()) || (n < 0) || (s < 0))             // 82
        {                                                          // 83
            cout << "测试案例数据有误:";                           // 84
            cout << " n=" << n;                                    // 85
            cout << ", 预期的和为" << s << "。\n";                 // 86
            return;                                                // 87
        } // if 结束                                               // 88
        m_caseTotal++;                                             // 89
        T sum(n);                                                  // 90
        sc = sum.mb_getSum();                                      // 91
        if (s != sc)                                               // 92
        {                                                          // 93
            m_caseFail++;                                          // 94
            m_fileRecord << "\t求和失败: ";                        // 95
            m_fileRecord << "n=" << n;                             // 96
            m_fileRecord << ", 预期和为" << s;                     // 97
            m_fileRecord << ", 实际和为" << sc << "。\n";          // 98
            continue;                                              // 99
        } // if 结束                                               // 100
    } while (!fileObject.eof());                                   // 101
    fileObject.close();                                            // 102
} // CP_SumFrom0ToNTestEnum 的成员函数 mb_testFromConstruction 结束  // 103
#endif                                                             // 104
```

// 文件名：**CP_SumFrom0ToNTestEnumMain.cpp**；开发者：雍俊海	行号
#include <iostream>	// 1
using namespace std;	// 2

```
#include "CP_SumFrom0ToNByLoop.h"                              // 3
#include "CP_SumFrom0ToNTestEnum.h"                            // 4
                                                               // 5
int main(int argc, char* args[])                               // 6
{                                                              // 7
    CP_SumFrom0ToNTestEnum<CP_SumFrom0ToNByLoop> t;            // 8
    t.mb_run();                                                // 9
    return 0;                                                  // 10
} // main 函数结束                                              // 11
```

可以对上面的代码进行编译、链接和运行。本例程数据文件"D:\TestCases\ TestSumFrom0ToNUnder10.txt"的内容如下：

```
#0 0
#1 1
#2 3
#3 6
#4 10
#5 15
#6 21
#7 28
#8 36
#9 45
#10 55
```

下面给出一个运行结果示例。

```
成功通过测试。
```

同时创建结果数据文件"D:\TestCases\TestSumFrom0ToNResult.txt"，其内容如下：

```
总共测试了 11 个次的案例。
全部通过。
```

例程分析：在本例程的头文件"CP_FileRecord.h"和源文件"CP_FileRecord.cpp"中定义了文件记录类 CP_FileRecord 和函数模板"operator <<"。文件记录类 CP_FileRecord 可以记录文件名和清除文件内容。函数模板"operator <<"重载了"<<"运算符，可以将多种类型的数据通过文件记录类 CP_FileRecord 的实例对象记录到指定文件中。

为了支持对多种求和器类的测试，头文件"CP_SumFrom0ToNTestEnum.h"定义了类模板 CP_SumFrom0ToNTestEnum，其中类型参数是某种求和器类。类模板 CP_SumFrom0ToNTestEnum 的成员变量 m_fileCase 记录用来进行比对的数据文件名称，成员变量 m_fileRecord 记录用来保存测试结果的文件名称。类模板 CP_SumFrom0ToNTestEnum 的成员函数 mb_testFromConstruction 通过求和器类的构造函数将输入的整数传递给求和器类的实例对象，成员函数 mb_testFromSet 通过求和器类的成员函数 mb_setN 将输入的整数传递给求和器类的实例对象。这 2 个测试函数的执行过程基本上相似，都是先读取输入的整数，接着传递给求和器类的实例对象，然后比对标准答案与计算结果。比对结果一方面保存在结果文件中，另一方面输出到控制台窗口中。这 2 个测试函数共同完成了对求和器类的所有成员函数的测试。

有时，不太容易获取各种输入的标准答案。我们可以通过推理等方式对程序代码进行测试验证。下面通过例程进一步进行说明。

例程 8-2　获取求和器有效范围的穷举测试例程。

例程功能描述：测试例程 8-1 类 CP_SumFrom0ToNByLoop 求和的有效整数范围。

例程解题思路：通过阅读源文件"CP_SumFrom0ToNByLoop.cpp"，我们发现类 CP_SumFrom0ToNByLoop 的成员函数 mb_getSum 在求和时只用到了加法运算。对于当前的计算机而言，两个数相加只有在溢出的情况下才会出错。这里的溢出情况只会出现在两个正整数相加的情况。如果两个正整数相加仍然是正整数，则没有溢出发生；如果两个正整数相加不是正整数，则表明发生了溢出。另外，如果求和器对某个整数在求和时发生溢出，则对于更大的整数必然也会在求和时溢出。因此，要测试类 CP_SumFrom0ToNByLoop 的有效整数范围，让类 CP_SumFrom0ToNByLoop 的成员变量 m_n 依次从 1 递增，并判断是否会发生溢出。如果发生了溢出，就表明超出了有效的整数范围。没有发生溢出的整数范围就是类 CP_SumFrom0ToNByLoop 的有效整数范围。

下面按照上面思路编写例程。例程代码由 4 个源程序代码文件组成。"CP_SumFrom0ToNByLoop.h"和"CP_SumFrom0ToNByLoop.cpp"来自例程 8-1。"CP_SumFrom0ToNTestBound.h"和"CP_SumFrom0ToNTestBoundMain.cpp"的程序代码如下。

// 文件名: **CP_SumFrom0ToNTestBound.h**；开发者：雍俊海	行号
`#ifndef CP_SUMFROM0TONTESTBOUND_H`	// 1
`#define CP_SUMFROM0TONTESTBOUND_H`	// 2
	// 3
`template <typename T>`	// 4
`void gb_testSumFrom0ToNBound()`	// 5
`{`	// 6
`    int i, s;`	// 7
`    T sum;`	// 8
`    for (i = 1; i > 0; i++)`	// 9
`    {`	// 10
`        sum.m_n = i;`	// 11
`        s = sum.mb_getSum();`	// 12
`        if (s <= 0)`	// 13
`            break;`	// 14
`    } // for 结束`	// 15
`    cout << "在计算从 0 到" << i << "的和时溢出，结果为";`	// 16
`    cout << s << "。\n";`	// 17
`    i--;`	// 18
`    sum.m_n = i;`	// 19
`    s = sum.mb_getSum();`	// 20
`    cout << "从 0 到" << i << "的和为" << s << "。\n";`	// 21

```
        cout << "结论: 求和器的有效范围是从 0 到" << i << "。\n";        // 22
    } // 全局函数 gb_testSumFrom0ToNBound 定义结束                       // 23
    #endif                                                            // 24
```

// 文件名: **CP_SumFrom0ToNTestBoundMain.cpp**; 开发者: 雍俊海	行号

```
#include <iostream>                                              // 1
using namespace std;                                            // 2
#include "CP_SumFrom0ToNByLoop.h"                               // 3
#include "CP_SumFrom0ToNTestBound.h"                            // 4
                                                                // 5
int main(int argc, char* args[])                               // 6
{                                                               // 7
    gb_testSumFrom0ToNBound<CP_SumFrom0ToNByLoop>();            // 8
    return 0;                                                   // 9
} // main 函数结束                                               // 10
```

可以对上面的代码进行编译、链接和运行。下面给出一个运行结果示例:

在计算从 0 到 65536 的和时溢出, 结果为-2147450880。
从 0 到 65535 的和为 2147450880。
结论: 求和器的有效范围是从 0 到 65535。

例程分析: 为了支持对多种求和器类的测试, 头文件"CP_SumFrom0ToNTestBound.h"定义了函数模板 gb_testSumFrom0ToNBound, 其中类型参数是某种求和器类。上面测试结果表明从 0 到 65535 在计算求和均不会发生溢出。因此, 求和器类 CP_SumFrom0ToNByLoop 的有效整数范围是从 0 到 65535。如源文件"CP_SumFrom0ToNTestBound.h"第 9～15 行代码所示, 类 CP_SumFrom0ToNByLoop 的成员变量 m_n 依次设置为 1、2、……, 直到在"s = sum.mb_getSum()"求和时发生溢出。没有发生溢出的整数范围就是有效的整数范围。

8.3 黑盒测试

穷举所有可能出现的案例对程序测试而言常常有可能是一项无法完成的任务。其主要原因通常是太大的时间或空间代价。在这里, 太大的<u>时间代价</u>指的是测试程序运行的时间太长; 太大的<u>空间代价</u>指的是运行测试程序所需要的内存或硬盘等空间太大了。如果无法穷举所有案例, 那只能选取部分案例。这时就要设法提高测试案例的有效性和覆盖范围, 让测试案例所代表的情况能够在一定的粒度范围内覆盖所有可能出现的情况。这样, 我们可以按照分析出来的情况对所有的案例进行分类, 属于同一种情况的所有案例归并为一个<u>等价类</u>。我们希望选来进行测试的案例应当覆盖每一个等价类, 即从每一个等价类中都应选出若干个测试案例进行测试。

📖说明📖:
我们希望在同一个等价类中的各个案例在测试中具有<u>等效的作用</u>, 即无论选取哪个案例进行测试都具有相同的测试效果。相同的测试效果要求它们至少会执行完全相同的程序代码。但实际上，这能否成立在很大程度上取决于测试的情况分析。如果情况划分过于粗略，则在同 1 个等价类中的案例有可能会不等效，即这样划分出来的等价类并不是严格意义上的等价类。除非能证明等价类划分出来的是严格意义上的等价类，我们通常需要从等价类中选取多个案例，从而提高情况的覆盖率。反过来，如果情况划分过于精细，则等价类可能会过于庞大，从而造成测试所需的时间或空间太大。

> ⊳注意事项⊲：
>
> 　　在进行等价类划分时应当注意区分 允许的输入范围 和 可以有效解决的数值范围。有时这两者是相同的。一般说来，后者通常是前者的子集。对于无法有效解决但又是允许的输入，我们在实现时可以返回无法有效处理的提示或通过其他方式进行处理。这样的输入案例常常可以用来测试能否处理失败的情况。等价类划分应当覆盖所有允许的输入范围，但不应扩大输入范围。当允许的输入范围发生变化时，问题本身也随之发生变化，其解决代价也可能会有很大的差异。用不允许输入的案例进行测试通常是没有意义的。

表 8-1　两个常用的黑盒测试等价类划分结果

等价类划分对象	基于黑盒测试的等价类划分结果
对于 int 类型的变量	[INT_MIN, −1]、{0}和[1, INT_MAX]共 3 个等价类
对于浮点数类型的变量	{非数}、{负无穷大}、[最小常规浮点数, 最大常规负浮点数]、{0}、[最小常规正浮点数, 最大常规浮点数]、{正无穷大}共 6 个等价类

黑盒测试是在不阅读程序代码的前提条件下通过对程序功能和应用范围等需求进行分析，首先依据程序允许的输入范围确定测试案例的全集。接着，需要综合均衡需求、可能出现的错误、测试的时间代价和测试的空间代价等因素，将测试案例全集划分成为若干个子集。通常希望这些子集尽可能满足等价类的要求。因此，这个过程通常称为等价类划分，得到的子集通常也被粗暴地称为等价类，虽然这些子集不一定满足严格意义上的等价类条件。表 8-1 给出两个常用的黑盒测试等价类划分结果。严格上讲，理想的等价类划分就是将具有相同测试效果的案例归并到同一个等价类，而且要求这些等价类刚好可以覆盖测试案例全集。当然，实际上很难做到理想的等价类划分。因此，然后对实际的等价类划分，进一步均衡"测试的时间和空间代价"与"测试的有效性"，从划分出来的每个子集中选取若干个案例进行测试。在选取案例时，通常会在子集边界和内部分别选取案例，一方面尽量保证案例的代表性，另一方面便于发现程序错误。程序通常相对容易在各个子集的边界处出现问题。下面通过一个例程说明黑盒测试方法。

例程 8-3　求和器黑盒测试例程。

例程功能描述：编写一个类，采用求和公式计算从 1 到 n 所有整数之和，其中 $0 \leqslant n \leqslant 65535$。然后，通过黑盒测试验证求和计算的正确性。

例程解题思路：首先，我们采用等价类划分构造测试案例，将案例全集[0, 65535]划分成为 2 个子集：{0}和[1, 65535]。对于[1, 65535]，我们从边界与内部分别选取案例，并计算每个案例的答案。这样，我们形成测试案例的数据文件 "D:\TestCases\TestSumFrom0ToNBlackCases.txt"，其具体内容如下：

```
#0 0
#1 1
#2 3
#32768 536887296
#65534 2147385345
#65535 2147450880
```

其中井号表示当前行为数据行。

例程代码由 6 个源程序代码文件组成。其中，"CP_FileRecord.h""CP_FileRecord.cpp"和"CP_SumFrom0ToNTestEnum.h"来自第 8.1 节例程 8-1。"CP_SumFrom0ToNByFormula.h""CP_SumFrom0ToNByFormula.cpp"和"CP_SumFrom0ToNTestBlackMain.cpp"的程序代码如下。

// 文件名：**CP_SumFrom0ToNByFormula.h**；开发者：雍俊海	行号
`#ifndef CP_SUMFROM0TONBYFORMULA_H`	// 1
`#define CP_SUMFROM0TONBYFORMULA_H`	// 2
	// 3
`class CP_SumFrom0ToNByFormula`	// 4
`{`	// 5
`public:`	// 6
`    int m_n;`	// 7
`public:`	// 8
`    CP_SumFrom0ToNByFormula(int n = 0) : m_n(n) { }`	// 9
`    virtual ~CP_SumFrom0ToNByFormula() {}`	// 10
`    virtual int mb_getSum();`	// 11
`}; // 类 CP_SumFrom0ToNByFormula 定义结束`	// 12
`#endif`	// 13

// 文件名：**CP_SumFrom0ToNByFormula.cpp**；开发者：雍俊海	行号
`#include <iostream>`	// 1
`using namespace std;`	// 2
`#include "CP_SumFrom0ToNByFormula.h"`	// 3
	// 4
`int CP_SumFrom0ToNByFormula::mb_getSum()`	// 5
`{`	// 6
`    int sum = m_n * (m_n + 1) / 2;`	// 7
`    return sum;`	// 8
`} // 类 CP_SumFrom0ToNByFormula 的函数 mb_getSum 定义结束`	// 9

// 文件名：**CP_SumFrom0ToNTestBlackMain.cpp**；开发者：雍俊海	行号
`#include <iostream>`	// 1
`using namespace std;`	// 2
`#include "CP_SumFrom0ToNByFormula.h"`	// 3
`#include "CP_SumFrom0ToNTestEnum.h"`	// 4
	// 5
`int main(int argc, char* args[])`	// 6

```
{                                                                  // 7
   CP_SumFrom0ToNTestEnum<CP_SumFrom0ToNByFormula> t(              // 8
      "D:\\TestCases\\TestSumFrom0ToNBlackCases.txt",              // 9
      "D:\\TestCases\\TestSumFrom0ToNBlackResult.txt");            // 10
   t.mb_run();                                                     // 11
   return 0;                                                       // 12
} // main 函数结束                                                  // 13
```

可以对上面的代码进行编译、链接和运行。下面给出一个运行结果示例。

2 个次案例失败。

同时创建结果数据文件"D:\TestCases\TestSumFrom0ToNBlackResult.txt",其内容为:

求和失败: n=65534,预期和为 2147385345,实际和为-98303。
求和失败: n=65535,预期和为 2147450880,实际和为-32768。
总共测试了 6 个次的案例。
2 个次案例失败。

例程分析: 如源文件"CP_SumFrom0ToNByFormula.cpp"第 7 行代码所示,本例程通过公式"int sum = m_n * (m_n + 1) / 2;"来进行求和。我们将测试案例集划分为{0}和[1, 65535]共 2 个子集,并希望它们能够构成等价类。从测试结果上来看,当 n=2 和 n=32768 时,测试结果符合预期;而当 n=65534 时,测试结果不符合预期。因此,在子集[1, 65535] 内部的测试案例的测试结果并不相同,这说明这个子集实际上不是理想的等价类。进一步,跟踪调试,我们会发现,当 n=65534 时,m_n * (m_n + 1)会发生乘法计算溢出,从而造成计算结果出错。

我们可以进一步分析乘法计算"m_n * (m_n + 1)"发生溢出的条件,从而将子集[1, 65535] 进一步划分为[1, 46340]和[46341, 65535]。通过测试,我们可以发现新划分出来的这 2 个子集可以构成等价类。在子集[1, 46340]中的所有案例都可以通过测试,不会发生乘法计算溢出;在子集[46341, 65535]中的所有案例在测试时都会发生乘法计算溢出。因此,求和器类 CP_SumFrom0ToNByFormula 的有效计算范围是[0, 46340]。

8.4　白　盒　测　试

如果黑盒测试已经达到严格意义上的等价类划分的标准,就不再需要白盒测试。不过,实际上黑盒测试通常很难达到这个标准。这时,就有必要进行白盒测试。**白盒测试**是在黑盒测试的基础上,进一步阅读程序代码,对黑盒测试划分得到的测试案例子集尝试做出进一步细分,期望形成更加完善的测试案例划分结果。**白盒测试一定要以黑盒测试为基础**,从而使得白盒测试不会偏离用户需求。在白盒测试得到测试案例子集之后,具体的测试方法与黑盒测试完全相同。

白盒测试最低的要求是语句覆盖,即对于程序的每条语句,至少存在一个案例使得程序测试在运行时会经过该语句。下面通过一个程序代码片断说明语句覆盖。

```
    if ((a > 1) && (b == 0))                                        // 1
        x = x + a;                                                  // 2
    if ((a == 2) || (x > 1))                                        // 3
        x = x + 1;                                                  // 4
```

在本节中，设变量 a、b 和 x 的数据类型都是 int。这样，变量 a、b 和 x 在黑盒测试中划分出来的子集均为[INT_MIN, −1]、{0}和[1, INT_MAX]。根据上面程序片断的第 1 行代码"a > 1"，可以将变量 a 的测试案例子集[1, INT_MAX]进一步细分为{1}和[2, INT_MAX]，其中在集合{1}中的元素不满足"a > 1"，在区间[2, INT_MAX]中的元素满足"a > 1"；根据第 3 行代码"a == 2"，可以将变量 a 的测试案例子集[2, INT_MAX]进一步细分为{2}和[3, INT_MAX]，其中在集合{2}中的元素满足"a == 2"，在区间[3, INT_MAX]中的元素不满足"a == 2"。这样，变量 a 的测试案例子集最终细分为[INT_MIN, −1]、{0}、{1}、{2}和[3, INT_MAX]。对于变量 b，上面程序片断不会改变其对应的测试案例子集。根据上面程序片断的第 3 行代码"x > 1"，可以将变量 x 的测试案例子集[1, INT_MAX]进一步细分为{1}和[2, INT_MAX]，其中在集合{1}中的元素不满足"x > 1"，在区间[2, INT_MAX]中的元素满足"x > 1"。这样，变量 x 的测试案例子集最终细分为[INT_MIN, −1]、{0}、{1}和[2, INT_MAX]。

如果仅仅要求语句覆盖，则案例"a = 2、b = 0、x = 5"就可以满足要求。因为"a = 2、b = 0"满足条件"((a > 1) && (b == 0))"，所以语句"x = x + a;"会被执行，结果"a = 2、b = 0、x = 7"。这满足接下来的条件"((a == 2) || (x > 1))"。因此，语句"x = x + 1;"会被执行，结果"a=2、b=0、x=8"。

在白盒测试中分支覆盖比语句覆盖的要求高一些，即要求对于程序的每个分支，都至少存在一个案例使得程序测试在运行时会经过该分支，即使该分支可能是一条空语句。例如，在上面程序片断的第 1 条 if 语句中，只存在满足条件"((a > 1) && (b == 0))"的分支语句，并不存在不满足条件"((a > 1) && (b == 0))"的分支语句。分支覆盖要求必须存在案例使得条件"((a > 1) && (b == 0))"成立，也必须存在案例使得条件"((a > 1) && (b == 0))"不成立。这样，案例"a = 2、b = 0、x = 5"可以满足要求语句覆盖的要求，但不满足分支覆盖的要求，因为案例"a = 2、b = 0、x = 5"无法使得条件"((a > 1) && (b == 0))"不成立。

对于上面的程序片断，如果需要满足分支覆盖，则需要至少再增加一个测试案例。例如，案例"a = 2、b = 0、x = 5"和案例"a = 1、b = 0、x = 0"可以满足上面程序片断的分支覆盖。在语句覆盖的案例分析中已经得到这样的结论：案例"a = 2、b = 0、x = 5"可以使得条件"((a > 1) && (b == 0))"和条件"((a == 2) || (x > 1))"均成立。案例"a = 1、b = 0、x = 0"可以使得条件"((a > 1) && (b == 0))"和条件"((a == 2) || (x > 1))"均不成立。因此，这两个案例可以满足白盒测试分支覆盖要求，具体如表 8-2 所示。

表 8-2　分支覆盖案例和条件表达式

案例	条件 "((a > 1) && (b == 0))"	条件 "((a == 2) || (x > 1))"
a = 2、b = 0、x = 5	成立	成立
a = 1、b = 0、x = 0	不成立	不成立

在白盒测试中还有一个常见的要求是条件覆盖。条件覆盖要求对于每个判断表达式的基本单元，至少存在一个测试案例能够使得该单元为 true，至少存在一个测试案例能够使得该单元为 false。以上面的程序片断为例，条件覆盖要求对于在 "a > 1" "b == 0" "a == 2" 和 "x > 1" 这 4 个单元当中的任何 1 个单元，至少存在一个测试案例能够使得该单元为 true，至少存在一个测试案例能够使得该单元为 false。案例 "a = 2、b = 1、x = 5" 和案例 "a = 1、b = 0、x = 5" 可以满足条件覆盖，具体如表 8-3 所示。

表 8-3　条件覆盖案例和判断表达式单元的值

案例	单元 "a > 1"	单元 "b == 0"	单元 "a == 2"	单元 "x > 1"
a = 2、b = 1、x = 5	true	false	true	true
a = 1、b = 0、x = 0	false	true	false	false

这里需要注意满足条件覆盖并不意味着分支覆盖也会得到满足。例如，如表 8-3 所示，案例 "a = 2、b = 1、x = 5" 和案例 "a = 1、b = 0、x = 5" 可以满足条件覆盖。但这两个案例却不满足分支覆盖要求，如表 8-4 所示。这两个案例均无法使得条件 "((a > 1) && (b == 0))" 成立。

表 8-4　满足条件覆盖的案例不满足分支覆盖要求

案例	条件 "((a > 1) && (b == 0))"	条件 "((a == 2) || (x > 1))"
a = 2、b = 1、x = 5	不成立	成立
a = 1、b = 0、x = 0	不成立	不成立

反过来，同样需要注意满足分支覆盖并不意味着条件覆盖也会得到满足。例如，如表 8-2 所示，案例 "a = 2、b = 0、x = 5" 和案例 "a = 1、b = 0、x = 0" 可以满足分支覆盖要求。但这两个案例却不满足条件覆盖要求，如表 8-5 所示。这两个案例均无法使得单元 "b == 0" 的值为 false。

表 8-5　满足分支覆盖的案例不满足条件覆盖要求

案例	单元 "a > 1"	单元 "b == 0"	单元 "a == 2"	单元 "x > 1"
a = 2、b = 0、x = 5	true	true	true	true
a = 1、b = 0、x = 0	false	true	false	false

如果同时满足分支覆盖和条件覆盖的要求，则简称为满足分支-条件覆盖的要求。例如，对于上面的程序片断，案例 "a = 2、b = 0、x = 5" 和案例 "a = 1、b = 1、x = 0" 满足分支覆盖要求，如表 8-6 所示。这两个案例也满足条件覆盖要求，如表 8-7 所示。

表 8-6 分支-条件覆盖案例和条件表达式

案例	条件 "((a > 1) && (b == 0))"	条件 "((a == 2) || (x > 1))"
a = 2、b = 0、x = 5	成立	成立
a = 1、b = 1、x = 0	不成立	不成立

表 8-7 分支-条件覆盖案例和判断表达式单元的值

案例	单元 "a > 1"	单元 "b == 0"	单元 "a == 2"	单元 "x > 1"
a = 2、b = 0、x = 5	true	true	true	true
a = 1、b = 1、x = 0	false	false	false	false

8.5 本 章 小 结

本章讲解了程序测试。程序测试不仅仅是为了发现程序可能存在的错误，更重要的是为了消除程序错误。从严格意义上讲，如果不掌握程序测试技术，就不能称为真正掌握了程序设计方法。程序测试也是编写程序的重要步骤。

8.6 习 题

8.6.1 复习练习题

习题 8.1 请判断下面各个结论的对错。

（1）程序测试一般在编写完代码之后开始进行。

（2）编写程序代码与编写程序测试案例在时间上可以并行。

（3）面向对象程序的最小可测试单元就是类。

（4）测试数据集通常无需考虑程序不允许的输入。

（5）白盒测试的最低要求是达到语句覆盖。

（6）在软件开发过程中，若能尽早暴露其中的错误，则通常就会降低为修复错误所花费的代价。

（7）程序可以有效解决的数值范围通常就是程序允许的输入范围。

习题 8.2 有哪些常用的程序测试方法？请比较它们之间的优缺点。

习题 8.3 请编写一个类，用来自动检查在给定的其他程序代码中动态数组内存申请与释放是否匹配。请设计并实现程序测试方案，验证这个类的正确性。

习题 8.4 请总结程序测试的作用。

习题 8.5 什么是程序测试的等价类?

习题 8.6 什么是黑盒测试?

习题 8.7 什么是白盒测试?

习题 8.8 什么是单元测试?

习题 **8.9**　什么是集成测试?

习题 **8.10**　什么是系统测试?

习题 **8.11**　简述黑盒测试和白盒测试的区别和共同点。

习题 **8.12**　什么是白盒测试的语句覆盖?

习题 **8.13**　什么是白盒测试的分支覆盖?

习题 **8.14**　什么是白盒测试的条件覆盖?

习题 **8.15**　什么是白盒测试的分支-条件覆盖?

习题 **8.16**　程序测试的常见目标有哪些?

习题 **8.17**　程序测试的基本单位的含义是什么?

习题 **8.18**　简述生成程序测试案例的基本流程。

习题 **8.19**　什么是等价类?

习题 **8.20**　什么是理想的等价类?

习题 **8.21**　进行等价类划分的目的是什么?

习题 **8.22**　请编写程序,接收三角形三条边长的输入,计算并输出该三角形的面积。然后,进行等价类划分,并编写自动测试的程序,验证程序的正确性。

习题 **8.23**　请编写程序,接收两个日期的输入,其中每个日期包含年份、月份和日。计算并输出这个日期相差的天数。如果第一个日期比第二个日期早,则天数应当为负整数;同一天的日期相差的天数应当为 0;如果第一个日期比第二个日期晚,则天数应当为正整数。然后,进行等价类划分,并编写自动测试的程序,验证程序的正确性。

8.6.2　思考题

思考题 **8.24**　什么是好的程序验证方法? 在实际应用中有哪些评价指标?

思考题 **8.25**　如何提高程序测试的效率?

思考题 **8.26**　如何保证程序测试的有效性?

附录 函数、宏和运算符的索引

本附录给出在本书正文中所有函数、宏和运算符的页码索引。其排序方式为先按所在头文件排序，再按名称排序。在正文中，按照讲解的顺序，对函数、宏和运算符进行编号。因此，在下面表格的类型那一列中，紧跟在函数、宏和运算符之后的数字是其在正文中的讲解顺序号，与正文中的编号相对应。

序号	类型	名称	所在头文件	功能简要说明	页码
1	运算符 3	operator delete	/	释放内存	27
2	运算符 2	operator new	/	申请分配内存	27
3	函数 31	sort	algorithm	对由迭代器指定的元素排序	155
4	函数 2	isnan	cmath	判断浮点数是否不定数	23
5	运算符 1	sizeof	cstddef	计算存储单元的字节数	18
6	函数 1	system	cstdlib	执行控制台窗口命令	6
7	函数 77	fstream::~fstream	fstream	析构实例对象	202
8	函数 76	fstream::close	fstream	关闭文件	201
9	函数 71	fstream::fstream	fstream	构造实例对象	200
10	函数 72	fstream::fstream	fstream	构造实例对象并打开文件	200
11	函数 73	fstream::fstream	fstream	构造实例对象并打开文件	201
12	函数 74	fstream::open	fstream	打开文件	201
13	函数 75	fstream::open	fstream	打开文件	201
14	函数 59	ifstream::~ifstream	iostream	析构实例对象	184
15	函数 58	ifstream::close	iostream	关闭文件	184
16	函数 53	ifstream::ifstream	iostream	构造实例对象但不打开文件	183
17	函数 54	ifstream::ifstream	iostream	构造实例对象并打开文件	183
18	函数 55	ifstream::ifstream	iostream	构造实例对象并打开文件	183
19	函数 56	ifstream::open	iostream	打开文件	184
20	函数 57	ifstream::open	iostream	打开文件	184
21	函数 37	ios::clear	iostream	将流重置为合法状态	161
22	函数 39	ios::eof	iostream	判断是否越过流的末尾	162
23	函数 38	ios::fail	iostream	判断流是否不正常	161
24	函数 34	ios::fill	iostream	返回当前设置的填充字符	159
25	函数 35	ios::fill	iostream	设置流的填充字符	160
26	函数 36	ios::good	iostream	判断流是否处于合法状态	160
27	函数 51	ios::rdbuf	iostream	返回绑定的缓冲区地址	179
28	函数 52	ios::rdbuf	iostream	绑定的缓冲区地址	179
29	函数 32	ios_base::width	iostream	返回当前设置的数据宽度	159

续表

参 考 文 献

[1] ISO/IEC 14882:2020(E): Programming Languages — C++ (Sixth Edition). 2020.

[2] 安德鲁·凯尼格，芭芭拉·摩尔. C++沉思录[M]. 黄晓春 译. 北京：人民邮电出版社. 2021.

[3] Stanley B Lippman, Josée Lajoie, Barbara E Moo. C++ Primer(中文版)[M]. 5 版. 王刚，杨巨峰 译. 北京：电子工业出版社. 2013.

[4] 郑莉，董渊. C++语言程序设计[M]. 5 版. 北京：清华大学出版社, 2020.

[5] 吴文虎，徐明星，邬晓钧. 程序设计基础[M]. 4 版. 北京：清华大学出版社, 2017.

[6] 谭浩强. C++面向对象程序设计（第 3 版）学习辅导[M]. 北京：清华大学出版社, 2020.

[7] 雍俊海. Java 程序设计习题集（含参考答案）[M]. 北京：清华大学出版社, 2006.

[8] 雍俊海. 计算机动画算法与编程基础[M]. 北京：清华大学出版社, 2008.

[9] 雍俊海. Java 程序设计教程[M]. 3 版. 北京：清华大学出版社, 2014.

[10] 雍俊海，张慧. 产品设计的精度问题和求解[J]. 中国计算机学会通讯 2015.11(2): 21-26.

[11] 雍俊海，施侃乐，张婷婷. LogoUp 程序式 3D 创新设计速成指南[M]. 北京：清华大学出版社. 2018.

[12] 雍俊海. 清华教授的小课堂: 魔方真好玩[M]. 北京：清华大学出版社, 2018.

[13] 雍俊海. C 程序设计[M]. 北京：清华大学出版社, 2017.

[14] 雍俊海. C++程序设计从入门到精通[M]. 北京：清华大学出版社, 2022.